"十二五"职业教育国家规划教材
经全国职业教育教材审定委员会审定

水污染控制

张素青　主编

中国环境出版集团·北京

图书在版编目（CIP）数据

水污染控制/张素青主编．—北京：中国环境出版集团，2015.3（2020.8 重印）
“十二五”职业教育国家规划教材
ISBN 978-7-5111-1867-7

Ⅰ．①水…　Ⅱ．①张…　Ⅲ．①水污染—污染控制—高等职业教育—教材　Ⅳ．①X520.6

中国版本图书馆 CIP 数据核字（2014）第 105114 号

出 版 人　武德凯
责任编辑　黄晓燕　侯华华
文字编辑　王宇洲
责任校对　任　丽
封面设计　宋　瑞

出版发行　中国环境出版集团
（100062　北京市东城区广渠门内大街 16 号）
网　　址：http://www.cesp.com.cn
电子邮箱：bjgl@cesp.com.cn
联系电话：010-67112765（编辑管理部）
010-67112735（第一分社）
发行热线：010-67125803，010-67113405（传真）
印　　刷　北京中科印刷有限公司
经　　销　各地新华书店
版　　次　2015 年 3 月第 1 版
印　　次　2020 年 8 月第 3 次印刷
开　　本　787×1092　1/16
印　　张　16.5
字　　数　362 千字
定　　价　33.00 元

编写组名单

主　编：张素青（河北工业职业技术学院）

副主编：夏志新（广东环境保护职业技术学院）

刘建秋（河北工业职业技术学院）

高　红（天津现代职业技术学院）

周　宁（江苏食品药品职业技术学院）

成　员：张　玲（河北工业职业技术学院）

程思亮（黄冈职业技术学院）

马东祝（河北工业职业技术学院）

郑轶荣（河北工业职业技术学院）

武智佳（河北工业职业技术学院）

付翠彦（河北工业职业技术学院）

彭　波（南京化工职业技术学院）

赵志宽（黑龙江工商职业技术学院）

张克军（大庆职业学院）

前 言

《水污染控制》在编写过程中，充分考虑了高职教育对教材的要求，着重突出了以下特点：

（1）以学生为本，注重对专业素质和能力的培养。在介绍“必需”的基础理论知识和专门知识的基础上，注重实际操作技能的培养；注意吸收国内外污水处理的新理论、新技术，列举了国内外典型的应用实例，并配有必要的技能训练。

（2）在保证专业教学内容科学合理的基础上，结合社会对环境类职业的要求，突出技术传授和能力培养。重点介绍了各种水污染控制技术在实际工程中的应用及在应用中常出现的问题和解决方法。

（3）注重学生可持续学习能力的培养，教材给出了必要的知识链接。在编写过程中，每章前写明了知识点和能力点；在基本知识中，以基本原理—工艺流程—设备与构筑物—最新动态等为主线顺次展开；在基本技能中，以处理单元及设备（构筑物）—操作要求与控制参数—运行中常见的问题和解决方法—国内外典型实例等为主线顺次展开；项目后附必要的技能训练及思考题，思考题本身的设计也更侧重学生应用能力的培养。

本教材包括八个项目内容：污废水处理分析、预处理污废水、物理法处理污废水、化学法处理污废水、生化法处理污废水、污泥处理、物理化学法处理污废水、污水处理厂设计与运行管理。以处理方法来分类进行讲述，内容涵盖了生活污水处理技术和工业废水处理技术。

本教材可作为高职高专环境监测与治理技术和资源环境与城市管理专业的教材，也可供给排水工程技术专业的学生使用，还可供从事水质净化、城市污水和工业废水处理的操作人员和技术人员参考。

在本书编写过程中，有关水处理企业人员提出了很多宝贵意见，在此表示感谢。编者谨向被本教材引用为参考资料的书刊作者表示感谢。

由于编写水平和时间限制，本教材可能存在疏漏和不足之处，真诚希望有关专家、老师和同学批评指正。

编者

2014 年 1 月

目 录

项目一
污废水处理分析

知识点：生活污水、工业废水、水体中主要污染物质、水质指标、环境标准、水污染控制方法

能力点：分析生活污水特点、分析工业废水特点、掌握水体中的主要污染物、应用环境标准、掌握水污染控制方法

水是生命之源泉，没有水就没有生命。水是自然界里最普遍存在的物质之一，人类视水为经济命脉，视水为宝贵资源。水对于人类来说是一种片刻也不能离开、不可缺少的重要物质，水是人类环境的一个重要组成部分。因此，保护水资源、防治水污染是全人类神圣和义不容辞的责任，对于水资源紧张的中国来讲更应十分重视和珍惜水源。

任务 1　污水的来源、水体中主要污染物质及水质指标分析

1.1.1　污水的来源

污水的性质及危害，取决于污水的来源。在实际生活中，污水一般来源于生活污水、工业废水和降水三种。

1．生活污水

生活污水指由家庭、学校、机关等排放的污水，如厨房污水、粪便污水、洗涤污水等的总称（也叫城市下水）。

生活污水中，有机物约占 70%、无机物约占 30%，同时含有大量的病菌和细菌，具有消耗环境氧量与传播疾病的危害。生活污水一般夏季量多，冬季量少。

2．工业废水

工业废水指工业生产中排放出来的水。工业废水成分复杂，涉及面广，因素多，性质各异。工业废水的性质及危害人类的程度主要取决于工业类别、原料品种、工艺过程等诸多因素。

3．降水

降水包括降雨和降雪。降水时，雨雪大面积地冲刷地面，将地面上的各种污染物淋洗后进入水道或水体，造成河流、湖泊等水源的污染。

降雨对受纳水体的污染很大，其中固体悬浮物、有机物、重金属和污泥直接污染地面水源。

1.1.2 水体中主要污染物质

废水中的污染物种类大致可作如下划分：固体污染物、需氧污染物、营养性污染物、酸碱污染物、有毒污染物、油类污染物、生物污染物、感官性污染物和热污染等。

1．固体污染物

固体污染物的存在不但使水质混浊，而且使管道及设备阻塞、磨损，干扰废水处理及回收设备的工作。由于大多数废水中都有悬浮物，因此去除悬浮物是废水处理的一项基本任务。

固体污染物在水中以三种状态存在：溶解态（直径小于 1 nm）、胶体态（直径介于 1～100 nm）和悬浮态（直径大于 100 nm）。

固体污染物常用悬浮物和浊度两个指标来表示。

2．需氧污染物

废水中通过生物化学作用而消耗水中溶解氧的物质，统称为需氧污染物。

绝大多数的需氧污染物是有机物，无机物主要有 Fe^{2+}、S^{2-}、CN^{-}等。因而在一般情况下，需氧物即指有机污染物。

由于有机污染物的种类非常多，现有的分析技术难以将其区分与定量。在工程实际中，采用以下几个综合水质污染指标来描述，主要有化学需氧量（COD）、生化需氧量（BOD）、总需氧量（TOD）、总有机碳（TOC）等。

3．营养性污染物

废水中所含的 N（氮）和 P（磷）是植物和微生物的主要营养物质。当废水排入受纳水体，使水中 N 和 P 的浓度分别超过 0.2 mg/L 和 0.02 mg/L 时，就会引起受纳水体的富营养化，促进各种水生生物（主要是藻类）的活性，刺激它们的异常增殖，这样会造成一系列的危害。主要有：

①藻类占据的空间越来越大，使鱼类活动空间越来越小，衰死藻类将沉积水底，增加水体有机物量。

②藻类种类逐渐减少，从以硅藻和绿藻为主转为以迅速繁殖的蓝藻为主，蓝藻不是鱼类的良好饲料，并且有些还会产生出毒素。

③藻类过度生长，将造成水中溶解氧的急剧减少，使水体处于严重缺氧状态，造成鱼类死亡，水体腐败发臭。

N 的主要来源是氮肥厂、洗毛厂、制革厂、造纸厂、印染厂、食品厂和饲养厂等。P 的主要来源是磷肥厂和含磷洗涤剂等。生活污水经普通生化法处理，也会转化出无机 N 和 P。此外温度、生物耗氧物质、维生素类物质也能促进和触发营养性污染。

4．酸碱污染物

酸碱污染物主要由工业废水排放的酸碱以及酸雨带来。水质标准中以 pH 值来反映其含量水平。

酸碱污染物使水体的 pH 值发生变化，破坏自然缓冲作用，抑制微生物生长，妨碍水体自净，使水质恶化、土壤酸化或盐碱化。各种生物都有自己的 pH 值适应范围，超过该范围，就会影响其生存。对渔业水体而言，pH 值不得低于 6 或高于 9.2，当 pH 值为 5.5 时，一些鱼类就不能生存或生殖率下降。农业灌溉用水的 pH 值应为 5.5～8.5。此外酸性废水也对金属和混凝土材料造成腐蚀。

5．有毒污染物

废水中能对生物引起毒性反应的化学物质，称作有毒污染物。工业上使用的有毒化学物质已经超过 12 000 种，而且每年以 500 种的速度递增。

毒物是重要的水质指标，各类水质标准对主要的毒物都规定了极值。

废水中的毒物可分为三大类：无机化学毒物、有机化学毒物和放射性物质。

（1）无机化学毒物。

无机化学毒物包括金属和非金属两类。金属毒物主要为汞、铬、镉、铅、锌、镍、铜、钴、锰、钛、钒、钼和铋等，特别是前几种危害更大。如汞进入人体后被转化为甲基汞，在脑组织内积累，破坏神经功能，无法用药物治疗，严重时能造成死亡。镉中毒时引起全身疼痛、腰关节受损、骨节变形，有时还会引起心血管病。

金属毒物具有以下特点：①不能被微生物降解，只能在各种形态间相互转化、分散，如无机汞能在微生物作用下，转化为毒性更大的甲基汞；②其毒性以离子态存在时最严重，金属离子在水中容易被带负电荷的胶体吸附，吸附金属离子的胶体可随水流迁移，但大多数会迅速沉降，因此重金属一般都富集在排污口下游一定范围内的底泥中；③能被生物富集于体内，既危害生物，又通过食物链危害人体，如淡水鱼能将汞富集 1 000 倍、镉 300 倍、铬 200 倍等；④重金属进入人体后，能够和生理高分子物质，如蛋白质和酶等发生作用而使这些生理高分子物质失去活性，也可能在人体的某些器官积累，造成慢性中毒，其危害有时需 10～20 年才能显露出来。

重要的非金属毒物有砷、硒、氰、氟、硫、亚硝酸根等。如砷中毒时能引起中枢神经紊乱，诱发皮肤癌等。亚硝酸盐在人体内还能与仲胺生成亚硝胺，具有强烈的致癌作用。

必须指出的是，许多毒物元素往往是生物体所必需的微量元素，只是在超过一定限值时才会致毒。

（2）有机化学毒物。

这类毒物大多是人工合成有机物，难以被生化降解，并且大多是较强的“三致”（致癌、致突变、致畸）物质，毒性很大。主要有农药（DDT、有机氯、有机磷等）、酚类化合物、聚氯联苯、稠环芳烃（如苯并芘）、芳香族氨基化合物等。以有机氯农药为例，首先其具有很强的化学稳定性，在自然环境中的半衰期为十几年到几十年，其次它们都可能通过食物链在人体内富集，危害人体健康。如 DDT 能蓄积于鱼脂中，浓度可比水体中高 12 500 倍。

（3）放射性物质。

放射性是指原子核衰变而释放射线的物质属性。主要包括 X 射线、α射线、β 射线及质子束等。废水中的放射性物质主要来自铀、镭等放射性金属生产和使用过程，如核试验、核燃料再处理、原料冶炼厂等。其浓度一般较低，主要引起慢性辐射和后期效应，如诱发癌症，对孕妇和婴儿产生损伤，引起遗传性伤害等。

6．油类污染物

油类染污物包括“石油类”和“动植物油”两项。油类污染物能在水面上形成油膜，隔绝大气与水面，破坏水体的复氧条件。它还能附着于土壤颗粒表面和动植物体表，影响养分的吸收和废物的排出。当水中含油 0.01～0.1 mg/L，对鱼类和水生生物就会产生影响。

当水中含油 0.3～0.5 mg/L，就会产生石油气味，不适合饮用。

7. 生物污染物

生物污染物主要是指废水中的致病性微生物，它包括致病细菌、病虫卵和病毒。未污染的天然水中细菌含量很低，当城市污水、垃圾淋溶水、医院污水等排入后将带入各种病原微生物。如生活污水中可能含有能引起肝炎、伤寒、霍乱、痢疾、脑炎的病毒和细菌以及蛔虫卵和钩虫卵等。生物污染的特点是数量大、分布广、存活时间长、繁殖速度快，必须予以高度重视。

8. 感官性污染物

废水中能引起异色、混浊、泡沫、恶臭等现象的物质，虽无严重危害，但能引起人们感官上的极度不快，被称为感官性污染物。对于供游览和文体活动的水体而言，感官性污染物的危害则较大。

异色、混浊的废水主要来源于印染厂、纺织厂、造纸厂、焦化厂、煤气厂等。恶臭废水来源于炼油厂、石化厂、橡胶厂、制药厂、屠宰厂、皮革厂等。当废水中含有表面活性物质时，在流动和曝气过程中将产生泡沫，如造纸废水、纺织废水等。

各类水质标准中，对色度、臭味、浊度、漂浮物等指标都作了相应的规定。

9. 热污染

废水温度过高而引起的危害，称作热污染，热污染的主要危害有以下几点：

①由于水温升高，使水体溶解氧浓度降低，相应的含氧量随之减少，故大气中的氧向水体传递的速率也减慢；另外，水温升高会导致生物耗氧速度加快，促使水体中溶解氧更快被耗尽，水质迅速恶化，造成鱼类和水生生物因缺氧而死亡。

②由于水温升高，加快藻类繁殖，从而加快水体富营养化进程。

③由于水温升高，导致水体中的化学反应加快，使水体的物化性质如离子浓度、电导率、腐蚀性发生变化，可能对管道和容器造成腐蚀。

④由于水温升高，加速细菌生长繁殖，增加后续水处理的费用。如取该水体作为给水水源，则需要增加混凝剂和氯的投加量，且使水中的有机氯化物量增加。

1.1.3 水质指标

为了表征废水水质，规定了许多水质指标。

水质是指水与水中杂质共同表现的综合特征。水中杂质具体衡量的尺度称为水质指标。水质指标可分为物理指标、化学指标和生物指标。主要的水质指标有：

1. 化学需氧量（COD）

所谓化学需氧量，是在一定的条件下，采用一定的强氧化剂处理水样时，所消耗的氧化剂量。它是表示水中还原性物质多少的一个指标。水中的还原性物质有各种有机物、亚硝酸盐、硫化物、亚铁盐等，但主要的是有机物。因此，化学需氧量又往往作为衡量水中有机物质含量多少的指标。化学需氧量越大，说明水体受有机物的污染越严重。

化学需氧量的测定，随着测定水样中还原性物质以及测定方法的不同，其测定值也不同。目前应用最普遍的是酸性高锰酸钾氧化法与重铬酸钾氧化法。高锰酸钾（$KMnO_4$）法，氧化率较低，但比较简便，在测定水样中有机物含量的相对比较值时可以采用。重铬酸钾法，氧化率高，再现性好，适用于测定水样中有机物的总量。

2. 生化需氧量（BOD）

所谓生化需氧量，是在有氧的条件下，由于微生物的作用，水中能分解的有机物质完全氧化分解时所消耗氧的量。它是以水样在一定的温度（如 20℃）下，在密闭容器中，保存一定时间后溶解氧所减少的量（mg/L）来表示的。当温度在 20℃时，一般的有机物质需要 20 d 左右时间就能基本完成氧化分解过程，而要全部完成这一分解过程就需 100 d。但是，这么长的时间对于实际生产控制来说就失去了实用价值。因此，目前规定在 20℃下，培养 5 d 作为测定生化需氧量的标准。这时测得的生化需氧量就称为五日生化需氧量，用 BOD_5 来表示。对于一定的污水而言，一般说来，COD＞BOD_{20}＞BOD_5。

如果污水中的有机物的数量和组成相对稳定，BOD、COD 两者之间可能有一定的比例关系，可以互相推算求得。如生活污水的 BOD 与 COD 的比值为 0.4～0.8。

3. 总需氧量（TOD）

有机物的主要元素是 C、H、O、N、S 等，在高温下燃烧后，将分别产生 CO_2、H_2O、NO_2 和 SO_2，所消耗的氧量称为总需氧量。TOD 的值一般大于 COD 的值。

TOD 的测定方法是：向氧含量已知的氧气流中注入定量的水样，并将其送入以铂为触媒的燃烧管中，在 900℃高温下燃烧，水样中的有机物即被氧化，消耗掉氧气流中的氧气，剩余氧量可用电极测定并自动记录。氧气流原有氧量减去剩余氧量即得总需氧量。TOD 的测定仅需几分钟。

4. 悬浮物（SS）

悬浮物是一项重要的水质指标，常用来表示固体污染物的浓度。水质分析中把固体物质分为两部分：能透过滤膜（孔径 3～10 μm）的叫溶解固体（DS）；不能透过的叫悬浮固体或悬浮物（SS），两者合称为总固体（TS）。必须指出，这种分类仅仅是为了水处理技术的需要。

5. 总有机碳（TOC）

有机物都含有碳，通过测定废水中的总含碳量可以表示有机物含量。

总有机碳的测定方法是：向氧含量已知的氧气流中注入定量的水样，并将其送入以铂为触媒的燃烧管中，在 900℃高温下燃烧，用红外气体分析仪测定在燃烧过程中产生的 CO_2 量，再折算出其中的含碳量，就是总有机碳值。为排除无机碳酸盐的干扰，应先将水样酸化，再通过压缩空气吹脱水中的碳酸盐。TOC 的测定时间也仅需几分钟。

6. 有机氮

有机氮是反映水中蛋白质、氨基酸、尿素等含氮有机化合物总量的一个水质指标。

若使有机氮在有氧的条件下进行生物氧化，可逐步分解为 NH_3、NH_4^+、NO_2^-、NO_3^- 等形态，NH_3 和 NH_4^+ 称为氨氮，NO_2^- 称为亚硝酸氮，NO_3^- 称为硝酸氮，这几种形态的含量均可作为水质指标，分别代表有机氮转化为无机氮的各个不同阶段。

总氮（TN）则是一个包括从有机氮到硝酸氮等全部含量的水质指标。

7. pH 值

pH 值是指示水酸碱性的重要指标，在数值上等于氢离子浓度的负对数。

pH 值的测定通常根据电化学原理采用玻璃电极法，也可以用比色法。

8. 有毒物质含量

有毒物质是指污水中达到一定浓度后，能够危害人体健康、危害水体中的水生生物或者影响污水生物处理的物质。

9．细菌总数

细菌总数是指 1 mL 水中所含各种细菌的总数，反映水所受细菌污染程度的指标。

在水质分析中，是把一定量水接种于琼脂培养基中，在 37℃条件下，培养 24 h 后，数出生长的细菌菌落数，然后计算出每毫升水中所含的细菌数。

10．大肠菌数

大肠菌数是指 1L 水中所含大肠菌个数。大肠菌本身虽非致病菌，但由于大肠菌在外部环境中的生存条件与肠道传染病的细菌、寄生虫卵相似，而且大肠菌的数量多，比较容易检验，所以把大肠菌数作为生物污染指标。比较常见的病原微生物有伤寒、肝炎病毒、腺病毒等，同时也存在某些寄生虫。

11．溶解氧（DO）

溶解氧是指溶解在水中的游离氧，单位以 mg/L 表示。

在水生生物的生存中，溶解氧是不可缺少的，其在自然净化中作用很大，是有机污染的重要指标。污水污染越严重，污水中溶解氧越少。

①地下水：因为不接触大气，故地下水 DO 含量很少。

②地表水：在溪流中，从大气溶解来的 DO 量很多。

③贫营养湖：一年时间 DO 可以接近全层饱和相状态。

④富营养湖：在停滞期表水层 DO 达到饱和或过饱和，而深水层 DO 则缺乏。

⑤海水：表水层 DO 接近饱和，因为盐类浓度高，故 DO 溶解度比淡水低。

12．温度

水温是常用的物理指标之一。由于水温对污水的物理处理、化学处理和生物处理具有影响，通常必须加以测定。

生活污水水温年变化在 10～25℃。而工业废水的温度同生产过程有关，变化较大。

13．色度

污水由于含有各种不同杂质，常显现出不同的颜色。

污水的色度在进入环境后，会对环境造成表观的污染。有色污水排入水体后，会减弱水体的透光性，影响水生生物的生长。

色度是通过感官来观察污水颜色深浅的程度，洁净水应是无色透明的，被污染了的水则其色泽加深，人们一般从污水的色度可以粗略判断水质的好坏，如二类污水色度（稀释倍数）一级标准在 50～80，二级标准在 80～100。

14．浊度

浊度是对水的光传导性能的一种测量，其值可表征废水中胶体和悬浮物的含量。水中含有泥土、粉砂、微细有机物、无机物、浮游生物等悬浮物和胶体物都可以使水体变得混浊而呈现一定浊度。在水质分析中规定，1L 水中含有 1 mg SiO_2 所构成的浊度为一个标准浊度单位，简称 1 度。

15．电导率

电导是电阻的倒数，单位距离上的电导称为电导率。电导率表示水中电离性物质的总数，间接表示了水中溶解盐的含量。电导率的大小同溶于水中的物质浓度、活度和温度有关。电导率用 K 表示，单位为 S/cm 或 1/（Ω • cm）。

任务 2　污染防治技术政策、环境标准与规范分析

1.2.1　污染防治技术政策

1．污染防治技术政策概况

污染防治技术政策是我国环境政策体系的重要组成部分，是环境保护战略的延伸和具体化，是政府部门根据一定时期内国家经济技术发展水平一级环境保护工作需要，针对行业污染防治，提出的指导性技术原则和技术路线。技术政策是环境污染防治的技术指南，是制定环境标准和实施环境管理的技术依据。由于环境技术政策明确了污染防治的原则、污染治理主导技术路线和工艺，对环保技术的开发具有重要的指导意义。

2．污染防治技术政策的主要内容

按照"预防为主"、"清洁生产"原则，污染防治技术政策体现了"防治结合"的路线，明确了相应行业污染防治的目标、技术路线、技术原则和技术措施。特别是依据治理技术的选择原则，提出了经实践证明较为成熟、可靠、经济、合理的技术路线，在引导环境工程技术发展，指导工程设计单位、用户选择技术方案，最大限度地发挥环境投资效益，规范环保技术市场等方面发挥了重要作用。

现以建设部、国家环境保护总局、科学技术部联合发布的《城市污水处理及污染防治技术政策》为例来说明技术政策的主要内容。

在城市污水处理目标方面，该技术政策规定，到 2010 年全国设市城市和建制镇的污水平均处理率不低于 50%，设市城市的污水处理率不低于 60%，重点城市的污水处理率不低于 70%。全国设市城市和建制镇均应规划建设城市污水集中处理设施，达标排放的工业废水应纳入城市污水收集系统并与生活污水合并处理。设市城市和重点流域及水资源保护区的建制镇，必须建设二级污水处理设施；受纳水体为封闭或半封闭水体时，应进行二级强化处理；非重点流域和非水源保护区的建制镇，可先行一级强化处理，分期实现二级处理。城市污水处理设施建设应按照远期规划确定最终规模，以现状水量为主要依据确定近期规模等。

在技术路线和工艺选择方面，规定城市污水处理设施建设应采用可靠的技术，也可积极稳妥地选用污水处理新技术，城市污水处理设施出水应达到国家或地方规定的水污染物排放标准，对城市污水处理设施出水有特殊要求的，需进行深度处理。

该技术政策同时规定了各类处理工艺技术的适用范围：

（1）一级强化处理。

一级强化处理工艺选用物化强化处理法、AB 法前段工艺、水解好氧法前段工艺、高负荷活性污泥法等。

（2）二级处理。

日处理能力大于 20 万 m^3 的二级处理，一般采用常规活性污泥法；日处理能力为 10 万～20 万 m^3 的二级处理，可选用常规活性污泥法、SBR 法、AB 法等成熟工艺；日处理能力在 10 万 m^3 以下的二级处理，可选用氧化沟法、SBR 法、水解好氧法、AB 法和生物

滤池法等。

（3）二级强化处理。

日处理能力在 10 万 m^3 以上的一般选用 A/O 法、A^2/O 法等技术；也可选用具有除磷脱氮效果的氧化沟法、SBR 法、水解好氧法和生物滤池法等。

（4）有条件的地方可选用污水自然净化技术。

3．污染防治政策的主要作用

污染防治政策是技术指导性文件，不是行政管理规定，在实施中不具有强制性，供有关方面作为自律性依据，或作为制定污染防治对策的导向性依据。

污染防治政策虽然不是环境法规和强制性的标准，定位于技术方面的指南，但在实际工作中，起到了一些强制性规定不可替代的作用。技术政策的最大功效在于建设项目可行性研究（或环境影响评价）和环境工程初步设计阶段对生产工艺和治理技术路线的选择，有效地引导了成熟可靠技术的应用，为环境标准的实施起到有效的保障作用。通过技术政策与法规、标准的有效结合，在实施效果上，可与发达国家实施的强制性环境技术法规相比拟。

鉴于科学技术的迅猛发展，技术政策应该随着技术水平发展的日益成熟、可靠、先进而进行补充、完善。

1.2.2 环境标准

1．环境标准

环境标准，是为了保护人民健康，建设良好生态环境，实现社会经济发展目标，根据国家的环境政策和法规，在综合考虑自然环境特征、社会经济条件和科学技术水平的基础上制定的环境中污染物的允许含量和污染源排放污染物的数量、浓度、时间和速率以及其他有关技术规范。

环境标准是国家环境政策在技术方面的具体体现，是行使环境监督管理和进行环境规划的主要依据，是推动环境科技进步的动力。环境标准随环境问题的产生而出现，随科技进步和环境科学的发展而发展，体现在种类和数量上也越来越多。环境标准是防治污染、保护环境的各种标准的总称。

在我国环境标准体系中，主要由国家环境标准、地方环境标准和环境保护行业标准三部分组成。地方环境标准和环境保护行业标准是对国家环境标准的补充和支撑。环境保护行业标准包括环境工程技术规范、环境保护验收技术规范和环境监测技术和方法等。

环境标准与其他标准一样，是以科学技术与实践为依据制定的，具有科学性和先进性，代表了今后一段时期内科学技术的发展方向。标准在某种程度上成为判断污染防治技术、生产工艺与设备是否先进可行的依据，成为筛选、评价环保科技成果的一个重要尺度。环境标准的实施还可以起到强制推广先进科技成果的作用，加速科技成果的转化及使污染治理新技术、新工艺、新设备尽快得到推广应用。

环境工程设计、施工建设所依据的环境法规、标准最终将落实到污染物排放标准（技术法规）。所谓达标排放，就是要求通过环境工程措施，使项目的污染物排放连续而稳定地达到规定环境标准的要求。污染物排放标准（技术法规）是强制性标准，要求我们在以后的工作中必须严格执行。因此，我们应把执行环境标准落实到确定最佳工艺技术路线，进行工程设计、施工安装和调试等各个工程建设阶段，选择满足工艺要求的设备、材料和产品等各个环节之中。

我们工作的主要依据是环境标准，以工程技术手段所要实现的目标仍是环境标准，检验工程技术成果的主要标准还是环境标准。我们唯有熟悉环境标准，才能有的放矢地提高自己的技术水平，以性价比最为有效合理的技术实现环境标准的要求。

2．环境工程技术标准（规范）

环境工程技术标准（规范）不同于强制性的国家环境标准，多数是国家或行业层面上的推荐性标准，是实施环境法规、标准的配套技术支持体系，是环境工程全过程所依据的规范性技术文件。在我国目前与环境工程服务相关的标准中，既有推荐性的国家标准，又有环保、建设、机械等行业标准。其中，与环境工程建设相关的标准，大体上可分为工艺技术规范、工程设计规范、管理规范和运行维护规范四大类。如《污水再生利用工程设计规范》（GB 50335—2002）、《室外排水设计规范》（GB 50014—2006）等应在工作中熟练应用。

任务3　污水控制的原则与方法分析

1.3.1　水污染控制的基本原则

污水处理的基本原则，是从清洁生产的角度出发，改革生产工艺和设备，减少污染物，防止污水外排，进行综合利用和回收。必须外排的污水，其处理方法随水质和要求而异。一级处理主要分离水中的悬浮固体物、胶状物、浮油或重油等，可以采用水质水量调节、自然沉淀、上浮、隔油等方法。二级处理主要是去除可生物降解的有机溶解物和部分胶状物的污染，以减少废水的BOD和部分COD，通常采用生物化学法处理。化学混凝和化学沉淀池是二级处理的方法，如含磷酸盐的废水和含胶体物质的废水须用化学混凝法处理。环境卫生要求高，而废水的色、臭、味污染严重，或BOD和COD比值甚小（小于0.2～0.25），则须采用三级处理方法予以深度净化，污水的三级处理主要是去除生物难降解的有机污染物和废水中溶解的无机污染物，常用的方法有活性炭吸附和化学氧化，也可以采用离子交换或膜分离技术等。含多元分子结构污染物的污水，一般先用物理方法部分分离，然后用其他方法处理。各种不同的工业废水可以根据具体情况，选择不同的组合处理方法。

1.3.2　水污染控制方法

废水处理方法按对污染物实施的作用不同，大体上可分为两类：一类是通过各种外力作用，把有害物从废水中分离出来，称为分离法。另一类是通过化学或生化的作用，使其转化为无害的物质或可分离的物质，后者再经过分离予以除去，称为转化法。习惯上也按处理原理的不同，将处理方法分为物理法、化学法、物理化学法和生物化学法四类。

1．按对污染物实施的作用不同分类

（1）分离法。

废水中的污染物有各种存在形式，大致有离子态、分子态、胶体和悬浮物。存在形式的多样性和污染物特性的各异性，决定了分离方法的多样性，详见表 1-1。

表 1-1 分离法分类一览

污染物存在形式	分离方法
离子态	离子交换法、电解法、电渗析法、离子吸附法、离子浮选法
分子态	萃取法、结晶法、精馏法、吸附法、浮选法、反渗透法、蒸发法
胶　体	混凝法、气浮法、吸附法、过滤法
悬浮物	重力分离法、离心分离法、磁力分离法、筛滤法、气浮法

（2）转化法。

转化法可分为化学转化和生化转化两类，具体见表 1-2。

表 1-2 转化法分类一览

方法原理	转化方法
化学转化	中和法、氧化还原法、化学沉淀法、电化学法
生化转化	活性污泥法、生物膜法、厌氧生物处理法、生物塘等

现代废水处理技术，按处理程度划分为一级、二级和三级处理。

一级处理，主要去除废水中悬浮固体和漂浮物质，同时还通过中和或均衡等预处理对废水进行调节以便排入受纳水体或二级处理装置。主要包括筛滤、沉淀等物理处理方法。经过一级处理后，废水的 BOD 一般只去除 30%左右，达不到排放标准，仍需进行二级处理。

二级处理，主要去除废水中呈胶体和溶解状态的有机污染物质，主要采用各种生物处理方法，BOD 去除率可达 90%以上，处理水可以达标排放。

三级处理是在一级、二级处理的基础上，对难降解的有机物、磷、氮等营养性物质进一步处理。采用的方法可能有混凝、过滤、离子交换、反渗透、超滤、消毒等。

废水中的污染物组成相当复杂，往往需要采用几种方法的组合流程，才能达到处理要求。对于某种废水，采用哪几种处理方法组合，要根据废水的水质、水量，回收其中有用物质的可能性，经过技术和经济的比较后才能决定，必要时还需进行试验。

2．按处理原理不同分类

（1）物理处理法。

通过物理作用，以分离、回收污水中不溶解的呈悬浮状态的污染物质（包括油膜和油珠）的污水处理法。根据物理作用的不同，又可分为重力分离法、离心分离法和筛滤截流法等。

（2）化学处理法。

通过化学反应来分离、去除废水中呈溶解、胶体状态的污染物质或将其转化为无害物质的污水处理法。

（3）物理化学法。

物理化学法是利用物理化学作用去除污水中的污染物质。主要有吸附法、离子交换法、膜分离法、萃取法、汽提法和吹脱法等。

（4）生物处理法。

通过微生物的代谢作用，使废水中呈溶液、胶体以及微细悬浮状态的有机性污染物质转化为稳定物质的污水处理方法。根据起作用的微生物的不同，生物处理法又可分为好氧生物处理法和厌氧生物处理法。

思考与练习

1. 生活污水具有什么特点？
2. 工业废水具有什么特点？
3. 列举水中的主要污染物。
4. 水质指标有哪些？
5. 环境标准是什么？
6. 如何应用环境标准？
7. 污废水处理方法有哪些？
8. 污废水生物处理的目的是什么？

项目二
预处理污废水

知识点：格栅、格栅的分类、格栅的选择原则、筛网的分类、沉砂池基本类型、隔油、平流式隔油池的结构及特点、斜板式隔油池的结构及特点、调节的作用、水量调节方法、水质调节方法、事故调节池

能力点：能选择格栅、能设计计算格栅、掌握格栅和筛网的运行管理要点、了解沉砂池基本类型、能设计计算沉砂池、能运行管理沉砂池、熟悉隔油的基本原理、能运行管理隔油池、了解调节池的作用、掌握水量调节的基本方法、掌握水质调节的基本方法、能设计计算调节池、了解事故调节池的特点

废水的预处理是以去除废水中大颗粒污染物质和悬浮在水中的油脂类物质为目的的处理方法。常见的预处理方法包括格栅、沉砂池、隔油池及调节池等。

任务 1　筛滤

筛滤是去除废水中粗大的悬浮物和杂物，以保护后续处理设施能正常运行的一种预处理方法。筛滤的构件包括平行的棒、条、金属网、格网或穿孔板。其中由平行的棒和条构成的称为格栅；由金属丝织物、格网或穿孔板构成的称为筛网。它们所去除的物质则称为筛余物。其中格栅去除的是那些可能堵塞水泵机组及管道阀门的较粗大的悬浮物；而筛网去除的是用格栅难以去除的呈悬浮状的细小纤维。

根据清洗方法，格栅和筛网都可设计成人工清渣或机械清渣两类。人工清渣格栅只适用于处理量不大或所截留的污物量较少的场合，当污物量大时，一般应采用机械清渣，以减少工人劳动量。

2.1.1　格栅

格栅是一种最简单的过滤设备，用来截留污水中粗大的悬浮物和漂浮物。格栅的形态和尺寸大小，由它的用途决定。

1．格栅的构造、作用与分类

格栅通常由一组或多组平行金属栅条制成的框架组成，倾斜或直立地设立在进水泵站集水井的进口处。它本身的水流阻力并不大，水头损失只有几厘米，阻力主要产生于筛余物堵塞栅条。一般当格栅的水头损失达到 10～15 cm 时就该清洗。

格栅按形状，可分为平面格栅和曲面格栅两种。

按栅条间的间距，格栅可分为粗格栅、中格栅和细格栅三种，栅距大于 40 mm 的为粗格栅，栅距在 10～40 mm 的为中格栅，栅距小于 10 mm 的为细格栅。新设计的污水处理厂一般都采用粗、中两道格栅，甚至采用粗、中、细三道格栅。格栅的去除效率，主要与格栅的设计有关系。格栅的设计内容包括尺寸计算、水力计算、栅渣量计算。图 2-1 为格栅的示意图。

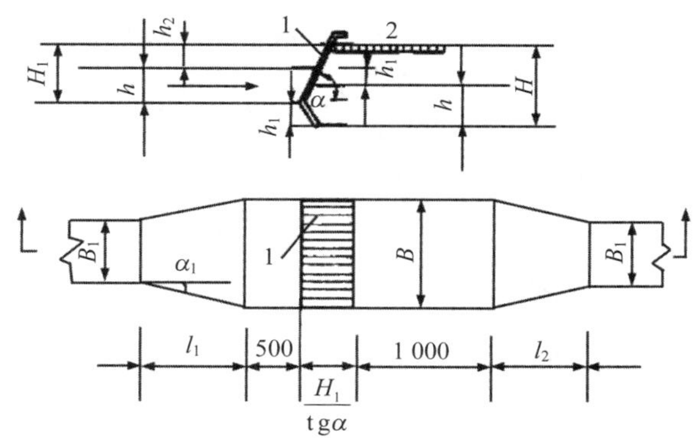

图 2-1　格栅示意

1. 栅条；2. 工作台；h. 栅前水深；h_1. 通过格栅的水头损失；h_2. 栅前渠道超高与 h_1 之和；H_1. 栅前渠道深；B. 栅槽宽度；B_1. 进出水渠宽；l_1. 进水渠道渐宽部分的长度；l_2. 栅槽与出水渠道连接处的渐宽部分长度；α. 格栅倾角；α_1. 进水渠道渐宽部分的展开角

格栅在应用中可分为固定格栅和活动格栅两种。固定格栅一般由间隔的固定金属栅条构成，污水从间隙中流出。栅条通常做成有渐变的断面，用最宽的一侧对着污水流向，以便固体物质在间隙中卡住时，易于耙除截留物。根据截留物被耙除的方式不同，固定格栅又可分为手耙式和机械耙式两种。

活动格栅又可分为钢索格栅和鼓轮格栅两种。钢索格栅是由一组在滚轴上转动的钢丝索套构成，污水从钢丝索套间流过，截留在钢丝索上的大颗粒固体随着钢丝索的转动被带出筛滤室，并在钢丝索回到筛滤室之前被刷除掉。这种格栅的优点是不用耙子，固体物不会卡在格栅的间隙中。鼓轮格栅实际上是一种筛网过滤装置，它是由一个周边用金属网覆盖的旋转鼓轮构成，旋转鼓轮部分浸入筛滤室，一端封闭，废水从另一端进入，鼓轮绕水平轴旋转，通过金属网过滤流出鼓外，截留在鼓内的悬浮物被转鼓带到上部时，被喷出来的水反冲洗到排渣槽内排出。

按栅渣清除方式的不同，格栅可分为人工清除格栅、机械清除格栅和水力清除格栅。

2．机械清渣格栅

机械清渣格栅适用于大型污水处理厂，需要经常清除大量截留物的场合。一般当栅渣量大于 0.2 m^3/d 时，为改善劳动与卫生条件，应采用机械清渣格栅。机械清渣的格栅，倾角一般为 60°～70°，有时为 90°。机械清渣格栅过水面积，一般应不小于进水管渠的有效面积的 1.2 倍。常见的清渣机械有固定式清渣机、活动清渣机、回转耙式清渣机。下面以固定式清渣机为例来说明清渣机的原理，图 2-2 所示为固定式清渣机。

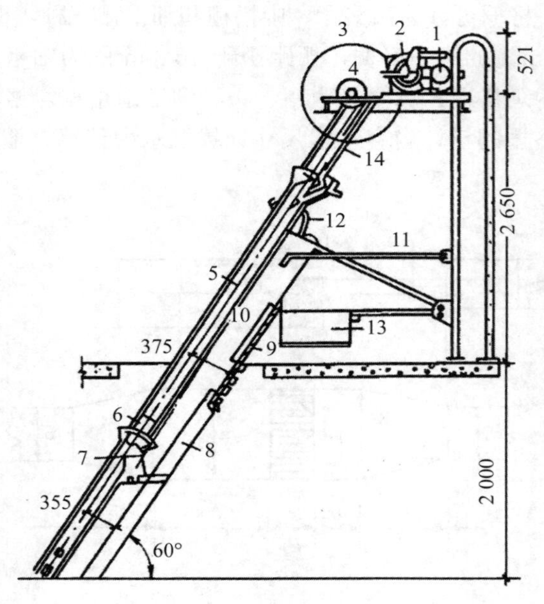

图 2-2 固定式清渣机

1. 电机；2、3. 变速箱；4. 轱辘；5. 导轨；6. 滑块；7. 齿耙；8. 栅条；9. 溜板；10. 导板；11. 刮板；12. 挡板；13. 渣箱；14. 钢丝绳

固定式清渣机的宽度与格栅宽度相等。电机通过变速箱，带动轱辘，牵动钢丝绳、滑块及齿耙，使导轨上下滑动清渣。被刮的栅渣沿溜板，经刮板刮入渣箱，用粉碎机破碎后，回落入污水中一起处理。

表 2-1 为我国常用的几种机械格栅。

表 2-1 我国常用的几种机械格栅

类型	适用范围	优点	缺点
链条式机械格栅	深度不大的中小型格栅。主要清除长纤维、带状物	①构造简单，制造方便。②占地面积小	①杂物进入链条和链轮之间时，容易卡住。②套筒滚子链造价高，耐腐蚀差
移动式伸缩臂机械格栅	中等深度的宽大格栅	①不清污时，设备全部在水面上，维护检修方便。②可不停水检修。③钢丝绳在水面上运行，寿命较长	①需三套电动机、减速器，构造较复杂。②移动时，耙齿与栅条间隙的对位较困难
圆周回转式机械格栅	深度较浅的中小型格栅	①构造简单，制造方便。②动作可靠，容易检修	①配置圆弧形格栅，制造较困难。②占地面积较大
钢丝绳牵引式机械格栅	分固定式和移动式。固定式适用于中小型格栅，深度范围较大。移动式适用于宽大格栅	①适用范围广泛。②无水下固定部件的设备，检修维护方便	①钢丝绳干湿交替，易腐蚀，宜用不锈钢丝绳。②有水下固定部件的设备，设备检修时需停水

3．常用格栅参数的选择

①水泵前格栅栅条间隙，应根据水泵允许通过污物的能力来确定。

②污水处理系统设计中，设两道格栅，一般在泵房前设一道中格栅，在泵房后设一道细格栅。同时，格栅栅条间隙应符合下列要求：人工清除为 25～40 mm；机械清除为 16～25 mm；最大间隙 40 mm。

③栅渣量与地区的特点、格栅的间隙大小、污水流量以及下水道系统的类型等因素有关，在无当地运行资料时，可采用以下数据：

格栅间隙 16～25 mm；截留的栅渣量为 0.10～0.05 m^3 栅渣/10^3 m^3 污水；

格栅间隙 30～50 mm；截留的栅渣量为 0.03～0.01 m^3 栅渣/10^3 m^3 污水；

栅渣的含水率一般为 80%，容重约为 960 kg/m^3。

④每日栅渣量大于 0.2 m^3，一般采用机械清渣，同时机械格栅不宜少于 2 台，并一用一备。

⑤格栅前渠道内的水流速度一般为 0.4～0.9 m/s，过栅流速一般为 0.6～1.0 m/s，格栅倾角一般为 45°～70°，而机械格栅一般为 60°～70°，特殊类型可达 90°。

⑥通过格栅的水头损失一般采用 0.08～0.15 m。

⑦放置格栅的沟度超过 7 m 宜选用钢丝绳型格栅机；深度在 2 m 或 2 m 以下宜采用弧形格栅除污机；中等深度宜采用链式除污机。

⑧单台格栅机工作宽度一般不大于 3.0 m，超过时可采用多台。

⑨格栅间必须设置工作台，台面应高出栅前最高设计水位 0.5 m。工作台应有安全和冲洗设施。格栅间工作台两侧过道宽度不应小于 0.7 m。工作台正面过道宽度：人工清除不应小于 1.2 m，机械清除不应小于 1.5 m。

⑩机械格栅的动力装置一般宜设在室内或采取其他保护设备的措施。

⑪设置机械装置的构筑物，必须考虑设有良好的通风设施。

⑫格栅内应安装吊装设备，以进行格栅及其他设备的检修和栅渣的日常清除。

4．常用格栅的设计

可用下述方法进行有关格栅的设计（参见图 2-1）。

（1）格栅的间隙数。

$$n=\frac{Q_{\max}\sqrt{\sin\alpha}}{bhv} \tag{2-1}$$

式中，n——格栅的间隙数，个；

$Q_{\max}$——最大设计流量，m^3/s；

α——格栅安置的倾角（°），一般为 60°～70°；

b——栅条净间隙，mm，粗格栅 $b>40$ mm，中格栅 $b=10\sim40$ mm，细格栅 $b<10$ mm；

h——栅前水深，m；

v——过栅流速，m/s，最大设计流量时为 0.8～1.0 m/s，平均设计流量时为 0.3 m/s。

当栅条的间隙数为 n 时，则栅条的数目应为 $n-1$。

（2）栅槽宽度。

$$B=S(n-1)+bn \tag{2-2}$$

式中，B——栅槽宽度，m；

S——栅条宽度，m。

（3）通过格栅的水头损失。

$$h_1 = k\xi \frac{v^2}{2g}\sin\alpha \tag{2-3}$$

式中，h_1——水头损失，m；

k——格栅受筛余物堵塞后，格栅阻力增大的系数，可用经验式 $k=3.36v-1.32$，一般采用 $k=3$；

ξ——阻力系数，其值与格栅栅条的断面形状（形状系数β）有关，见表 2-2 所列；

g——重力加速度，m/s^2。

（4）栅后槽的总高度。

$$H = h_1 + h_2 + h \tag{2-4}$$

式中，H——栅后槽的总高度，m；

h_2——栅前渠道超高，一般取 0.3 m。

表 2-2　格栅的阻力系数ξ 的计算公式

格栅断面形状	计算公式		
锐边矩形	$\xi=\beta\left(\frac{S}{b}\right)^{4/3}$	形状系数	β=2.42
迎水面为半圆形的矩形			β=1.83
圆形			β=1.79
迎水、背水面均为半圆形的矩形			β=1.67
正方形	$\xi=\left(\frac{b+S}{\varepsilon b}-1\right)^2$	$\varepsilon=0.64$	

注：表中β为栅条的形状系数，ε为收缩系数。

（5）栅槽总长度。

$$L = l_1 + l_2 + 1.0 + 0.5 + \frac{H_1}{\mathrm{tg}\alpha} \tag{2-5}$$

$$l_1 = \frac{B - B_1}{2\mathrm{tg}\alpha_1} = 1.37(B - B_1) \tag{2-6}$$

$$l_2 = \frac{l_1}{2} \tag{2-7}$$

式中，L——栅槽总长度，m；

H_1——栅前槽高，m，$H_1 = h + h_2$；

l_1——进水渠道渐宽部分长度，m；

B_1——进水渠道宽度，m；

α_1——进水渠道渐宽部分的展开角度，（°），一般可采用 20°；

l_2——栅槽与出水渠道连接处的渐缩部分长度，m。

（6）每日栅渣量。

$$W=\frac{Q_{max}W_1\times 86\,400}{K_z\times 1\,000} \tag{2-8}$$

式中，W——栅渣量，m^3/d；

W_1——栅渣量，$m^3/10^3\,m^3$污水，格栅间隙为16～25 mm时，取0.10～0.05，格栅间隙为30～50 mm时，取0.03～0.01。

K_z——废水流量总变化系数，对生活污水可参考表2-3。

表2-3 生活污水流量总变化系数

日流量/（L/s）	4	6	10	15	25	40	70	120	200	400	750	1 600
K_z	2.3	2.2	2.1	2.0	1.89	1.80	1.69	1.59	1.51	1.40	1.30	1.20

5. 格栅的运行管理

①每天要对栅条、出渣耙、栅渣箱和前后水渠等进行清扫，及时清运栅渣，保持格栅通畅。

②检查并调节栅前的流量调节阀门，保证过栅流量的均匀分布。同时利用投入工作的格栅台数将过栅流速控制在所要求的范围内。当发现过栅流速过高时，适当增加投入工作的格栅台数；当发现过栅流速偏低时，适当减少投入工作的格栅台数。

③定期检查渠道的沉砂情况。格栅前后渠道内沉积砂，除与流速有关外，还与渠道底部流水面的坡度和粗糙度等因素有关，应定期检查渠道内的沉砂情况，及时清砂并排除积砂原因。

④格栅除污机的维护管理。格栅除污机是污水处理厂内最容易发生故障的设备之一，巡查时应注意有无异常声音，栅条是否变形。出现故障时，应及时查清原因，及时处理，做到定时加油，及时调换，及时调整。

⑤分析测量与记录。应记录每天的栅渣量。根据栅渣量的变化，可以间接判断格栅的拦污效率。当栅渣比历史记录减少时，应分析格栅是否运行正常。

判断拦污效率的另一个间接途径，是经常观察初沉池和浓缩池的浮渣尺寸。这些浮渣中尺寸大于格栅栅距的污物增多时，说明格栅拦污效率不高，应分析过栅流速控制是否合理，清污是否及时。

2.1.2 筛网

筛网的去除效果，可相当于初次沉淀池的作用。

1. 筛网的类型

目前，应用于废水处理或短小纤维回收的筛网主要有两种型式，即振动筛网和水力筛网。振动式筛网见图2-3。污水由渠道流到振动筛网上，在这里进行水和悬浮物的分离，并利用机械振动，将呈倾斜面的振动筛网上截留的纤维等杂质卸到固定筛网上，进一步滤去附在纤维上的水滴。

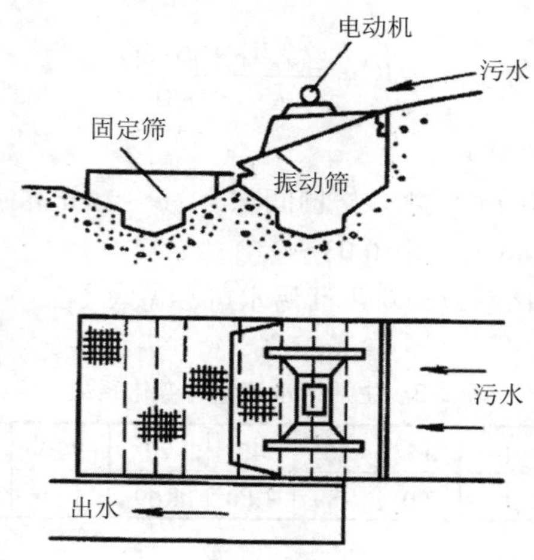

图 2-3 振动筛网示意

水力筛网的构造见图 2-4。运动筛网呈截顶圆锥形，中心轴呈水平状态，锥体则呈倾斜方向。废水从圆锥体的小端进入，水流在从小端到大端的流动过程中，纤维状污物被筛网截留，水则从筛网的细小孔中流入集水装置。由于整个筛网呈圆锥体，被截留的污染物沿筛网的倾斜面卸到固定筛上，以进一步滤去水滴。这种筛网的旋转依靠进水的水流作为动力，因此在水力筛网的进水端一般不用筛网，而用不透水的材料制成壁面，必要时还可在壁面上设置固定的导水叶片，但需注意不可因此而过多地增加运动筛的重量。另外，废水进水管的设置位置与出口的管径也要适宜，以保证进水有一定的流速射向导水叶片，利用水的冲击力和重力作用产生运动筛网的旋转运动。

设计采用水力筛网时，一般应在废水进水管处保持一定的压力，压力的大小与筛网的大小和废水性质有关。

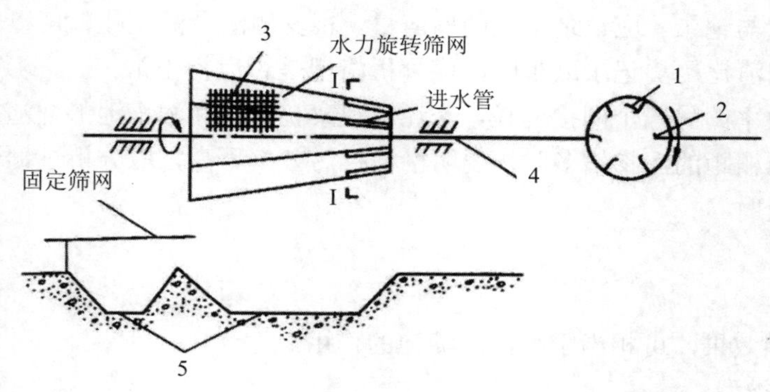

图 2-4 水力筛网构造示意

1. 进水方向；2. 导水叶片；3. 筛网；4. 转动轴；5. 水沟

格栅、筛网截留的污染物的处置方法有填埋、焚烧（820℃以上）以及堆肥等，也可将栅渣粉碎后再返回废水中，作为可沉固体进入初沉池。图 2-5 所示粉碎机是利用高速旋转切刀将栅渣粉碎；图 2-6 所示粉碎机有一个垂直转筒格网，粉碎机应设置在沉砂池后，以免大的无机颗粒损坏粉碎机。此外，大的破布和织物在粉碎前应先去除。

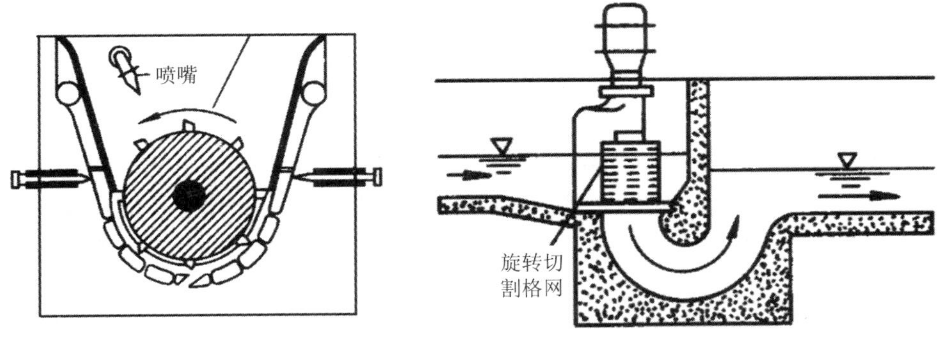

图 2-5 粉碎机

图 2-6 粉碎机

2. 筛网的运行管理

①当废水呈酸性或碱性时，筛网的设备应选用耐酸碱、耐腐蚀材料制作。

②在运行过程中要合理控制进水流量，做到进水均匀，并采取措施尽量减少进水口来料对筛面的冲击力，以确保筛网的使用寿命并减少维修量。

③筛网尺寸应按需截留的微粒大小选定，最好通过试验确定。

④当废水含油类物质时，会堵塞网孔，应进行除油处理。另外还需要定期采用蒸汽或热水对筛网进行冲洗。

任务 2 沉砂

沉砂的作用是从废水中分离密度较大的无机颗粒（砂子、煤渣等）。

沉砂池的工作原理是以重力分离为基础，即将进入沉砂池的污水流速控制在只能使比重大的无机颗粒下沉，而有机悬浮颗粒则随水流带走。它一般设在污水处理厂前端，保护水泵和管道免受磨损，缩小污泥处理构筑物容积，提高污泥有机组分的含量，提高污泥作为肥料的价值。一般沉砂池作为污水处理前的预处理。

2.2.1 沉砂池的基本类型

沉砂池可分为平流式、竖流式和曝气沉砂池三种基本类型。

在工程设计中，可参考下列设计原则与主要参数。

（1）城市污水厂一般均应设置沉砂池。工业污水是否要设置沉砂池，应根据水质情况而定。城市污水厂的沉砂池的数量或分格数应不少于 2，并按并联运行原则考虑。

（2）设计流量应按分期建设考虑。①当污水自流进入时，应按每期的最大设计流量计算；②当污水为提升进入时，应按每期工作水泵的最大组合流量计算；③在合流制处理系统中，应按降雨时的设计流量计算。

（3）沉砂池去除的砂粒密度为 2.65 g/cm^3，粒径为 0.2 mm 以上。

（4）城市污水的沉砂量可按每 10^6 m^3 污水沉砂 30 m^3 计算，其含水率约 60%，容重约

1 500 kg/m³。

（5）储砂斗的容积应按 2 日沉砂量计算，储砂斗壁的倾角不应小于 55°。排砂管直径不应小于 200 mm。

（6）沉砂池的超高不宜小于 0.3 m。

1．平流式沉砂池

平流式沉砂池是最常用的一种型式，它的截留效果好，工作稳定，构造也较简单。图 2-7 所示的是平流式沉砂池的一种。池的上部，实际是一个加宽了的明渠，两端设有闸门（图上只表示出池壁上的闸槽）以控制水流。在池的底部设置 1～2 个储砂斗，下接排砂管。

在工程设计中，可参考下列设计参数。

（1）污水在池内的最大流速为 0.3 m/s，最小流速为 0.15 m/s；

（2）最大流量时，污水在池内的停留时间不少于 30 s，一般为 30～60 s；

（3）有效水深应不大于 1.2 m，一般采用 0.25～1.0 m，池宽不小于 0.6 m；

（4）池底坡度一般为 0.01～0.02，当设置除砂设备时，可根据除砂设备的要求，考虑池底形状。

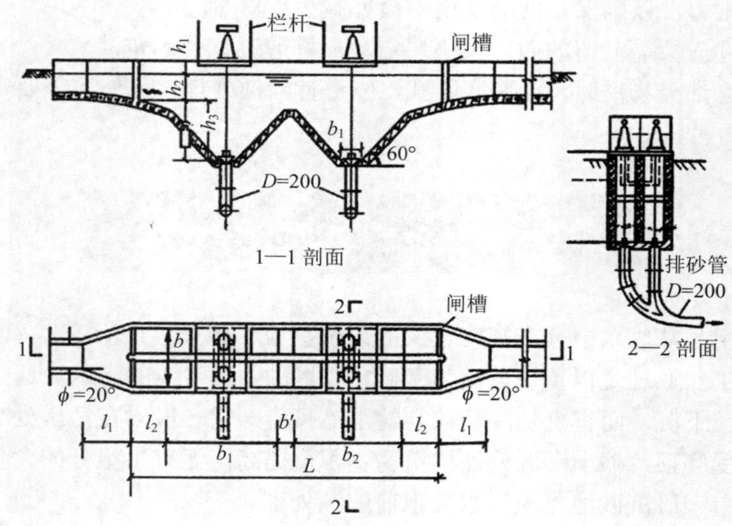

图 2-7　平流式沉砂池的一种形式

2．曝气沉砂池

它具有下述特点：①沉砂中含有机物的量低于 5%；②由于池中设有曝气设备，它还具有预曝气、脱臭、防止污水厌氧分解、除泡以及加速污水中油类的分离等作用。这些特点对后续的沉淀、曝气、污泥消化池的正常运行以及对沉砂的干燥脱水提供了有利条件。

（1）曝气沉砂池的构造及工作原理。

曝气沉砂池的常见构造如图 2-8 所示。

曝气沉砂池是一个长方形渠道，沿渠道壁一侧的整个长度上，距离池底 60～90 cm 处设置曝气装置，在池底设置沉砂斗，池底坡度 i=0.1～0.5，以保证砂粒滑入砂槽。为了使曝气能起到池内回流作用，在必要时可在设置曝气装置的一侧装设挡板。

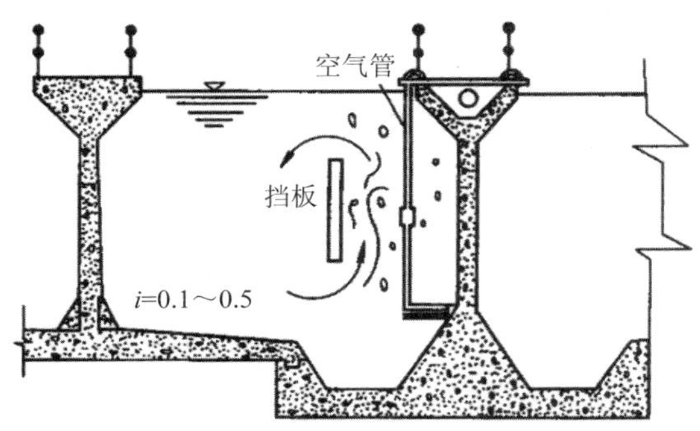

图 2-8　曝气沉砂池示意

污水在池中存在两种运动形式，其一为水平流动（流速一般取 0.1 m/s，不超过 0.3 m/s），同时，由于在池的一侧有曝气作用，因而在池的横断面上产生旋转运动，整个池内水流产生螺旋状前进的流动形式。旋转速度在过水断面的中心处最小，而在池的周边则为最大。空气的供给量应保证在池中污水旋流速度达到 0.25～0.4 m/s，一般取 0.4 m/s。

由于曝气以及水流的螺旋旋转作用，污水中悬浮颗粒相互碰撞、摩擦并受到气泡上升时的冲刷作用，使黏附在砂粒上的有机污染物得以去除，沉于池底的砂粒较为纯净。有机物含量只有 5%左右的砂粒，长期搁置也不至于腐化。

（2）曝气沉砂池的设计参数。

①水平流速一般取 0.08～0.12 m/s。②污水在池内的停留时间为 4～6 min；当雨天最大流量时为 1～3 min。如作为预曝气，停留时间为 10～30 min。③池的有效水深为 2～3 m，池宽与池深比为 1～1.5，池的长宽比可达 5，当池长宽比大于 5 时，应考虑设置横向挡板。④曝气沉砂池多采用穿孔管曝气，孔径为 2.5～6.0 mm，距池底 0.6～0.9 m，并应有调节阀门。⑤供气量可参照表 2-4。

曝气沉砂池的形状应尽可能不产生偏流和死角，在砂槽上方宜安装纵向挡板，进出口布置挡板，应防止产生短流。

表 2-4　单位池长所需空气量

曝气管水下浸没深度/m	最低空气用量/[m^3/（m・h）]	最大空气量/[m^3/（m・h）]
1.5	12.5～15.0	30
2.0	11.0～14.5	29
2.5	10.5～14.0	28
3.0	10.5～14.0	28
4.0	10.0～13.5	25

2.2.2　沉砂池的运行管理

（1）在沉砂池的前部，一般都设有细格栅，细格栅上的垃圾应及时清捞。

（2）在一些平流沉砂池上常设有浮渣挡板，挡板前浮渣应每天清捞。

（3）沉砂池的最重要操作是及时排砂。对于用砂斗重力排砂的沉砂池，一般每天排砂一次。

（4）曝气沉砂池的空气量应每天检查和调节，调节的依据是空气计量仪表。如果没有空气计量仪表，可测表面流速。若发现情况异常（如曝气变弱），应停止排空检查，清理完毕重新投运，先通气后进水（防止砂粒进入扩散）。

（5）每周都要对进、出水闸门及排渣闸门进行加油、清洁保养，每年定期油漆保养。

（6）沉渣应定期取样化验。主要项目有含水率及灰分，沉渣量应每天记录。

（7）沉砂池由于截留大量易腐败的有机物质，恶臭污染严重，特别是夏季，恶臭强度很高，操作人员一定要注意，不要在池上工作或停留时间太长，以防中毒。堆砂处应用次氯酸钠溶液或双氧水定期清洗。

任务 3　隔油

含油废水的来源非常广泛，除了石油开采及加工工业排出大量含油废水外，还有固体燃料热加工、工业中的洗毛废水、轻工业中的制革废水、铁路及交通运输业、屠宰及食品加工以及机械工业车削工艺中的乳化液等。其中石油工业及固体燃料热加工工业排出的含油废水为其主要来源。

油污染的危害主要表现在对生态系统、植物、土壤、水体的严重影响。油田含油废水浸入土壤孔隙间形成油膜，产生堵塞作用，致使空气、水分及肥料均不能渗入土中，破坏土层结构，不利于农作物的生长，甚至使农作物枯死。含油废水（特别是可浮油）排入水体后将在水面上产生油膜，阻碍大气中的氧向水体转移，使水生生物处于严重缺氧状态而死亡。在滩涂还会影响养殖和利用。有资料表明，向水面排放 1 t 油品，即可形成 5×10^6 m^2 的油膜。含油废水排入城市沟道，对沟道、附属设备及城市污水处理厂都会造成不良影响，采用生物处理法时，一般规定石油和焦油的含量不超过 50 mg/L。

2.3.1　基本原理

重力分离法是一种利用油水的密度差进行分离的方法。此法可用于去除 60 μm 以上的油粒和污水中的大部分固体颗粒。采用重力分离法最常用的设备是隔油池。它是利用油比水轻的特性，将油分离于水面并撇除。隔油池主要用于去除浮油或破乳后的乳化油。

2.3.2　隔油池

隔油池的形式较多，主要有平流式隔油池（API）、平行板式隔油池（PPI）、波纹斜板隔油池（CPI）和压力差自动撇油装置等。

1. 平流式隔油池

图 2-9 所示为平流式隔油池。

图 2-9 所示是传统型平流式隔油池，在我国应用较为广泛。污水从池的一端流入池内，从另一端流出。在流经隔离池的过程中，由于流速降低，相对密度小于 1.0 而粒径较大的油品杂质得以上浮到水面，相对密度大于 1.0 的杂质则沉于池底。在出水一侧的水面上设

集油管。集油管一般以直径200～300 mm的钢管制成，沿其长度在管壁的侧向设有60°角的开口。集油管可以绕轴线转动。平时切口位于水面之上，当水面浮油达到一定厚度时，转动集油管，使切口浸入水面油层之下，浮油即溢入管内，并导流到池外。

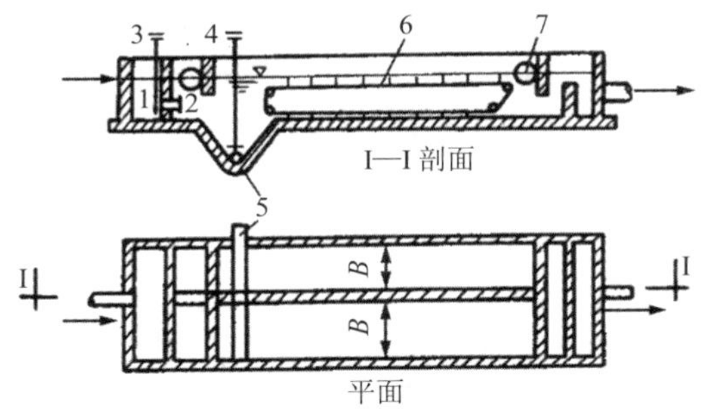

图 2-9　平流式隔油池示意

1. 布水间；2. 进水孔；3. 进水间；4. 排渣阀；5. 排渣管；
6. 刮油刮泥机；7. 集油管；*B*. 隔油池单格宽度

大型隔油池还设置由钢丝绳或链条牵引的刮油刮泥设备，用以推动水面浮油和刮集池底沉渣。刮集到池前部污泥斗中的沉渣，通过排泥管适时排出。排泥管直径一般为200 mm。隔油池表面用盖板覆盖，以防火、防雨并保温。寒冷地区在池内设有加温管。

这种隔油池占地面积较大，水流停留时间较长（1.5～2.0 h），水平流速 2～5 mm/s。由于操作维护容易，因此使用比较广泛，但效果较差。

2. 斜板式隔油池

平流式隔油池稍加改进，即在其池内安装倾斜的平行板，便成了平行板式隔油池。但其结构较复杂，维护、清理比较困难。图2-10是波纹斜板（CPI）隔油池示意图。

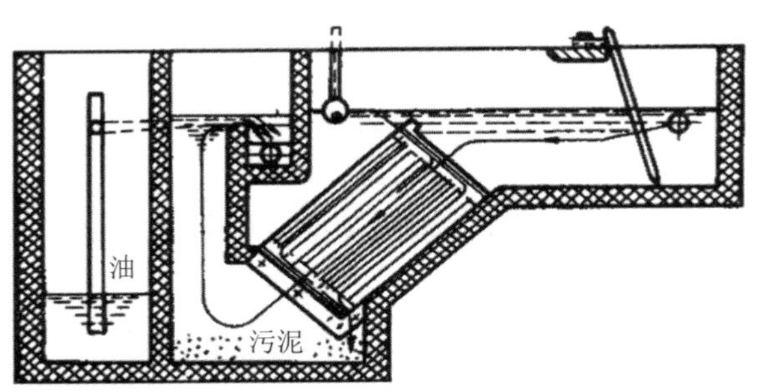

图 2-10　波纹斜板（CPI）隔油池示意

为了提高单位池容积的处理能力，隔油池采用斜板形式，池内斜板采用聚酯玻璃钢波纹板，板距为20～50 mm，倾角不小于45°。斜板采用异向流形式，污水自上而下流入斜板组，油粒沿斜板上浮。

2.3.3　隔油池的运行管理

（1）隔油池必须同时具备收油和排泥措施。

（2）隔油池应密闭或加活动盖板，以防止油气对环境的污染和火灾的发生，同时可以起到防雨和保温的作用。

（3）寒冷地区的隔油池应采取有效的保温防寒措施，以防油污凝固。为确保污油流动顺畅，可在集油管及污油输送管下设置热源为蒸汽的加热器。

（4）隔油池周围一定范围内要确定为禁火区，并配备足够的消防器材和其他消防手段。隔油池内防火一般采用蒸汽，通常是在池顶盖以下 200 mm 处沿池壁设一圈蒸汽消防管道。

（5）隔油池附近要有蒸汽管道接头，以便接通临时蒸汽扑灭火灾，或在冬季气温低时因污油凝固引起管道堵塞或池壁等处黏挂污油时清理管道或去污。

任务 4　调节

2.4.1　调节的作用

污水的水质和水量一般都随时间的变化而变化。生活污水的水质和水量随生活作息而变化，工业废水的水质和水量随生产过程而变化。无论是工业废水，还是城市污水或生活污水，水质和水量在 24 h 之内都有波动。一般说来，工业废水的波动比城市污水大，中小型工厂的波动就更大。污水水质、水量的变化对排水设施及污水处理设备，特别是生物处理设备正常发挥其净化功能是不利的，甚至还可能使其遭到破坏，为此，在污水处理前设置调节池，对污水的水质、水量进行均衡和调节，使污水处理运行效果更好。

调节水量和水质的构筑物称为调节池。在污水处理过程中，污水的流量是非恒定的，要使污水流量恒定、波动小，必须采用水量调节的方法，使污水的流量趋于恒定。

2.4.2　水量与水质调节的常用方法

1. 水量调节

污水处理中水量调节有两种方式，一种为线内调节，另一种为线外调节。

（1）线内调节池。

线内调节池进水一般采用重力流，出水用泵提升，图 2-11 所示为线内调节水量调节池。

（2）线外调节池。

线外调节池设在旁路上，图 2-12 所示为线外调节池。

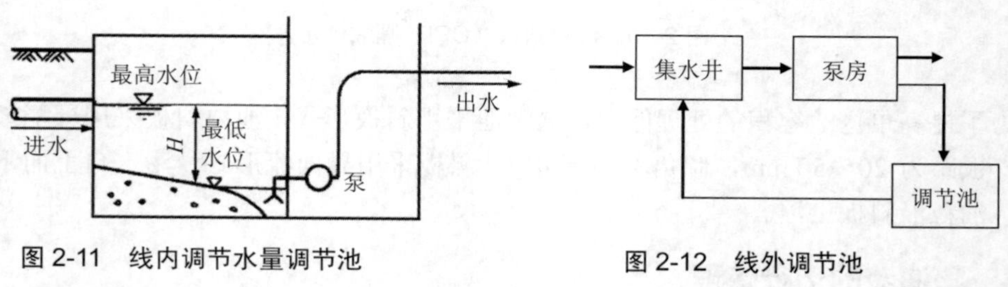

图 2-11　线内调节水量调节池

H. 调节池最高水位与最低水位差

图 2-12　线外调节池

当污水流量过高时，多余污水用泵打入调节池；当流量低于设计流量时，再从调节池回流至集水井，并送去后续处理。

线外调节与线内调节相比，线外调节池不受进水管高度限制，但被调节水量需要两次提升，消耗动力大。

2．水质调节

水质调节的任务是对不同时间或不同来源的污水进行混合，使流出的水质比较均匀。水质调节的基本方法有两种。

（1）外加动力调节。

水质调节采用外加动力调节，图 2-13 所示为一种外加动力的水质调节池。

外加动力就是采用外加叶轮搅拌、鼓风空气搅拌、水泵循环等设备对水质进行强制调节，它的设备比较简单，运行效果好，但运行费用高。

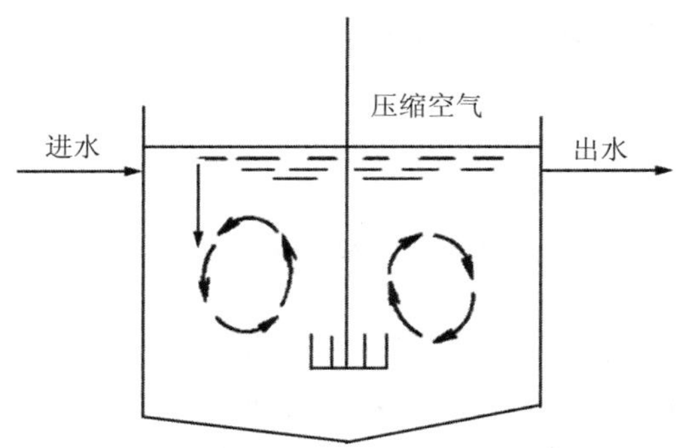

图 2-13 外加动力水质调节池

（2）采用差流方式调节。

水质调节采用差流方式进行强制调节，使不同时间和不同浓度的污水进行水质自身水力混合，这种方式基本上没有运行费用，但设备较复杂。

①对角线调节池。

差流方式的调节池类型很多，常用的有对角线调节池，对角线调节池如图 2-14 所示。

这种形式调节池的特点是出水槽沿对角线方向设置。污水由左右两侧进入池内后，经过一定时间的混合才流到出水槽，使出水槽中的混合污水在不同的时间内流出，就是说不同时间、不同浓度的污水进入调节池后，就能达到自动调节均和水质的目的。

为了防止污水在池内短路，可以在池内设置若干纵板。污水中的悬浮物会在池内沉淀，这样可考虑设置沉渣斗，通过排渣管定期将污泥排出池外。如果调节池的容积很大，需要设置的沉渣斗过多，这样管理太麻烦，可考虑将调节池做成平底，用压缩空气搅拌，以防止沉淀。空气用量为 1.5～3 m^3/（m^2·h）。调节池的有效水深采取 1.5～2 m、纵向隔距 1～1.5 m 为合适。

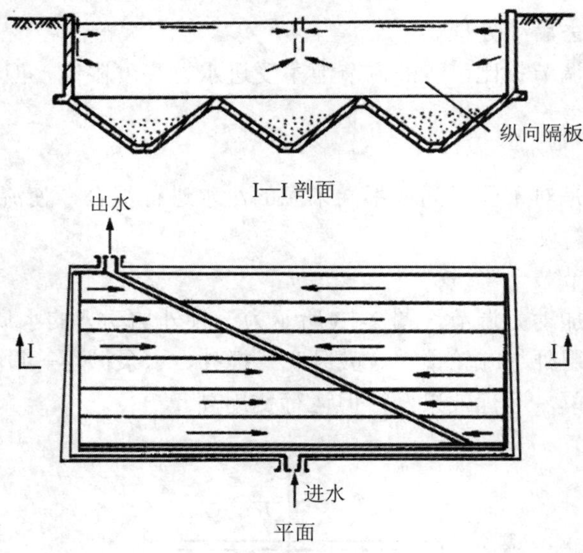

图 2-14 对角线调节池

如果调节池采用堰顶溢流出水，则这种形式的调节池只能调节水质的变化，而不能调节水量和水量波动。如果后续处理构筑物要求处理水量比较均匀和严格，以利于投药的稳定或控制良好的微生物处理条件，则需要使调节池内的水位能够上下自由波动，以便储存盈余水量，补充水量短缺。

②折流调节池。

折流调节池如图 2-15 所示。

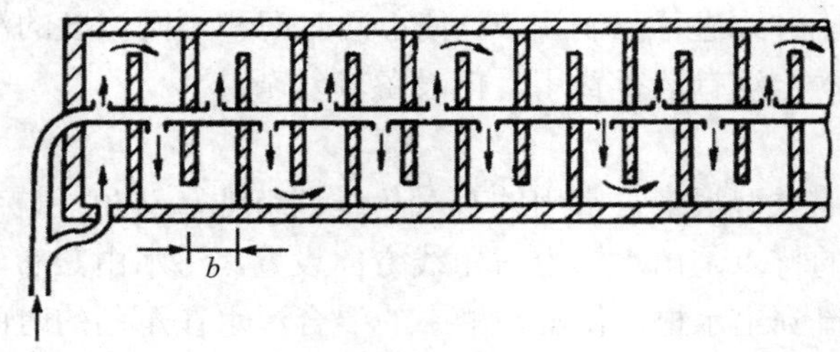

图 2-15 折流调节池

b. 折流隔墙的间隔距离

折流调节池在池内设置许多折流隔墙，污水在池内来回折流，在池内得到充分混合、均衡。折流调节池配水槽设在调节池上，通过许多孔流入，投配到调节池的前后各个位置内，调节池的起端流量一般控制在进水流量的 1/3～1/4，剩余的流量可通过其他各投配口等量地投入池内。

外加动力的水质调节池和折流调节池，一般只能调节水质而不能调节水量，调节水量的调节池需要另外设计。

2.4.3　调节池的计算

调节池的容积可根据污水浓度、流量变化的规律进行计算。

污水经过一定的调节时间后的平均浓度按下式计算：

$$c=\frac{c_1q_1t_1+c_2q_2t_2+\cdots+c_nq_nt_n}{qT} \tag{2-9}$$

式中，c——T 小时内的污水平均浓度，mg/L；

q——T 小时内的污水平均流量，m^3/h；

c_1，c_2，…，c_n——污水在各时段 t_1，t_2，…，t_n 内的平均浓度，mg/L；

q_1，q_2，…，q_n——污水在各时段 t_1，t_2，…，t_n 内的平均流量，m^3/h；

t_1，t_2，…，t_n——霎时间段，h，总和等于 T。

所需调节池的容积：

$$V=qT=q_1t_1+q_2t_2+\cdots+q_nt_n \tag{2-10}$$

式中，V——调节池容积，m^3。

采用图 2-11 形式的调节池，容积按下式计算：

$$V=\frac{qT}{2\alpha} \tag{2-11}$$

式中，α——考虑到污水在池内的不均匀流量的容积利用系数，取 0.7。

【例题】某化工厂酸性污水的平均流量为 1 000 m^3/d，污水流量及盐酸浓度见表 2-5，计算 6 h 的平均浓度和调节池的容积。

解：在进行调节池的容积计算时，要按最不利的情况，即浓度和流量在高峰时的区间来计算，调节时间越长，水质越均匀，要根据当地具体条件和处理要求来选定合适的调节时间。

表 2-5　污水流量及盐酸浓度

时段	流量/（m^3/h）	浓度/（mg/L）	时段	流量/（m^3/h）	浓度/（mg/L）
0—1	50	3 000	12—13	37	5 700
1—2	29	2 700	13—14	68	4 700
2—3	40	3 800	14—15	40	3 000
3—4	53	4 400	15—16	64	3 500
4—5	58	2 300	16—17	40	5 300
5—6	36	1 800	17—18	40	4 200
6—7	38	2 800	18—19	25	2 600
7—8	31	3 900	19—20	25	4 400
8—9	48	2 400	20—21	33	4 000
9—10	38	3 100	21—22	36	2 900
10—11	40	4 200	22—23	40	3 700
11—12	45	3 800	23—24	50	3 100

由表 2-5 可知，污水流量和浓度较高的时段在 12—18 h 之内，此 6 h 的污水平均浓度为：

$$c = \frac{5\,700 \times 37 + 4\,700 \times 68 + 3\,000 \times 40 + 3\,500 \times 64 + 5\,300 \times 40 + 4\,200 \times 40}{37 + 68 + 40 + 64 + 40 + 40}$$
$$= 4\,350(\text{mg/L})$$

容积按下式计算：

$$V = \frac{37 + 68 + 40 + 64 + 40 + 40}{2 \times 0.7} = \frac{289}{2 \times 0.7} = 206\ \text{m}^3$$

2.4.4 事故池

事故池是水质调节池的一种类型，许多化工、石化等排放高浓度废水的工厂废水处理厂都设置事故池，因为这些工厂在生产出现事故后，在退料过程中部分废料会掺入排水系统，恢复生产前往往还需要对生产装置进行酸洗或碱洗，所以会在短时间内排出大量浓度极高而且 pH 值波动很大的有机废水。这样的废水如果直接进入废水处理系统，对正在运行的生物处理系统的影响和平时所说的冲击负荷相比要大得多，往往是致命的和不可挽救的。

为了避免生产事故排放废水对废水处理系统的影响，许多专门的工业废水处理厂都设置了容积很大的事故池，用于储存事故排水。在生产恢复正常且废水处理系统没有受到影响的情况下，再逐渐将事故池中积存的高浓度废水连续或间断地以较小的流量引入生物处理系统中。因此，事故池一般设置在废水处理系统主流程之外，与生产废水排放管道相连接，有的事故池有效容积在 100 m^3 以上。

为发挥其应有的作用，事故池平时必须保持空池状态，因此利用率较低。另外，事故池的进水必须和生产废水排放系统的在线水质分析设施连锁，实现自动控制，当水质在线分析仪发现生产废水水质发生突变时，能够自动将高浓度事故排水及时切入事故池。否则，如果没有及时发现生产废水水质突变的手段，等废水处理系统已经有被冲击的迹象时再采取措施，活性污泥往往已经受到了严重的污染。

2.4.5 调节池的运行管理

①调节池的有效容积应能够容纳水质水量变化一个周期所排放的全部废水量，为同时获得要求的某种预处理（如生物水解酸化、脱除某种气体等）效果，应适当增加池容。

②尽管调节池前一般都设置格栅等除污设施，但池中仍然有可能积累大量沉淀物，因此应及时将这些沉淀物清除，以免减小调节池的有效容积，影响到调节的效果。

③经常巡查、观察调节池水位变化情况，定期检测调节池进、出水水质，以考察调节池的运行状况和调节效果，发现异常问题要及时解决。

④事故调节池的阀门必须能够实现自动控制，以保证事故发生时能及时将事故废水排入池中。另外，事故池平常应保持排空状态，以保证事故发生时能够容纳所有的事故废水。

思考与练习

1．什么叫筛滤？格栅在应用中可分为哪两种？根据清洗方法，格栅和筛网都可设计成哪两类？

2．某城市污水处理厂最大设计污水量为 30 000 m^3/d，污水流量总变化系数为 1.4，采用栅距为 30 mm 的格栅，请计算每天产生的栅渣量。（假设：每 1 000 m^3 污水的栅渣产生量为 0.06 m^3）

3．筛余物如何处置？

4．设置沉砂池的目的和作用是什么？曝气沉砂池的工作原理与平流式沉砂池有何区别？

5．如设计曝气沉砂池为两池，设计池长 L=10 m，考虑到进口条件池长还需增加 10%，曝气器浸水深度为 2.5 m，试求曝气沉砂池达到良好的除砂效果时，单池所需的最大空气量。

6．平流式沉砂池有何优缺点？对其不足有何解决方法？

7．曝气沉砂池在运行操作时主要控制什么参数？

8．含油废水对环境有什么危害？常用处理方法有哪几种？

9．简述调节池在污水处理中的作用及常见类型的特点。

10．为什么在污水处理前设置调节池对污水的水质、流量进行均衡和调节？

11．线内调节与线外调节各有什么特点？

项目三
物理法处理污废水

知识点：沉淀、沉淀类型、沉淀理论、气浮、加压溶气气浮、过滤、滤池、离心分离、磁分离

能力点：掌握沉淀类型、能正确选择沉淀池、能进行沉淀池的调试、设计沉淀池、能分析影响气浮的因素、能设计滤池、能运行过滤池、能分析过滤中的常见问题、能分析离心分离、理解磁分离

任务1 沉淀

3.1.1 沉淀过程的理论基础

1．概述

沉淀法是水处理中最基本的方法之一。它是利用水中悬浮颗粒的可沉降性能，在重力作用下产生下沉作用，以达到固液分离的一种过程。

按照废水的性质与所要求的处理程序不同，沉淀处理工艺可以是整个水处理过程中的一道工序，也可以作为唯一的处理方法。在典型的污水厂中，有下列四种用法：

（1）用于废水的预处理。

沉砂池是典型的例子。沉砂池是用以去除污水中的易沉物（如沙粒）。

（2）用于污水进入生物构筑物前的初步处理（初次沉淀池）。

用初次沉淀池可较经济地去除悬浮有机物，以减轻后续生物构筑物的有机负荷。

（3）用于生物处理后的固液分离（二次沉淀池）。

二次沉淀池主要用来分离生物处理工艺中产生的生物膜、活性污泥等，使处理后的水得以澄清。

（4）用于污泥处理阶段的污泥浓缩。

污泥浓缩池是将来自初沉池及二沉池的污泥进一步浓缩，以减小体积，降低后续构筑物的尺寸及处理费用等。

沉淀过程简单易行，分离效果又比较好，是水处理的重要过程，应用非常广泛，几乎是水处理系统中不可缺少的一种单元过程。例如，在混凝水处理系统后，必须设立沉淀池，然后才能进入过滤池，若进水属高浊度水，还得设立预沉池；在污水生物处理系统中，要设初次沉淀池，以保证生物处理设备净化功能的正常发挥；在生物处理之后，设二次沉淀池，用以分离生物污泥，使处理水得以澄清。

2. 沉降的类型及其理论基础

（1）沉淀的基本类型。

根据悬浮颗粒的性质、凝聚性及其浓度的高低，沉淀可分为四种基本类型。

①自由沉淀　水中的悬浮固体浓度不高，不具有凝聚的性能，也不互相聚合、干扰，其形状、尺寸、密度等均不改变，下沉速度恒定。悬浮物浓度不高且无絮凝性时常发生这类沉淀。如在沉砂池和初沉池内的颗粒初期沉淀阶段即属此类沉淀。

②絮凝沉淀　当水中悬浮物浓度不高，但有絮凝性时，在沉淀过程中，颗粒互相凝聚，其粒径和质量增大，沉淀速度加快。生物处理系统中初次沉淀池的后期，二次沉淀池的初期沉淀，水处理的混凝沉淀均属此类沉淀。

③拥挤沉淀（也称集团沉淀、分层沉淀、成层沉淀）　当悬浮物浓度较高时，每个颗粒下沉都受到周围其他颗粒的干扰，颗粒互相牵扯形成网状的“絮毯”整体下沉，在颗粒群与澄清水层之间存在明显的界面。沉淀速度就是界面下移的速度。如活性污泥在二次沉淀的后期沉淀就属此类沉淀。

④压缩沉淀　当悬浮物浓度很高，颗粒互相接触、互相支撑时，在上层颗粒的重力作用下，下层颗粒间的水被挤出，污泥层被压缩。活性污泥在二次沉淀池及浓缩池的沉淀与浓缩过程就属此类沉淀。

活性污泥在二次沉淀池及浓缩池的沉淀与浓缩过程中，实际上都顺次存在四种类型的沉淀过程，只是产生各类沉淀的时间长短不同而已。活性污泥的自由沉淀过程是比较短促的，很快就过渡到絮凝沉淀阶段，而在沉淀池内的大部分时间都是属于集团沉淀和压缩沉淀。图 3-1 所示的沉淀曲线，即活性污泥在二次沉淀池中的沉淀过程。从 B 点开始即为泥水界面的沉淀曲线。

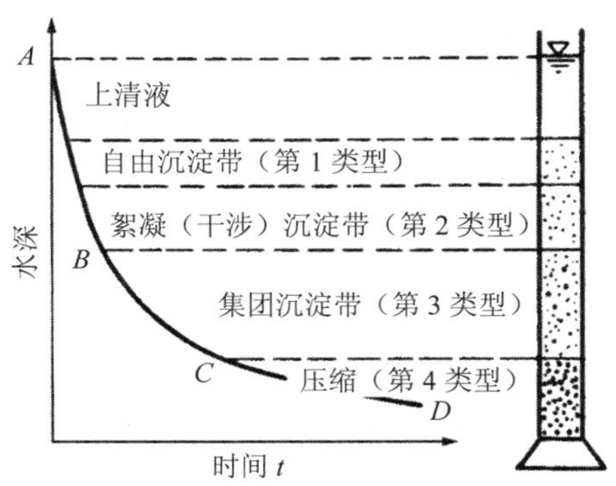

图 3-1　活性污泥沉淀曲线

（2）沉淀理论基础。

①沉淀基本原理。

污水中的悬浮物在重力作用下与水分离，实质是悬浮物的密度大于污水的密度时沉降，小于它时上浮。污水中悬浮物沉降和上浮的速度，是污水处理设计中对沉降分离设备（如沉淀池）、上浮分离设备（如上浮池、隔油池）要求的主要依据，是有决定性作用的参数，对于自由沉淀，其流态为层流，雷诺数 $Re\leqslant 1$，颗粒的沉淀速度可定性地用斯托克斯公式表示：

$$u=\frac{g}{18\mu}(\rho_{g}-\rho_{y})d^{2} \tag{3-1}$$

式中，u——颗粒的沉降速度，cm/s；

g——重力加速度，cm/s^2；

ρ_g——颗粒密度，g/cm^3；

ρ_y——液体密度，g/cm^3；

d——颗粒直径，cm；

μ——污水的动力黏滞系数，g/（cm·s）。

从上式看出，影响颗粒分离的首要因素是颗粒与污水的密度差（$\rho_g-\rho_y$），

当 $\rho_g>\rho_y$ 时，u 为正值，表示颗粒下沉，u 值表示沉淀速度；

当 $\rho_g<\rho_y$ 时，u 为负值，表示颗粒上浮，u 值的绝对值表示上浮速度；

当 $\rho_g=\rho_y$ 时，u 值为零，表示颗粒不下沉，也不上浮。说明这种颗粒不能用重力分离法去除。

另外，从公式可见，沉速 u 与颗粒直径 d 的平方成正比，加大颗粒的粒径是有助于提高沉淀效率的。

污水的动力黏滞系数μ与颗粒的沉淀速度呈反比例关系，而 μ 值则与污水本身的性质有关，水温是其主要决定因素，一般说来，水温上升，μ 值下降，因此，提高水温有助于提高颗粒的沉淀效果。

②沉淀池的工作原理。

为了分析沉淀的普遍规律及其分离效果，提出一种理想沉淀池的模式。理想沉淀池的假定条件，一是从入口到出口，池内污水按水平方向流动，颗粒水平分布均匀，水平流速为等速流动。二是悬浮颗粒沿整个水深均匀分布，处于自由沉淀状态，颗粒的水平分速等于水平流速，沉淀速度固定不变。三是颗粒沉到池底即认为被除去。图 3-2 是理想平流沉淀池示意图。

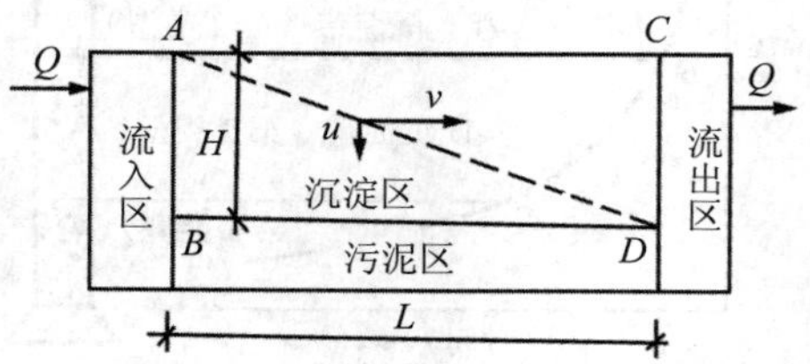

图 3-2 理想平流沉淀池示意

L. 沉淀区长；*B*. 沉淀区宽；*H*. 沉淀区深

沉淀池内可分为流入区、流出区、沉淀区和污泥区四部分。如图 3-2 所示，某一颗粒从点 A 处进入沉淀区，它的运动轨迹为其水平分速 v 和沉速 u 的矢量和，斜率为 $\frac{u}{v}$。

沉于池底的颗粒，其水平流经时间和垂直沉降时间是相同的，即

$$t=\frac{L}{v}=\frac{H}{u}$$

设污水处理水量为 Q（m^3/h），沉淀池面积为

$$A = B \cdot L \tag{3-2}$$

式中，A——沉淀池面积，m^2；

B——理想沉淀池的宽度，m。

则沉淀池的容积为

$$V = Qt = HBL \tag{3-3}$$

通过沉淀池流量为

$$Q = \frac{V}{t} = \frac{HBL}{t} \tag{3-4}$$

因为

$$H = ut, \quad u = \frac{H}{t}, \quad A = LB$$

因此

$$Q = Au \tag{3-5}$$

可写成

$$\frac{Q}{A} = u = q \tag{3-6}$$

Q/A 的物理意义是：在单位时间内通过沉淀池单位表面积的流量，一般称为表面负荷或称沉淀池的过流率。表面负荷以 q 表示，单位 $m^3/(m^2 \cdot h)$ 或 $m^3/(m^2 \cdot s)$。表面负荷的数值等于颗粒沉速。

沉淀池的沉淀率仅与颗粒沉速或沉淀池的表面负荷有关，而与池深和沉淀时间无关。在可能的条件下，应该把沉淀池建得浅些，表面积大些，这就是颗粒沉淀的浅层理论。

沉淀是污水处理的重要工艺过程，应用非常广泛，在各类型的污水处理系统中，沉淀几乎是不可缺少的工艺过程，而且还可能多次采用。沉淀在污水处理系统中的主要作用如下所述。

在一级处理的污水处理系统中，沉淀是主要处理工艺，污水处理的效果基本取决于沉淀池的沉淀效果。

在设有二级处理的污水处理系统中，沉淀具有多种功能。在生物处理设备前设初次沉淀池，以减轻后续处理设备的负荷，保证生物处理设备净化功能的正常发挥。在生物处理设备后设二次沉淀池，用以分离生物污泥，使处理水得以澄清。

对于城市污水处理系统，无论一级处理系统或二级处理系统，都必须设沉砂池，以除去沙粒类的无机固体颗粒。

在灌溉或排入氧化塘前，污水也必须进行沉淀，以稳定水质，除去寄生虫卵和能够堵塞土壤孔隙的固体颗粒。

在工业废水处理系统中，沉淀是根据不同的需要而设立的，因此其作用是多种多样的。

3. 自由沉淀实验和曲线

自由沉淀是指颗粒在沉淀过程中呈离散状态，互不干扰，其形状、尺寸、密度等均不改变，下沉速度恒定的沉淀。悬浮物浓度不高且无絮凝性时常发生这类沉淀。

水中所含悬浮物的大小、形状、性质是十分复杂的，因而影响颗粒沉淀的因素很多。为了简化讨论，假定：①颗粒外形为球形，不可压缩，也无凝聚性，沉淀过程中其大小、形状和重量等均不变；②水处于静止状态；③颗粒沉淀仅受重力和水的阻力作用。

静水中的悬浮颗粒开始沉淀时，因受重力作用而产生加速运动，但同时水的阻力也增大。经过一个很短的时间后，颗粒在水中的有效重力与阻力达到平衡，此后做等速下沉运动。等速沉淀的速度常称为沉淀末速度，简称沉速。

由于实际废水中悬浮物组成十分复杂，颗粒粒径不均匀，形状多种多样，密度也有差异，因此常常不能采用理论公式计算沉淀速度，只能通过沉淀试验寻找沉淀设备的设计参数。

沉淀试验是在沉淀管中进行的。将含悬浮物浓度为 c_0 的原水混合均匀后，注入一组（通常 5～7 个）沉淀管，经 t_1 时间沉淀后，从第一沉淀管深度为 H 处取样，测定悬物浓度 c_1。在 t_1 时刻，沉速大于 u_1（$=H/t_1$）的所有颗粒全部沉过了取样面，而沉速小于 u_1 的颗粒浓度不变，仍为 c_1，这样，c_1/c_0 表示这部分颗粒与全部颗粒的重量之比，记作 x_1，余类同。将 x_i 对 u_i 作图，可得如图 3-3 所示的沉淀曲线。

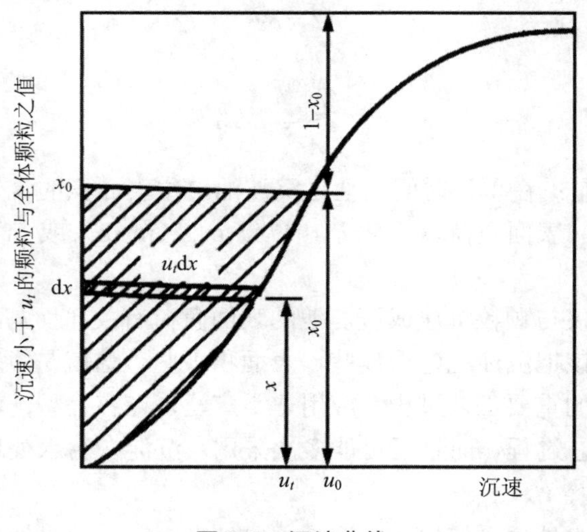

图 3-3　沉淀曲线

对于指定的沉淀时间 t_0，可求得颗粒沉速 $u_0=H/t_0$，凡沉速大于等于 u_0 的颗粒在 t_0 时间内可全部去除，去除率为（$1-x_0$），这里 x_0 表示沉速小于 u_0 的颗粒与总颗粒之比。对于沉速为 u（$u<u_0$）的颗粒，由于在 $t=0$ 时刻处于水面下的不同浓度处，经 t_0 时间沉淀，也有部分颗粒通过了取样面而被去除，其去除率为该颗粒的沉淀距离 h 与 H 之比，即

$$\frac{h}{H}=\frac{ut_0}{u_0t_0}=\frac{u}{u_0} \tag{3-7}$$

所以经 t_0 时间沉淀，各种颗粒沉淀的总去除率为

$$\eta=(1-x_0)+\frac{1}{u_0}\int_0^{x_0}u\mathrm{d}x \tag{3-8}$$

式中第二项如图 3-3 中阴影部分所示，可用图解法确定。

【例题 3-1】某废水静置沉淀试验数据如表 3-1 所示。试验有效水深 H=1.2 m。试求各沉淀时间的颗粒去除率。

表 3-1　沉淀试验数据

沉淀时间 t/min	0	15	30	45	60	90	180
$x_1=c_i/c_0$	1	0.96	0.81	0.62	0.46	0.23	0.06
表观去除率 $E=1-x_i$	0	0.04	0.19	0.38	0.54	0.77	0.94
$u=H/t$（cm/min）		8	4	2.67	2	1.33	0.67
η		0.344	0.576	0.747	0.816	0.909	0.976

解：(1)计算与各沉淀时间相应的颗粒沉速，如当沉淀时间为 60 min，沉淀距离为 1.2 m 时的颗粒沉速为 $u=\frac{120}{60}=2$ cm/min。余类同。计算结果见列表 3-1。

（2）以 x_i 为纵坐标，以 u 为横坐标作图的沉淀曲线，如图 3-4 所示。

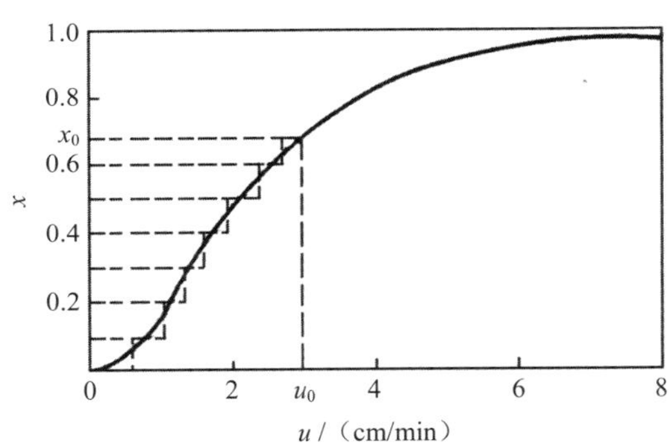

图 3-4　图解积分

（3）图解计算各沉速下的总去除率。以指定沉速 u_0=3.0 cm/min 为例，由图可见小于此沉速的颗粒与全部颗粒之比 x_0=0.67。式（3-8）中的积分项 $\int_0^{x_0} u\mathrm{d}x$ 等于图中各矩形面积之和，其值为：0.1（0.5+1.0+1.3+1.6+2.0+2.4）+0.07×2.7=1.07。

总去除率为：η=（1−0.67）+$\frac{1}{3}$×1.07=0.687。亦即沉淀时间为 40 min（$=H/u_0$）的颗粒总去除率为 68.7%，其中沉速大于等于 u_0 的颗粒占 33%，小于 u_0 的颗粒占 35.7%。其他指定沉速下的总去除率的计算方法同此，结果如表 3-1 所示。

3.1.2　平流式沉淀池

沉淀池的类型很多，按工艺布置不同，可分为初次沉淀池和二次沉淀池两种。初次沉淀池设于生物处理前，二次沉淀池设于生物处理后。按池内水流方向，又可分为平流式、辐流式、竖流式三种，如图 3-5 所示。

平流式沉淀池如图 3-5（a）所示，污水从池一端流入，按水平方向在池内流动，从另一端溢出。池表面呈长方形，在进口处的底部设储泥斗。

辐流式沉淀池如图 3-5（b）所示，池表面呈圆形或方形，污水从池中心进入，沉淀后污水从池四周溢出，在池内污水也是呈水平方向流动，但流速是变化的。

竖流式沉淀池如图 3-5（c）所示，表面多为圆形，但也有呈方形或多角形者，污水从池中央下部进入，由下向上流动，沉淀后污水由池面和池边溢出。

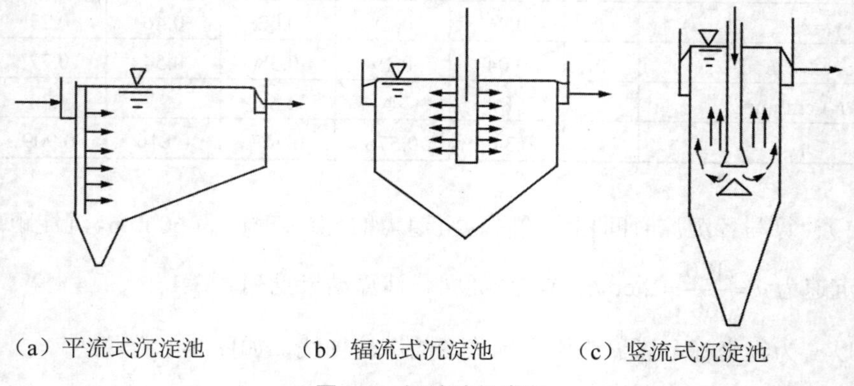

（a）平流式沉淀池　（b）辐流式沉淀池　（c）竖流式沉淀池

图 3-5　沉淀池的类型

沉淀池内可分流入区、流出区、沉淀区和污泥区。流入区和流出区是使污水流均匀地流过沉淀区；沉淀区（工作区）是可沉颗粒与污水分离的区域；污泥区是污泥储放、浓缩和排出的区域。而缓冲层则是分隔沉淀区和污泥区的水层，使已沉下的颗粒不再浮起。

1．平流式沉淀池构造

如图 3-6 所示，是使用比较广泛的一种平流式沉淀池。

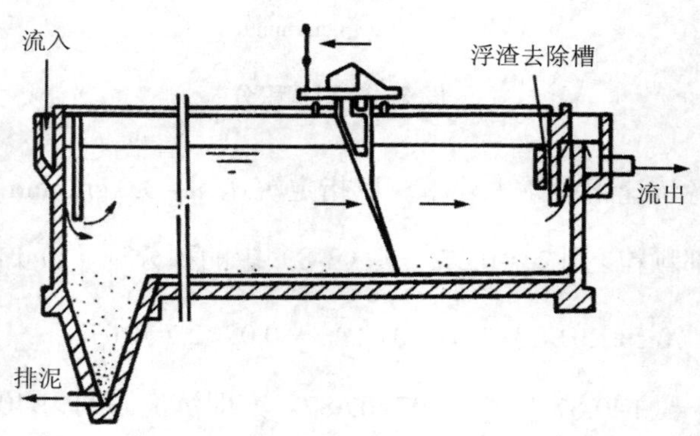

图 3-6　平流式沉淀池

平流式沉淀池流入装置是横向潜孔，潜孔均匀地分布在整个宽度上，在潜孔前设挡板，其作用是消能，使污水均匀分布。挡板高出水面 0.15～0.2 m，伸入水下的深度不小于 0.2 m。也有潜孔横放的流入装置，图 3-7 所示为潜孔横放的流入装置。

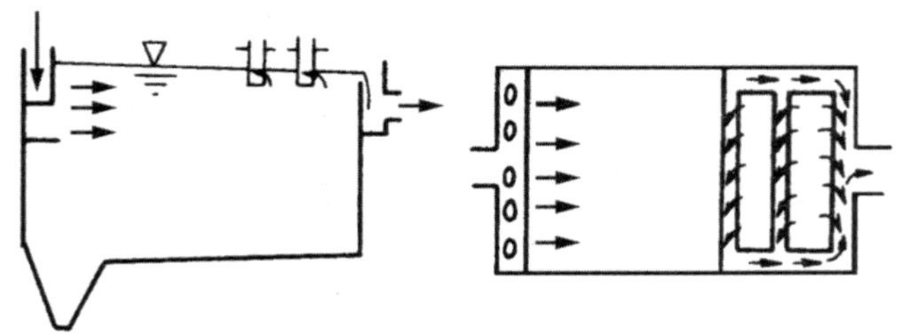

图 3-7　潜孔横放的流入装置

2．平流式沉淀池的工作特征

（1）平流式沉淀池的组成。

平流式沉淀池的构造主要由下面几部分组成。

①进水区　进水区是平流式沉淀池的混合反应区，进水区的作用是使水流均匀地分布在整个进水断面上，尽可能减少污水扰动，并使流速不致太大。

②沉淀区　沉淀区即工作区，其作用是使可沉颗粒与污水分离，使悬浮物沉降，一般出水达到悬浮物含量低于 10 mg/L，在特殊情况下不大于 15 mg/L。池的设计应使进、出水均匀，池内水流稳定，提高水池的有效容积，减少紊动影响，提高沉淀效率；有效高度一般为 3.0～4.0 m，长宽比应不小于 4∶1，长深比应不小于 10∶1。水流水平流速一般为 10～25 mm/s。停留时间（水充满沉淀池所需时间）一般为 1.0～3.0 h。

③出水区　出水区的作用是使沉淀后的出水尽量均匀流出。它是通过流出装置来实现的，由流出槽与挡板组成。流出槽设自由溢流堰，溢流堰严格水平，既可保证水流均匀，又可控制沉淀池水位。出流装置多采用自由堰形式，堰前也设挡板，以阻拦浮渣，或设浮渣收集和排除装置。

溢流堰是沉淀池的重要部件，它不仅控制沉淀池内水面的高程，而且对沉淀池内水流的均匀分布有直接影响。单位长度堰口的溢流量必须相等。此外，在堰的下游还应有一定的自由落差，因此对堰的施工必须是精心的，尽量做到平直，少产生误差。

目前多采用如图 3-8 所示的锯齿形溢流堰，这种溢流堰易于加工也比较容易保证出水均匀。水面应位于齿高度的 1/2 处。

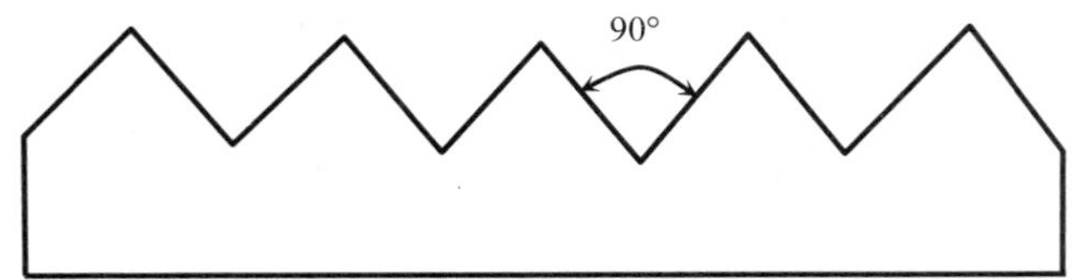

图 3-8　锯齿形溢流堰

④存泥区　存泥区用于存积下沉的泥，另外是供排泥用。为了排泥，沉淀池底部可采用斗形底，可采取穿孔排泥和机械虹吸排泥形式。沉淀池内的可沉固体多沉于池的前部，污泥斗常设在池的前部。污泥斗的上底可为正方形（边长同池宽）或长方形（其一边长同池宽），下底为正方形，泥斗倾面与底面夹角不小于 60°。

（2）排泥方法。

①静水压力法 利用池内的静水位，将污泥排出池外，图 3-9 所示为静水压力排泥装置。排泥管 1 插入污泥斗，上端伸出水面以便清通。污泥通过静水压力排出池外。为了使池底污泥能滑入污泥斗，池底应有一定的坡度。

为了不造成池总深加大，人们采用多斗式平流沉淀池，以减少深度。图 3-10 所示为多斗式平流沉淀池。

这种多斗式平流式沉淀池不用机械，每个储泥斗单独设排泥管，能够互不干扰，保证沉淀浓度，各自独立排泥。

②机械排泥法 沉淀池及时排除沉于池底的污泥是使沉淀池工作正常，保证出水水质的一项重要措施，图 3-11 所示是应用比较广泛的设有链带式刮泥机的平流式沉淀池。

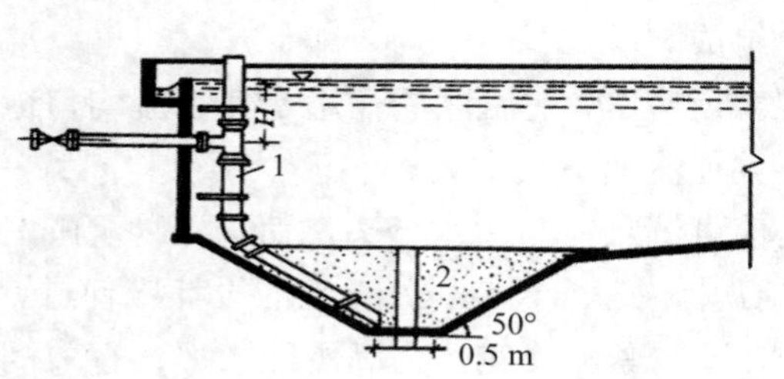

图 3-9 静水压力排泥装置

1. 排泥管；2. 贮泥斗

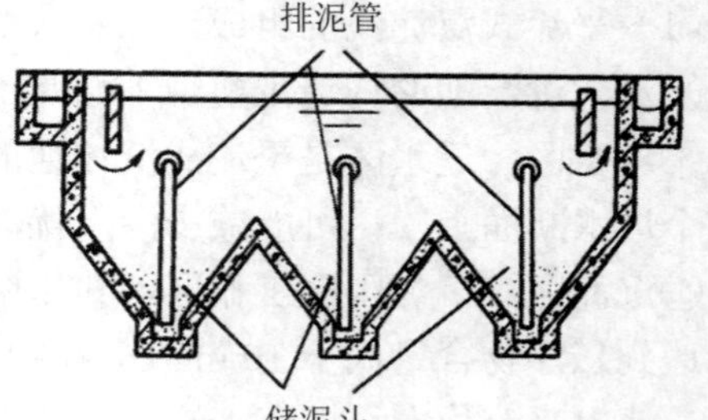

图 3-10 多斗式平流沉淀池

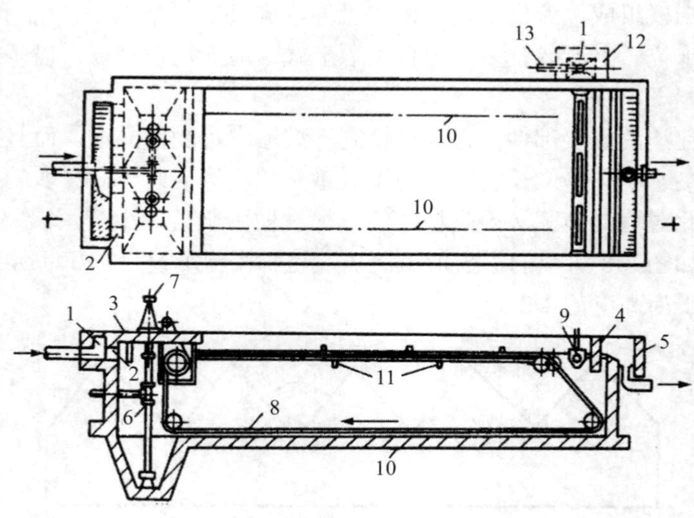

图 3-11 链带式刮泥机的平流式沉淀池

1. 进水槽；2. 进水孔；3. 进水挡流板；4. 出水挡流板；5. 出水槽；6. 排泥管；7. 排泥闸门；8. 链带；9. 排渣管槽（能够转动）；10. 导轨；11. 链带支撑；12. 浮渣室；13. 浮渣管

设有链带式刮泥机的平流式沉淀池，在池底部，链带缓缓地沿与水流相反的方向滑动，刮板嵌于链带上，在滑动中将池底沉泥推入储泥斗中，而在其移到水面时，又将浮渣推到出口，从那里集中清除。这种设备的主要缺点是各种机件都在水下，易于腐蚀，难以维护。

图 3-6 所示的沉淀池采用的刮泥设备是桥式行车刮泥机，桥式行车刮泥机仅刮泥机件伸入水中。沉淀池的池壁上设有轨道，行车在轨道上移动，刮泥设备将池底沉泥推到储泥斗中。不用时，将刮泥设备提出水面，免受腐蚀。

3．平流式沉淀池的设计计算

沉淀池的设计计算内容包括沉淀区和污泥区尺寸的确定，流入区、流出区和池底设备的设计选定与相应设备的设计等。沉淀池的计算和设计参数主要有沉淀时间、表面负荷和流速。沉淀池在运行中还要对运行效果进行计算，如计算沉淀率、污泥量等，这些参数一般通过沉淀试验取得。没有条件试验时可参考同类水处理厂的运转数据或取设计手册上提供的参数。

（1）沉淀区的设计计算　沉淀区尺寸的计算方法，可以根据收集到的资料或具体情况选用。当缺乏处理水的沉淀试验具体数据时，可以根据沉淀时间和水平流速或选定表面负荷进行计算。

1）沉淀区有效水深。

$$h_2 = qt \tag{3-9}$$

式中，h_2 ——沉淀区有效水深，m；

q ——表面负荷，即要求去除的颗粒沉速，$m^3/(m^2•h)$，初次沉淀池可采用 1.5～3.0 $m^3/(m^2•h)$，二次沉淀池 1～2 $m^3/(m^2•h)$；

t ——污水沉淀时间，h，初次沉淀池 1～2 h，二次沉淀池 1.5～2.5 h。

沉淀区有效水深一般为 2.0～4.0 m。

2）沉淀区总面积。

$$A = \frac{Q_{max}}{q} \tag{3-10}$$

式中，A——沉淀区总面积，m^2；

Q_{max} ——最大设计流量，m^3/h；

q——表面负荷，$m^3/(m^2•h)$。

3）沉淀区有效容积。

$$V_1 = Ah_2 = Q_{max}t \tag{3-11}$$

4）沉淀区长度。

$$L = 3.6vt \tag{3-12}$$

式中，L——沉淀区长度，m；

v ——最大设计流量时的水平流速，mm/s，一般不大于 5 mm/s。

5）沉淀区总宽度。

$$B = \frac{A}{L} \tag{3-13}$$

6）沉淀池座数或分格数。

$$n = \frac{B}{b} \tag{3-14}$$

式中，b——每座或每格宽度，m，一般为 5～10 m。

为了使水流均匀分布，沉淀区长度一般采用 30～50 m，长宽比不小于 4∶1，长深比为（8～12）∶1。沉淀池的总长度等于沉淀区长度加前后挡板至池壁的距离。

若已做过沉淀试验，取得了与水处理效率相对应的最小沉速 u_0 值，则沉淀池的设计表面负荷 $q=u_0$，沉淀区总面积为

$$A=\frac{Q_{max}}{q}=\frac{Q_{max}}{u_0} \tag{3-15}$$

式中，u_0——要求去除的颗粒的最小沉速，m/h。

沉淀池有效水深为

$$h_2=\frac{Q_{max}}{A}=u_0 t \tag{3-16}$$

（2）污泥区计算　污泥储存容积可根据每日所沉淀下来的污泥量和污泥储存周期决定。每日所沉淀下来的污泥量与水中悬浮固体含量、沉淀时间以及污泥含水率参数有关，如为生活污水，可按每个设计人口每日所产生的污泥量计算，其具体数值见表 3-2。

表 3-2　生活污水沉淀产生的污泥量

沉淀时间/h	污泥量/[g/（人•d）]	污泥量/[L/（人•d）]	污泥含水率/%	沉淀时间/h	污泥量/[g/（人•d）]	污泥量/[L/（人•d）]	污泥含水率/%
1.5	17～25	0.4～0.66	95	1.0	15～22	0.36～0.6	95
		0.5～0.83	97			0.44～0.73	97

此时每日产生的污泥量为

$$W=\frac{SNt}{1\,000} \tag{3-17}$$

式中，W——每日污泥量，m^3/d；

S——每人每日产生的污泥量，L/（人•d）；

N——设计人口数，人；

t——两次排泥的时间间隔，d。

如已知原污水悬浮物浓度与沉淀出水的悬浮物浓度，污泥量按下式计算：

$$W=\frac{24Q_{max}(c_0-c_1)\times 100}{\gamma(100-\rho_0)}t \tag{3-18}$$

式中，c_0、c_1——分别是原污水与沉淀出水的悬浮物浓度，kg/m^3，如有浓缩池、消化池及污泥脱水机的上清液回流至初次沉淀池，则式中的 c_0 应取原污水中悬浮物浓度的 1.3 倍；

ρ_0——污泥含水率，%，一般为 95%～97%；

γ——污泥容积密度，kg/m^3，因污泥的主要成分是有机物，含水率在 95%以上，故 γ 可取为 1 000 kg/m^3；

t——两次排泥的时间间隔，初次沉淀池按 2 d 考虑，曝气池后的二次沉淀池按 2 h 考虑。

（3）沉淀池的总高度。

$$H = h_1 + h_2 + h_3 + h_4 \tag{3-19}$$

式中，H——沉淀池总高度，m；

h_1——超高，m，采用 0.3 m；

h_2——沉淀区高度，m；

h_3——缓冲区高度，m，当无刮泥机时，取 0.5 m；有刮泥机时，缓冲层的上缘应高出刮板 0.3 m；

h_4——污泥区高度，m，根据污泥量、池底坡度、污泥斗几何高度及是否采用刮泥机决定。

【例题 3-2】某城市污水量为 100 000 m^3/d，悬浮物浓度 c_0=250 mg/L，沉淀出水悬浮物浓度不超过 50 mg/L，污泥含水率 97%。通过试验取得的沉淀曲线如图 3-12 所示。

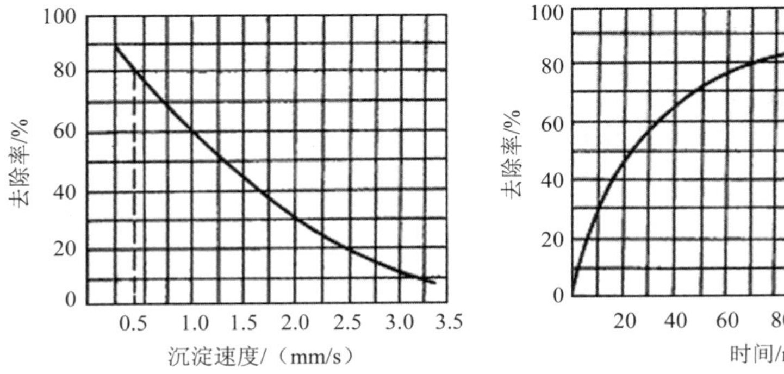

图 3-12　沉淀曲线

解：（1）设计参数的确定。

据题意，沉淀池的去除率应为

$$\eta = \frac{250 - 50}{250} \times 100\% = 80\%$$

由图 3-12 可查得，当 η =80%时，应去除的最小颗粒的沉速为 0.4 mm/s（1.44 m/h），即表面负荷 $q = 1.44\ m^3/（m^2 \cdot h）$，沉淀时间 t =70 min。为使设计留有余地，将表面负荷除以 1.5 及沉淀时间乘以 1.75 的系数，则得到设计表面负荷

$$q_0 = \frac{q}{1.5} = \frac{1.44}{1.5} = 0.96 m^3/(m^2 \cdot h)$$

由于 $q_0 = u_0$，所以

$$u_0 = 0.96\ (m/h) = 0.27\ (mm/s)$$

设计沉淀时间 $t_0 = 1.75t = 1.75 \times 70 = 122.5(\min) = 2.04(h)$

设计污水量

$$Q_{max}=\frac{10^5}{24\times60\times60}=1.157\text{（m}^3\text{/s）}=4\,166.7\text{（m}^3\text{/h）}$$

（2）沉淀区各部尺寸。

总有效沉淀面积

$$A=\frac{Q_{max}}{q_0}=\frac{4\,166.7}{0.96}=4\,340.3\text{（m}^2\text{）}$$

采用 20 座沉淀池，每池表面积 A_1=217 m^2，每池的处理量为 Q_1=208.3 m^3/h，则沉淀池有效水深为

$$h_2=\frac{Q_1 t}{A_1}=\frac{208.3\times2.04}{217}=1.96\text{（m）}$$

每个池宽为 b，取 6.0 m，则池长为

$$L=\frac{A_1}{b}=\frac{217}{6}=36.17\text{（m）}$$

取 36.30 m。长宽比核算

$$\frac{36.0}{6}=\frac{6}{1}>4:1 \quad \text{合格}$$

（3）污泥区尺寸。

每日产生的污泥量

$$W=\frac{10^5(250-50)\times100}{1\,000\times1\,000\times(100-97)}=666.7\text{（m}^3\text{）}$$

每座沉淀池泥量

$$W_1=\frac{666.7}{20}=33.3\text{（m}^3\text{）}$$

污泥斗容积

$$V=\frac{1}{3}\times2.8\left(36+0.16+\sqrt{36\times0.16}\right)=36\text{（m}^3\text{）}>33.3\text{（m}^3\text{）}$$

即每座污泥斗可储存 1 d 的污泥量，设 2 个污泥斗，可容纳 2 d 的污泥量。

故沉淀池总高度（用刮泥机）为

$$H=h_1+h_2+h_3+h_4=0.3+1.96+0.6+2.8=5.66\text{（m）}$$

设流入口至挡板距离为 0.5 m，流出口至挡板距离为 0.3 m，则沉淀池总长度

$$L=0.5+0.3+36=36.8\text{（m）}$$

平流式沉淀池计算草图如图 3-13 所示。

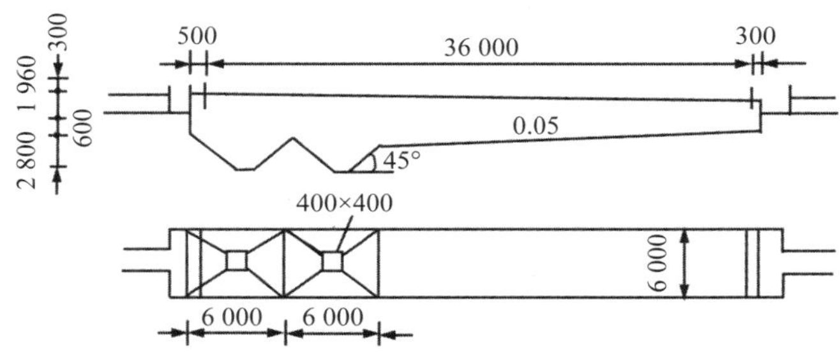

图 3-13　平流式沉淀池计算草图

3.1.3　竖流式沉淀池

1. 竖流式沉淀池的构造

竖流式沉淀池的表面多呈圆形，也有采用方形和多角形的。直径或边长一般在 8 m 以下，多介于 4～7 m。沉淀池上部呈圆柱状的部分为沉淀区，下部呈截头圆锥状的部分为污泥区，在两区之间留有缓冲层 0.3 m，如图 3-14 所示。

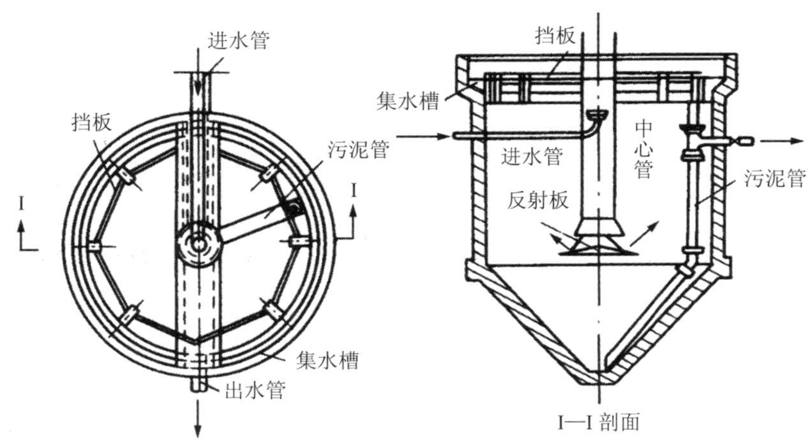

图 3-14　竖流式沉淀池的构造

2. 竖流式沉淀池的工作特征

污水从中心管流入，由下部流出，通过反射板的阻拦向四周分布，然后沉淀区的整个断面上升，沉淀后的出水由池四周溢出。流出区设于池四周采用自由堰或三角堰。如果池子的直径大于 7 m，一般要考虑设辐射式汇水槽。

储泥斗倾角为 45°～60°，污泥借静水压力由排泥管排出，排泥管直径不小于 200 mm，静水压力为 1.5～2.0 m 水头。为了防止漂浮物外溢，在水面距池壁 0.4～0.5 m 处安装挡板，挡板伸入水中部分的深度为 0.25～0.3 m，伸出水面高度为 0.1～0.2 m。

竖流式沉淀池的优点是排泥容易，不需要机械刮泥设备，便于管理。其缺点是池深大，施工难，造价高；每个池子的容量小，污水量大时不适用；水流分布不易均匀等。

3. 竖流式沉淀池的工作原理

污水以速度 v 向上流动，悬浮颗粒也以同一速度上升，在重力作用下，颗粒又以 u 的速度下沉。颗粒的沉速为其本身沉速与水流上升速度之差。$u>v$ 的颗粒能够沉于池底而被去除；$u=v$ 的颗粒被截留在池内呈悬浮状态；而 $u<v$ 的颗粒则不能下沉，随水溢出池外。

当属于第一类沉淀时，在负荷相同的条件下，竖流式沉淀池的去除率将低于其他类型的沉淀池。如果属于第二类沉淀，则情况较为复杂，水流上升，颗粒下沉，颗粒互相碰撞、接触，促进颗粒的絮凝，使粒径变大，u 值也增大，同时又可能在池的深部形成悬浮层，这样，其去除率可能高于表面负荷相同的其他类型的沉淀池。但由于池内布水不易均匀，去除率的提高受到影响。

竖流式沉淀池污水上升速度 v 一般采用 0.5～1.0 mm/s，沉淀时间小于 2 h，多采用 1～1.5 h。

污水在中心管内的流速对悬浮物质的去除有一定的影响，当在中心管底部设有反射板时，其流速一般大于 100 mm/s。当不设反射板时，其流速不大于 20 mm/s。污水从中心管喇叭口与反射板中溢出的流速不大于 40 mm/s，反射板距中心管喇叭的距离为 0.25～0.5 m，反射板底距污泥表面的高度（即缓冲层）为 0.3 m，池的保护高度为 0.3～0.5 m。

竖流式沉淀池的水头损失为 400～500 mm。

4．竖流式沉淀池的计算

竖流式沉淀池计算所使用的公式与平流式沉淀池基本相同。污水上升速度 v 等于颗粒的最小沉速 u_0，沉淀池的过水断面等于水的表面积减去中心管所占的面积。沉淀区的工作高度按中心管喇叭口到水面的距离考虑。

【例题 3-3】现有竖流式沉淀池 4 座，沉淀池直径 D 为 10 m，中心管喇叭口到水面距离为 3.8 m，中心管直径 d 为 0.8 m，污水流量为 720 m^3/h，试求污水在池内的上升速度 v 和沉淀时间。

解：沉淀池的有效过水面积

$$A=\frac{\pi}{4}(D^2-d^2)=\frac{\pi}{4}(10^2-0.8^2)=78\,(\mathrm{m}^2)$$

污水的上升速度 v 等于颗粒的最小沉速 u，因此

$$v=u=q=\frac{Q}{4A}=\frac{720}{4\times 78}=2.31\,(\mathrm{m/h})=0.64\,(\mathrm{mm/s})$$

沉淀时间为

$$t=\frac{V}{Q}=\frac{78\times 3.8\times 4}{720}=1.65\,(\mathrm{h})$$

3.1.4 辐流式沉淀池

1．辐流式沉淀池的构造

如图 3-15 所示，辐流式沉淀池常为直径较大的圆形池，直径一般介于 20～30 m，但变化幅度可为 6～60 m，最大甚至可达 100 m，池中心深度为 2.5～5.0 m，池周深度则为 1.5～3.0 m。

2．辐流式沉淀池的工作特征

污水从池中心处流出，沿半径的方向向池周流动，因此其水力特征是污水的流速由大向小变化。在池中心处设中心管，污水从池底的进水管进入中心管（见图 3-15），在中心

管的周围常用穿孔障板围成流入区，使污水在沉淀池内得以均匀流动。流出区设于池周，由于平口堰不易做到严格水平，所以常用三角堰或淹没式溢流孔。为了拦截表面上的漂浮物质，在出水堰前设挡板和浮渣的收集、排出设备。

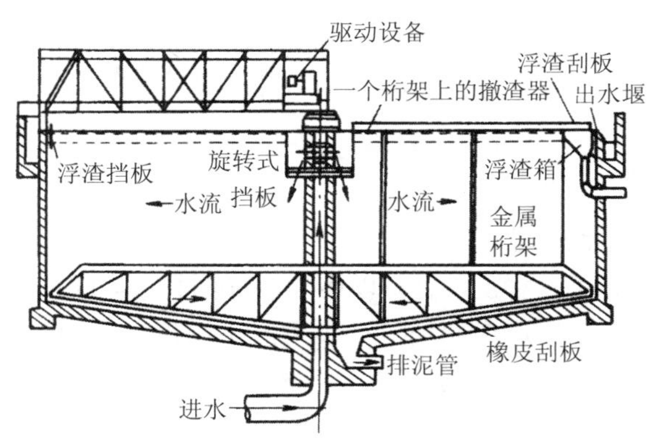

图 3-15　辐流式沉淀池

辐流式沉淀池多采用机械刮泥，刮泥板固定在桁架上，桁架绕池中心缓慢旋转，把沉淀污泥推入池中心处的污泥斗中，然后借静水压力排出池外，也可以用污泥泵排泥。池底具有 0.05 左右的坡度。中央污泥斗的坡度为 0.12～0.16。

辐流式沉淀池适用范围广泛，城市污水及各种类型的工业废水都可以使用，既能够作为初次沉淀池，也可以作二次沉淀池，一般适用于大型污水处理厂。这种沉淀池的缺点是排泥设备庞大，维修困难，造价亦较高。

辐流式沉淀池的平均有效水深一般不大于 4 m，直径与水深比不小于 6。采用机械刮泥时，沉淀池的缓冲层上缘应高出刮泥板 0.3 m。

3. 辐流式沉淀池的计算

辐流式沉淀池的计算参数与平流式相同。辐流式沉淀池的表面负荷一般为 2～3 $m^3/(m^2\cdot h)$。沉淀时间一般为 1～2 h。沉淀池的总高度为：

$$H = h_1 + h_2 + h_3 + h_4 + h_5 \tag{3-20}$$

式中，H——沉淀池总高度，m；

h_1——保护高（超高），m，一般为 0.3 m；

h_2——沉淀区的有效深度，m；

h_3——缓冲层高度，m；

h_4——污泥斗以上部分的高度（与刮泥机械高度有关），m；

h_5——污泥斗高度，m。

【例题 3-4】现有 D 为 30 m 辐流式沉淀池一座，有效水深为 3 m，污水平均流量为 1 500 m^3/h，试计算表面负荷及沉淀时间。

解：

（1）沉淀池的表面积。

$$A = \frac{\pi}{4}D^2 = \frac{\pi}{4}\times 30^2 = 706.5\ (m^2)$$

（2）表面负荷。

$$q=\frac{Q}{A}=\frac{1\,500}{706.5}=2.12\left[\mathrm{m^3/(m^2\cdot h)}\right]$$

（3）沉淀时间。

$$t=\frac{V}{Q}=\frac{h\cdot A}{Q}=\frac{3\times 706.5}{1\,500}=1.41\text{(h)}$$

3.1.5 斜板（管）沉淀池

1. 斜板（管）沉淀池原理

根据沉淀理论，设想了一种沉淀池，以增加沉淀面积，降低沉降高度来提高沉淀效果。而斜板（管）沉淀池就是根据这个原理进一步发展了平流沉淀池。它由斜板（管）沉淀区、进水配水区、清水出水区、斜流沉淀区和污泥区组成，见图 3-16。

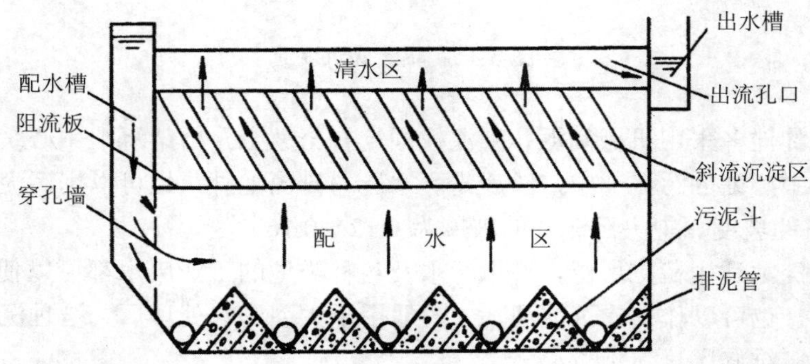

图 3-16　升流式斜板沉淀池

2. 异向流斜板（管）沉淀池

（1）构造。

按斜板或斜管间水流与污泥的相对运动方向来区分，斜流式沉淀池有同向流和异向流两种。在污水处理中常采用升流式异向流斜板沉淀池，见图 3-17。

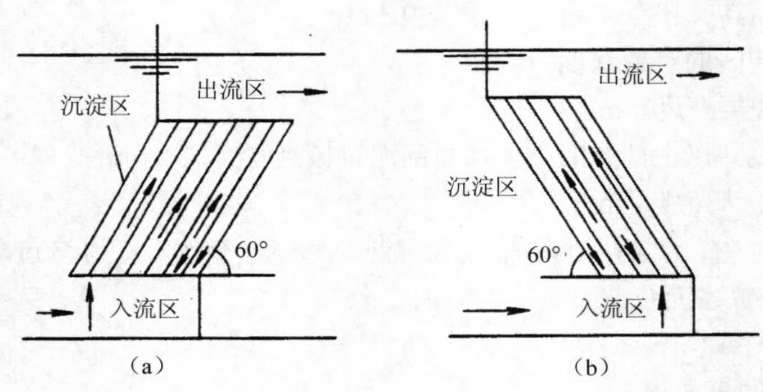

图 3-17　升流式异向流斜板沉淀池的两种型式

（2）应用。

斜流沉淀池具有沉淀效率高、停留时间短、占地少等优点，在给水处理中得到比较广泛的应用，在废水处理中的应用不普遍。在选矿水尾矿浆的浓缩、炼油厂含油废水的隔油等方面已有较成功的经验，在印染废水处理和城市污水处理中也有应用。

3.1.6　沉淀池的选择及运行原理

1．沉淀池的选择

前面，我们介绍了几种不同型式的沉淀池，在实际工作中，我们可根据下面的表进行选择。各种型式沉淀池的特点及适用条件见表 3-3。

表 3-3　各种沉淀池的特点及适用条件

池　型	优　点	缺　点	适用条件
平流式	①对冲击负荷和温度变化的适应能力较强 ②施工简单，造价低	采用多斗排泥时，每个泥斗需单独设排泥管各自排泥，操作工作量大；采用机械排泥时，机件设备和驱动件均浸于水中，易锈蚀	①适用地下水位较高及地质较差的地区 ②适用于大、中、小型污水处理厂
竖流式	①排泥方便，管理简单 ②占地面积较小	①池子深度大，施工困难 ②对冲击负荷及温度变化的适应能力较差 ③造价高 ④池径不宜太大	适用于处理水量不大的小型污水处理厂
辐流式	①采用机械排泥，运行较好，管理也较简单 ②排泥设备已有定型产品	①池水水流速度不稳定 ②机械排泥设备复杂，对施工质量要求较高	①适用于地下水位较高的地区 ②适用于大、中型污水处理厂

2．沉淀池调试时的主要内容

①检查刮泥机或吸刮泥机等金属部件的防腐是否完好合格，以及其在无水情况下的运转状况。

②沉淀池进水后观察是否漏水，做好沉降观测，检查观测沉淀池是否存在不均匀沉降（沉淀池的不均匀沉降对刮泥机或吸刮泥机的运行影响很大），通过观察出水三角堰的出水情况也能发现沉淀池的沉降情况。

③检查刮泥机或吸刮泥机的带负荷运行状况。主要观察振动、噪声和驱动电机的运转情况是否正常，线速度、角速度等是否在设定范围内。

④试验和确定刮泥机或吸刮泥机的刮、吸泥功能和刮渣功能是否正常。观察沉淀池表面的浮渣能否及时排出，观察排泥量在一定范围内变化时的刮、吸泥效果。

⑤分别测定进、出水的 SS，验证沉淀池在设计进水负荷下的作用是否符合设计要求。比如二沉池的回流污泥浓度和初沉池的排泥浓度是否在合理范围内。

⑥检验与沉淀池有关的自控系统能否正常联动。如初沉池的自动开停功能和二沉池根据泥位计测得泥位的自动排放剩余污泥或浮渣功能等。

3．沉淀池的运行原理

沉淀池由四个部分组成，即进水区、出水区、沉淀区、储泥区。进水区和出水区的功能是使水流的进入与流出保持均匀平稳，以提高沉淀效率。沉淀区是池子的主要部位。贮泥区是存放污泥的地方，它起到贮存、浓缩与排放的作用。另外，介于沉淀区和贮泥区之间还可再分出一个区称作缓冲区，缓冲区的作用是避免水流带走沉在池底的污泥。

沉淀池的运行方式有间歇式与连续式两种。

在间歇运行的沉淀池中，其工作过程大致分为三步：进水、静置及排水。污水中可沉淀的悬浮物在静置时完成沉淀过程，然后由设置在沉淀池壁不同高度的排水管排出。

在连续运行的沉淀池中，污水是连续不断地流入与排出。污水中可沉颗粒的沉淀是在流过水池时完成，这时可沉颗粒受到由重力所造成的沉速与水流流动的速度两方面的作用。水流流动的速度对颗粒的沉淀有重要的影响。

4．提高沉淀池沉淀效果的有效途径

沉淀池是污水处理工艺中使用最广泛的一种处理构筑物，但实际运行资料表明，无论是平流式、竖流式还是辐流式沉淀池，都存在着去除率不高的问题，通常在 1.5～2 h 的沉淀时间里，悬浮颗粒的去除率一般只有 50%～60%，另一方面这些沉淀池的占地面积较大，体积亦比较庞大。

除可以用斜流沉淀池提高沉淀池的分离效果和处理能力，其他方法还有：对污水进行曝气搅动以及回流部分活性污泥等。曝气搅动是利用气泡的搅动促使废水中的悬浮颗粒相互作用，产生自然絮凝。采用这种预曝气方法，可使沉淀效率提高 5%～8%，1 m^3 废水的曝气量为 0.5 m^3 左右。预曝气方法一般应在专设的构筑物——预曝气池或生物絮凝池内进行。

将剩余活性污泥投加到入流污水中去，利用污泥的活性，产生吸附与絮凝作用，这一过程称为生物絮凝。这一方法已在国内外得到广泛应用。采用这种方法，可以使沉淀效率比原来的沉淀池提高 10%～15%，BOD_5 的去除率也能增加 15%以上。活性污泥的投加量一般在 100～400 mg/L。

在工业污水处理中，由于水质水量的不均匀性，一般均设置污水调节池，在调节池中布置一些曝气设备，可以有效地提高污水处理程度，而且还可以免除调节池中沉积污泥的清理工作。

任务 2　气浮

气浮法是利用高度分散的微小气泡作为载体去黏附废水中的污染物，使其视密度小于水而上浮到水面实现固液或液液分离的过程。在水处理中，气浮法广泛应用于：①分离地面水中的细小悬浮物、藻类及微絮体；②回收工业废水中的有用物质，如造纸厂废水中的纸浆纤维及填料等；③代替二次沉淀池，分离和浓缩剩余活性污泥，特别适用于那些易于产生污泥膨胀的生化处理工艺；④分离回收含油废水中的悬浮油和乳化油；⑤分离回收以分子或离子状态存在的目的物，如表面活性物质和金属离子。

与沉淀法相比较，气浮法具有以下特点：①由于气浮池的表面负荷有可能高达

12 $m^3/(m^2 \cdot h)$，水在池中的停留时间只需 10～20 min，而且池深只需 2 m 左右，故占地较少，节省基建投资；②气浮池具有预曝气作用，出水和浮渣都含有一定量的氧，有利于后续处理或再用，泥渣不易腐化；③对那些很难用沉淀法去除的低浊含藻水，气浮法处理效率高，甚至还可以去除原水中的浮游生物，出水水质好；④浮渣含水率低，一般在 96%以下，比沉淀池污泥体积少 2～10 倍，这对污泥的后续处理有利，而且表面刮渣也比池底排泥方便；⑤可以回收利用有用物质；⑥气浮法所需药剂量比沉淀法节省。但是，气浮法电耗较大，处理每吨水比沉淀法多耗电 0.02～0.04 kW•h；目前使用的溶气水减压释放器易堵塞；浮渣怕较大的风雨袭击。

按产生微细气泡的方法，浮上法分为电解浮上法、分散空气浮上法、溶解空气浮上法。

分散空气浮上法目前应用的有微气泡曝气浮上法和剪切气泡浮上法两种形式。

溶解空气浮上法有真空浮上法和加压溶气浮上法两种形式。

3.2.1　气浮原理及影响气浮效果的因素

1. 气浮原理

气浮过程包括气泡产生、气泡与颗粒（固体或液滴）附着以及上浮分离等连续步骤。实现气浮法分离的必要条件有两个：第一，必须向水中提供足够数量的微细气泡，气泡理想尺寸为 15～30 μm；第二，必须使目的物呈悬浮状态或具有疏水性质，从而附着于气泡上浮。

（1）气泡的产生。

产生微气泡的方法主要有电解、分散空气和溶解空气再释放三种。

（2）悬浮物与气泡附着。

悬浮物与气泡附着有三种基本形式：气泡在颗粒表面析出，气泡与颗粒吸附以及絮体中裹夹气泡。

气泡能否与悬浮颗粒发生有效附着主要取决于颗粒的表面性质。如果颗粒易被水润湿，则该颗粒为亲水性的；如颗粒不易被水润湿，则是疏水性。

2. 影响气浮效果的因素

（1）空气在水中的溶解度与压力的关系。

空气在水中的溶解度，常用单位体积水溶液中溶入的空气体积来表示，即 L（气）/m^3（水），也可用单位体积水溶液中溶入的空气重量来表示，即 g（气）/m^3（水）。

空气在水中的溶解度与温度、压力有关。在一定范围内，温度越低、压力越大，其溶解度越大。在一定温度下，溶解度与压力成正比。

空气从水中析出的过程分两个步骤，即气泡核的形成过程与气泡的增长过程。气泡核的形成过程起着决定性作用，有了相当数量的气泡核，就可以控制气泡数量的多少与气泡直径的大小。从溶气浮上的要求来看，应当在这个过程中形成数目众多的气泡核，因为同样的溶解空气，如形成的气泡核的数量越多，则形成的气泡的直径也就越小，就越有利于达到浮上工艺的要求。

（2）并不是水中所有的污染物质都能与气泡黏附，是否能黏附与该类物质的接触角（θ）有关。当 $\theta \to 0$ 时，这类物质亲水性强（称亲水性物质），无力排开水膜，不易与气泡黏附，不能用气浮法去除。当 $\theta \to 180°$ 时，这类物质憎水性强（称憎水性物质），易与气泡黏附，宜用气浮法去除。

（3）“颗粒-气泡”复合体的上浮速度。

“颗粒-气泡”复合体的上升速度公式与沉淀池中的颗粒沉速一样，当流态为层流时，则“颗粒-气泡”复合体的上升速度可按斯托克斯公式计算。因此，“颗粒-气泡”复合体的上浮速度取决于水与复合体的密度差和复合体的有效直径。如果“颗粒-气泡”复合体上黏附的气泡越多，则复合体的密度越小，复合体的直径越大，因而上浮速度也越快。

由于水中的“颗粒-气泡”复合体的大小不等，形状各异，颗粒表面性质也不一样，它们在上浮过程中会进一步发生碰撞，相互聚合而改变上浮速度。另外，在浮上池中因水力条件及池型、水温等因素，也会改变上浮速度，因此，“颗粒-气泡”复合体的上浮速度，在实际使用中应以试验确定为好。

（4）化学药剂的投加对气浮效果的影响。

疏水性很强的物质（如植物纤维、油珠及炭粉末等），不投加化学药剂即可获得满意的固（液）－液分离效果。一般的疏水性或亲水性的物质，均需投加化学药剂，以改变颗粒的表面性质，增加气泡与颗粒的吸附。这些化学药剂分为下述几类：

①混凝剂　各种无机或有机高分子混凝剂，它不仅可以改变污水中悬浮颗粒的亲水性能，而且还能使污水中的细小颗粒絮凝成较大的絮状体以吸附、截留气泡，加速颗粒上浮。

②浮选剂　浮选剂大多数由极性－非极性分子所组成。投加浮选剂之后能否使亲水性物质转化为疏水性物质，主要取决于浮选剂的极性基能否附着在亲水性悬浮颗粒的表面，而与气泡相黏附的强弱则决定于非极性基中碳链的长短。当浮选剂的极性基被吸附在亲水性悬浮颗粒的表面后，非极性基则朝向水中，这样就可以使亲水性物质转化为疏水性物质，从而使其与微细气泡相黏附。

浮选剂的种类很多，如松香油、石油、表面活性剂、硬脂酸盐等。

③助凝剂　作用是提高悬浮颗粒表面的水密性，以提高颗粒的可浮性，如聚丙烯酰胺。

④抑制剂　作用是暂时或永久性地抑制某些物质的浮上性能，而又不妨碍需要去除的悬浮颗粒的上浮，如石灰、硫化钠等。

⑤调节剂　调节剂主要是调节污水的 pH 值，改进和提高气泡在水中的分散度以及提高悬浮颗粒与气泡的黏附能力，如各种酸、碱等。

3.2.2 加压溶气气浮

1. 基本工艺流程与工艺选择

加压溶气浮上法是目前常用的浮上法。加压溶气浮上法是使空气在加压的条件下溶解于水，然后通过将压力降至常压而使过饱和的空气以细微气泡形式释放出来。

加压溶气浮上法有三种基本流程：

全溶气流程如图 3-18 所示。该法是将全部入流废水进行加压溶气，再经过减压释放装置进入气浮池进行固液分离的一种流程。

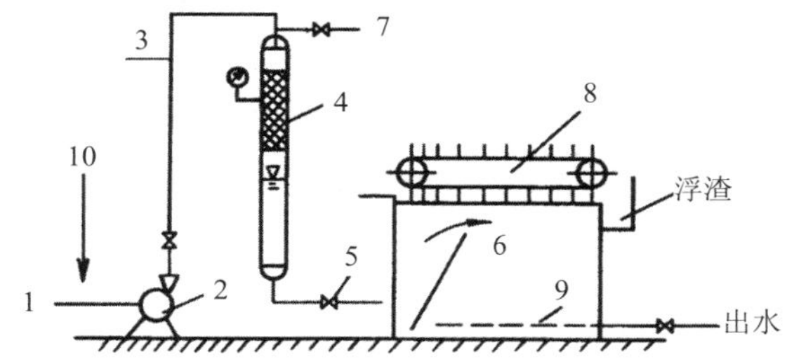

图 3-18　全溶气方式加压溶气浮上法流程

1. 废水进入；2. 加压泵；3. 空气进入；4. 压力溶气罐（含填料层）；5. 减压阀；6. 气浮池；7. 放气阀；8. 刮渣机；9. 出水系统；10. 化学药剂

部分溶气流程如图 3-19 所示。该法是将部分入流废水进行加压溶气，其余部分直接进入气浮池。该法比全溶气式流程节省电能，同时因加压水泵所需加压的溶气水量与溶气罐的容积比全溶气方式小，故可节省一些设备。但是由于部分溶气系统提供的空气量也较少，因此，如欲提供同样的空气量，部分溶气流程就必须在较高的压力下运行。

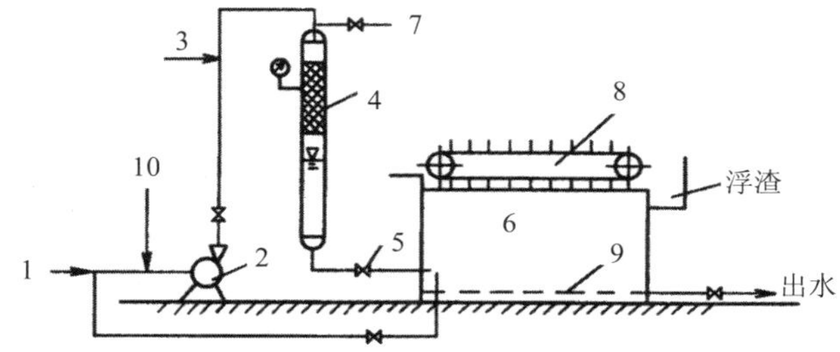

图 3-19　部分溶气方式加压溶气浮上法流程

1. 废水进入；2. 加压泵；3. 空气进入；4. 压力溶气罐（含填料层）；5. 减压阀；6. 气浮池；7. 放气阀；8. 刮渣机；9. 出水系统；10. 化学药剂

回流溶气流程如图 3-20 所示。在这个流程中，将部分澄清液进行回流加压，入流废水则直接进入气浮池。

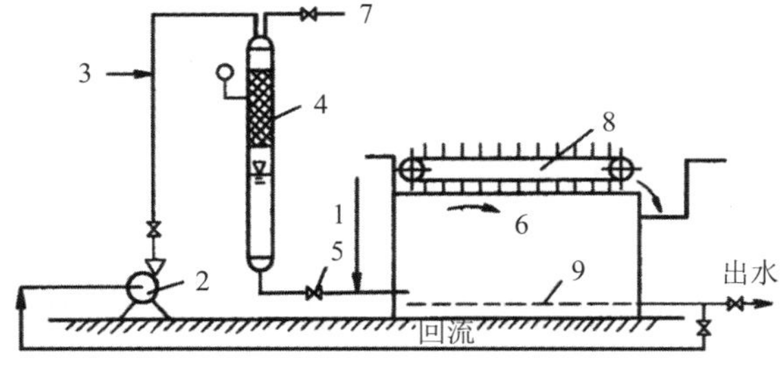

图 3-20　回流加压溶气方式流程

1. 废水进入；2. 加压泵；3. 空气进入；4. 压力溶气罐（含填料层）；5. 减压阀；6. 气浮池；7. 放气阀；8. 刮渣机；9. 集水管及回流清水管

图 3-21 所示是加压溶气气浮装置系统图。

废水由泵加压提升，一般加压到 3～4 个大气压，在压力管上通入一定数量的压缩空气，水气混合体在溶气罐内在压力条件下停留一段时间，进行气水混合与空气的溶解，然后通过减压阀进入常压气浮池，在这里泡沫被分离，水被净化排出。

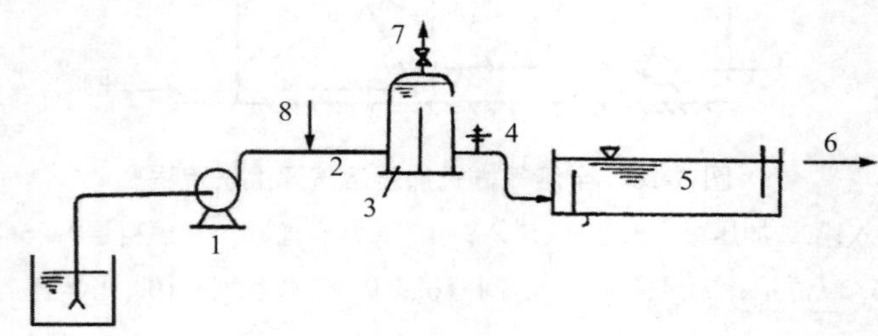

图 3-21　加压溶气气浮装置系统

1. 泵；2. 压力管；3. 溶气罐；4. 减压阀；5. 浮选池；6. 排水；7. 排气阀；8. 空气通入

加压泵的作用，一是提升废水，二是使介质——气、水受到压力作用。受压空气按亨利定律提高其在水中的溶解度。

空气通入方式有两种，当空气吸入量小于该温度下空气在废水中的饱和量时，在泵前用水射器吸入，而不用空压机。这种方式气水混合好，水泵必须采用自引方式进水，而且要保持 1 m 以上的水头，此外，其最大吸气量不能大于水泵吸水量的 10%，否则水泵应当具有的真空度将遭到破坏。当空气吸入量大于该温度下空气在废水中的饱和量时，空气应通过空压机在水泵的出水管压入，但也不宜大于水泵吸水量的 25%。

废水在溶气罐内的停留时间为 30～60 s，一般认为在这个时间内可以完成空气溶于水的过程，并使废水中溶解空气过饱和，多余的空气必须通过排气阀放出，否则由于游离气泡的搅动，会影响气浮池内的气浮效果。减压阀的作用在于保持溶气罐出口处的压力恒定，从而可以控制出罐后气泡的粒度和数量，也可用低压溶气释放器代替减压阀。

2．调试或启动时的注意事项

①调试进水前，首先要用压缩空气或高压水对管道和溶气罐反复进行吹扫清洗，直到没有容易堵塞的颗粒杂质后，再安装溶气释放器。

②进气管上要安装单向阀，以防压力水倒灌进入空压机。调试前要检查连接溶气罐和空压机之间管道上的单向阀方向是否指向溶气罐。实际操作时，要等空压机的出口压力大于溶气罐的压力后，再打开压缩空气管道上的阀门向溶气罐注入空气。

③先用清水调试压力溶气系统与溶气释放系统，待系统运行正常后，再向反应池内注入废水。

④压力溶气罐的出水阀门必须完全打开，以防由于水流在出水阀处受阻，使气泡提前释放、合并变大。

⑤控制气浮池出水调节阀门或可调堰板，将气浮池水位稳定在集渣槽口以下 5～10 cm，待水位稳定后，用进出水阀门调节并测量处理水量，直到达到设计水量。

⑥等浮渣积存到 5～8 cm 后，开动刮渣机进行刮渣，同时检查刮渣和排渣是否正常、出水水质是否受到影响。

3. 日常运行管理注意事项

①巡检时，通过观察孔观察溶气罐内的水位。要保证水位既不淹没填料层，影响溶气效果；又不低于 0.6 m，以防出水中夹带大量未溶空气。

②巡检时要注意观察池面情况。如果发现接触区浮渣面高低不平、局部水流翻腾剧烈，这可能是个别释放器被堵或脱落，需要及时检修和更换。如果发现分离区浮渣面高低不平、池面常有大气泡鼓出，这表明气泡与杂质絮粒黏附不好，需要调整加药量或改变混凝剂的种类。

③冬季水温较低影响混凝效果时，除可采取增加投药量的措施外，还可利用增加回流水量或提高溶气压力的方法，增加微气泡的数量及其与絮粒的黏附，以弥补因水流黏度的升高而降低带气絮粒的上浮性能，保证出水水质。

④为了不影响出水水质，在刮渣时必须抬高池内水位，因此要注意积累运行经验，总结最佳的浮渣堆积厚度和含水量，定期运行刮渣机除去浮渣，建立符合实际情况的刮渣制度。一般情况下，当溶气罐实现自控后，根据渣量的多少，刮渣机每隔 2～4 h 运行一次。刮渣机的刮板运动方向要与水流方向相反，为使刮板移动速度不大于浮渣溢入集渣槽的速度，刮渣机的行进速度要控制在 50～100 mm/s。

⑤根据反应池的絮凝、气浮池分离区的浮渣及出水水质等变化情况，及时调整混凝剂的投加量，同时要经常检查加药管的运行情况，防止发生堵塞（尤其是在冬季）。

【例题 3-5】某纺织印染厂采用混凝浮选法处理有机染色污水。设计资料如下：污水量 Q=1 800 m^3/d，混凝后水中悬浮物浓度 SS=700 mg/L，水温 40℃，采用处理后的水部分回流加压溶气浮选流程。气固比（即去除单位悬浮物所需的空气量）G/S=0.02，溶气压力（表压）324.2 kPa，大气压下空气在水中的饱和溶解度 C_a=18.5 mg/L。

解：（1）溶气水量 Q_R 的确定。

$$Q_R = G/S\frac{S_a Q\times 101.3}{C_a(fP-101.3)}$$

式中，Q_R——溶气水量，m^3/d；

G/S——气固比，一般在 0.02～0.06；

S_a——污水中悬浮物浓度，mg/L；

Q——污水流量，m^3/d；

f——溶气效率，一般取 0.6～0.8；

P——溶气压力（绝压），kPa。

f 取为 0.6，则

$$Q_R = 0.02\times\frac{700\times 1\,800\times 101.3}{18.5\times(0.6\times 425.5-101.3)}$$

$$=896(m^3/d)$$

取回流水量 900 m^3/d，即 $Q_R=0.5Q$。

（2）浮选池设计。采用浮选剂和污水接触混合时间 T_2=5 min，浮选分离时间 T_a=38 min，则混合段的容积为

$$V_1=\frac{(Q+Q_R)\ T_2}{24\times 60}=\frac{(1800+900)\times 5}{24\times 60}=9.375(m^3)$$

浮选分离段的容积

$$V_2 = \frac{(Q+Q_R)\ T_a}{24 \times 60} = \frac{(1\,800+900) \times 38}{24 \times 60} = 71.25\text{（m}^3\text{）}$$

浮选池的有效容积

$$V = V_1 + V_2 = 9.375 + 71.25 = 80.625\text{（m}^3\text{）}$$

浮选池的上升流速v取 1.6 mm/s，则分离面积

$$F = \frac{Q+Q_R}{24 \times 3\,600 \times v} = \frac{1\,800+900}{24 \times 3\,600 \times 1.6 \times 10^{-3}} = 19.53\text{（m}^2\text{）}$$

取浮选池宽 B=4 m，水深 H=3.5 m，则池长 $L = \frac{V}{BH} = \frac{80.625}{4 \times 3.5} = 5.76\text{(m)}$，取 5.8 m。

复核表面积 BL=4×5.8=23.2（m^2）＞F。

设计的表面积可行。

任务 3 过滤

过滤是利用过滤材料分离污水中杂质的一种技术，有时用作污水的预处理，有时则作为最终处理，出水供循环使用或重复利用。在污水深度处理技术中，普遍采用过滤技术。根据材料不同，过滤可分为多孔材料过滤和颗粒材料过滤两类。完成过滤工艺处理的构筑物称为滤池。

在污水处理中，颗粒材料过滤主要用于去除悬浮和胶体杂质，特别是用重力沉淀法不能有效去除的微小颗粒（固体和油类）以及细菌。颗粒材料过滤对污水中的 BOD 和 COD 等也有一定的去除效果。

用于给水处理工程的各种类型滤池，几乎都可以用于污水的深度处理，其中最常用的就是快滤池。

3.3.1 过滤原理

快滤池分离悬浮颗粒涉及多种因素和过程，过滤机理一般分为三类，即迁移机理、附着机理和脱落机理。

1. 迁移机理

悬浮颗粒脱离流线而与滤料接触的过程，就是迁移过程。引起颗粒迁移的原因主要有如下几种。

（1）筛分。颗粒比滤层孔隙大的被机械筛分，截留于过滤表面上，然后这些被截留的颗粒形成孔隙更小的滤饼层，使过滤水头增加，甚至发生堵塞。这种表面筛滤没能发挥整个滤层的作用。在普通快滤池中，悬浮颗粒一般都比滤层孔隙小，因而筛滤对总去除率贡献不大。当悬浮颗粒浓度过高时，很多颗粒有可能同时到达一个孔隙，互相拱接而被机械截留。

（2）拦截。小颗粒随流线流动在流线上与滤料表面接触。其去除概率与颗粒直径的平

方成正比，与滤料粒径的立方成反比。

（3）惯性。当流线绕过滤料表面时，具有较大动量和密度的颗粒因惯性冲击而脱离流线碰撞到滤料表面上。

（4）沉淀。如果悬浮物的粒径和密度较大，将存在一个沿重力方向的相对沉淀速度。在力的作用下，颗粒偏离流线沉淀到滤料表面上。沉淀效率取决于颗粒沉速和过滤水速的相对大小和方向。

（5）布朗运动。对于微小悬浮颗粒，由于布朗运动而扩散到滤料表面。

（6）水力作用。由于滤层中的孔隙和悬浮颗粒的形状是极不规则的，在不均匀的剪切流场中，颗粒受到不平衡力的作用不断地转动而偏离流线。

实际过滤中，悬浮颗粒的迁移将受到上述各种机理的作用，它们的相对重要性取决于水流状况、滤层孔隙形状及颗粒本身的性质（粒度、形状、密度等）。

2. 附着机理

（1）接触凝聚。在原水中投加凝聚剂，压缩悬浮颗粒和滤料颗粒表面的双电层，但尚未生成微絮凝体时，立即进行过滤。此时水中脱稳的胶体很容易与滤料表面凝聚，即发生接触凝聚作用。快滤池操作通常投加凝聚剂，因此接触凝聚是主要附着机理。

（2）静电引力。由于颗粒表面上的电荷和由此形成的双电层产生静电引力和斥力。当悬浮颗粒和滤料颗粒带异号电荷则相吸；反之，则相斥。

（3）吸附。悬浮颗粒细小，具有很强的吸附趋势，吸附作用也可能通过絮凝剂的架桥作用实现。絮凝物的一端附着在滤料表面，而另一端附着在悬浮颗粒上。某些聚合电解质能降低双电层的排斥力或者在两表面活性点间起键的作用而改善附着性能。

（4）分子引力。原子、分子间的引力在颗粒附着时起重要作用。万有引力可以叠加，其作用范围有限（通常小于 50 μm），与两分子的间距的 6 次方成反比。

3. 脱落机理

普通快滤池通常用水进行反冲洗，有时先用或同时用压缩空气进行辅助表面冲洗。在反冲洗时，滤层膨胀一定高度，滤料处于流化状态。截留和附着于滤料上的悬浮物受到高速反洗水的冲刷而脱落；滤料颗粒在水流中旋转、碰撞和摩擦，也使悬浮物脱落。反冲洗效果主要取决于冲洗强度和时间。当采用同向流冲洗时，还与冲洗流速的变动有关。

3.3.2 过滤池

滤池按滤速大小可分为慢滤池、快滤池和高速滤池；按水流过滤层的方向可分为上向流滤池、下向流滤池、双向流滤池；按滤料种类可分为砂滤池、煤滤池、煤-砂滤池；按滤料层数可分为单层滤池、双层滤池和多层滤池；按水流性质可分为压力滤池和重力滤池；按进出水及反冲洗水的供给和排出方式可分为普通快滤池、虹吸滤池、无阀滤池等。

1. 构造

滤池的种类虽然很多，但其基本构造是相似的，在污水深度处理中使用的各种滤池都是在普通快滤池的基础上加以改进而来的，图 3-22 所示为普通快速滤池的构造。

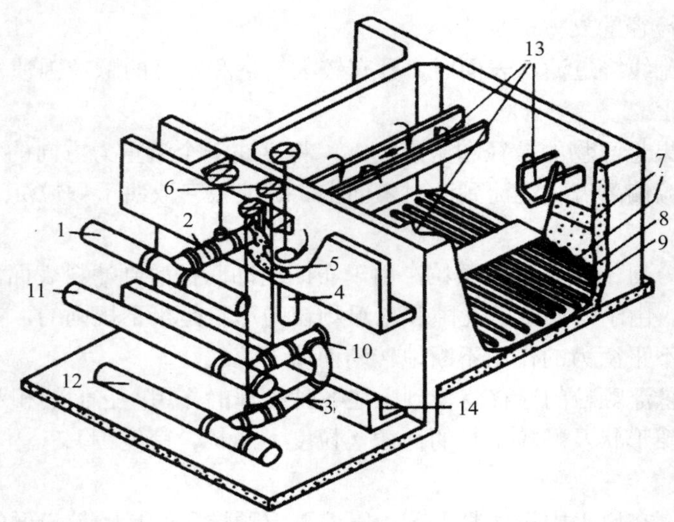

图 3-22 普通快速滤池的构造

1. 进水总管；2. 进水支管；3. 清水支管；4. 排污管；5. 进水槽（冲洗水排出槽）；6. 排水阀；7. 滤料层；8. 承托层；9. 配水支管；10. 冲洗水支管；11. 冲洗水总管；12. 清水总管；13. 排水槽；14. 冲洗水排出渠

普通快速滤池外部由滤池池体、进水管、出水管、冲洗水管、冲洗水排出管等管道及其附件组成；滤池内部由冲洗水排出槽、进水渠、滤料层、垫料层（承托层）、排水系统（配水系统）组成。

（1）滤料层。

滤料层是滤池的核心部分。单层滤料滤池多以石英砂、无烟煤、陶粒和高炉渣为滤料。滤料粒径、滤层高度和滤速是滤池的主要参数。

滤池的反洗可以用滤后水，也可以用原污水。反冲洗强度为 16～18L/（m^2•s），延时 6～8 min。有多种形式的滤料可供选择，要根据实际需要和设计要求选配滤料。常用滤料有石英砂、无烟煤、陶土粒、磁铁矿、塑料珠等。多层滤料多用无烟煤、石英砂、石榴石，国外也有用钛矿砂的。不管使用哪一种滤料都要满足以下要求：

① 要有足够的机械强度，不致冲洗时引起磨损。

② 要有足够的化学稳定性，不溶于水或向水释放其他有害物质。

③ 要有适当的孔隙率和粒度。

④ 要有较大的表面积，常以圆形为好。随着过滤技术的进步，人们开始用纤维料、纤维球滤料。

双层滤料滤池的工作效果较好，一般底层用粒径 0.5～1.2 mm 的石英砂，高 500 mm，上层则用陶粒或无烟煤，粒径为 0.8～1.8 mm，层高 300～500 mm。滤速 8～10 m/h；反冲洗强度为 15～16 L/（m^2•s），延时 8～10 min。

滤料的级配是指滤料中粒径不同的颗粒所占的比例，常用 K_{80} 表示。

$$K_{80}=\frac{d_{80}}{d_{10}} \tag{3-21}$$

式中，K_{80}——不均匀系数；

d_{80}——筛分曲线中通过 80%质量的滤料的筛孔孔径，mm；

d_{10}——筛分曲线中通过 10%质量的滤料的筛孔孔径，mm。

K_{80}表示滤料颗粒大小的不均匀程度。K_{80}越大，则表示滤料粗细之差别越大，滤层孔隙率越小，不利于过滤。目前，对于含低悬浮物的污水，使用石英砂滤料，一般 d_{10}=0.1～0.6 mm，K_{80}=2.0～2.2。

（2）垫料层。

垫料层的作用主要是承托滤料，故亦称承托层，防止小料经配水系统上的孔眼随水流走，同时保证反冲洗水更均匀地分布于整个滤池面积上。

垫料层要求不被反冲洗水冲动，形成的孔隙均匀，布水均匀，化学稳定性好，不溶于水。一般采用卵石或砾石，按颗粒大小分层铺设。垫料层的粒径一般不小于 2 mm，以同滤料的粒径相配合。

（3）排水系统。

排水系统的作用是均匀收集滤后水，更重要的是均匀分配反冲洗水，故亦称配水系统。排水系统分为两类，即大阻力排水系统和小阻力排水系统。普通快滤池大多采用穿孔管式大阻力排水系统。

2．运行

将污水通过一层带孔眼的过滤装置或介质，大于孔眼尺寸的悬浮物颗粒物质被截留在介质的表面，从而使污水得到了净化。经过一定时间的使用以后，过水的阻力增加，就必须采取一定的措施，如通常采用反冲洗将截留物从过滤介质上除去。

快滤池是一种滤速大的池型，有单层滤料、双层滤料和多层滤料。快滤池大都设在混凝沉淀之后，具有截留、沉淀、架桥、絮凝等综合作用。快滤池的运行分过滤和反洗两个过程。

（1）过滤过程。污水从进水总管、进水支管，经过水渠流入污水渠进入滤池，污水经过滤料层后变清成为洁净的过滤水。经底部配水支管汇集，再经配水干管、清水支管、清水总管流入清水池。

（2）反洗过程。先关闭水管与清水支管上的阀门，然后开排水管及冲洗水的排水阀门，冲洗水从冲洗水管，经过配水管，从下而上流过承插层和滤料层，滤料在上升水流的作用下，悬浮起来并逐步膨胀到一定高度，使得滤料中的杂质、淤泥冲洗下来，污水进入洗水槽经污水渠、排水管排入沟渠，反冲洗直至排水水清为止。这个过程一般需要 20～30 min。

3．设计计算

（1）设计滤速及滤池总面积计算。

设计快滤池时，首先应当确定合适的过滤速度，再根据设计水量，计算出所需的滤池总面积。设计滤速直接涉及过滤水质、处理成本及运行管理等一系列问题，应根据具体情况综合考虑。饮用水过滤池的滤速符合有关设计规范要求，我国规定单层砂滤池的正常滤速为 8～12 m/h；在其他滤池冲洗、检修时，设计总水量通过工作滤池时的强制滤速为 10～14 m/h。过滤废水时的滤速主要取决于悬浮物的浓度和处理要求。滤速确定后，滤池总面积 F 由下式确定：

$$F = Q / v \tag{3-22}$$

式中，F——滤池总面积，m^2；

Q——设计流量（包括自用水量），m^3/h；

v——设计滤速，m/h。

（2）滤池个数及尺寸的确定。

滤池个数应根据生产规模、造价、运行等条件通过技术经济比较确定。池数较多，运转灵活，强制滤速较低，布水易均匀，冲洗效果好，但单位面积滤池造价增加。根据设计经验，滤池个数可按表 3-4 确定。

表 3-4　滤池总面积及推荐池数

滤池总面积/m^2	＜30	30～50	100	150	200	300
推荐滤池个数	2	3	3 或 4	5 或 6	6～8	10～12

滤池个数和单池面积确定后，还应校核当 1～2 个滤池停产时工作滤池的强制滤速。

滤池的平面形状可为正方形或矩形，其长宽比主要决定于管件布置。一般情况下，单池面积 $F \leqslant 30\ m^2$ 时，长：宽=1：1；$F > 30\ m^2$ 时，长：宽=1.25：1～1.5：1；当采用旋转管式表面冲洗时，长宽比可取 1：1、2：1 或 3：1。

滤池总深度包括超高（0.25～0.3 m）、滤层上水深（1.5～2.0 m）、滤料厚度、垫料层厚及配水系统的高度，总厚度一般为 3.0～3.5 m。

（3）管廊的布置。

集中布置滤池主要管道、配件及阀门的池外场所称为管廊。管廊的布置与滤池的数目和排列方式有关。一般滤池个数少于 5 个时，宜用单排布置，管廊位于滤池的一侧。超过 5 个时，宜用双排布置，管廊位于两排滤池中间。管廊上面常设操作控制室，滤池本身在室外。管廊布置应满足下列要求：①保证设备安装及维修的必要空间，同时力求紧凑、简捷；②要有通道，便于操作与联系；③要有良好的采光、通风及排水设施。

此外，在滤池设计中，每个滤池底部应设放空管，池底应有一定坡度，便于排空积水；每个滤池上宜装设水位计及取水样设备；密闭管渠上应设检修入孔；池内壁与滤料接触处应拉毛，以防止水流短路。

4．过滤运行管理的注意事项

（1）通常滤池存在最佳滤速，滤速过大会使出水质量下降、杂质过早穿透滤层，进而缩短过滤周期、增加反冲洗用水量；而滤速过小会使产水量下降，同时使截污作用主要发生在滤料表层，深层滤料不能发挥作用。一般在滤料粒径和级配一定的条件下，最佳滤速与待处理水的水质有关。在实际运行时，可以先以低速过滤，此时出水水质好，然后逐步提高滤速，出水水质降低到接近或达到要求的水质时，对应的滤速即为最佳滤速。

（2）在滤速一定的条件下，过滤周期的长短受水温的影响较大。冬季水温低，水中杂质容易穿透滤层，过滤周期就较短；反之，夏季水温高时周期就长。冬季过滤周期过短时，反冲洗频繁，应降低滤速适当延长过滤周期。夏季应适当提高滤速，缩短过滤周期，以防止滤料孔隙间截留的有机物缺氧分解。

（3）过滤运行周期的确定一般有三种方法：①过滤水头损失达到或超过既定值；②出水水质恶化不能满足既定要求；③参照原水的水温、水质等条件，根据运行经验而定。

（4）根据滤池的出水浊度及水头损失等指标及时对滤池进行冲洗，并掌握合理的冲洗强度和正确的冲洗方法。在滤料层一定的条件下，反冲洗强度和历时受原水水质和水温的影响较大。原水污染物浓度大或者水温高时，滤层截污量大，如果反洗水的温度也较高，所需要的反冲洗强度就较大，反冲洗时间也较长。

（5）根据进水量和沉淀出水浊度适当控制滤速，并根据滤池的出水浊度及水头损失等指标，及时对滤池进行冲洗，掌握合理的冲洗强度和正确的冲洗方法。

（6）每 1～2 h 观察一次进出水浊度、pH 值等各项技术指标，正确填写运行报表。

5．影响过滤的因素

过滤是悬浮颗粒与滤料的相互作用，悬浮物的分离效率受到这两方面因素的影响。

（1）滤料的影响。

①粒度　与粒径成反比，即粒度越小，过滤效率越高，但水头损失也增加越快。在小滤料过滤中，筛分与拦截机理起重要作用。

②形状　角形滤料的表面积比同体积的球形滤料的表面积大，因此，当孔隙率相同时，角形滤料过滤效率高。

③孔隙率　球形滤料孔隙率与粒径关系不大，一般都在 0.43 左右。但角形滤料的孔隙率取决于粒径及其分布，一般为 0.48～0.55。较小的孔隙率会产生较高的水头损失和过滤效率，而较大的孔隙率提供较大的纳污空间和较长的过滤时间，但悬浮物容易穿透。

④厚度　滤床越厚，滤液越清，操作周期越长。

⑤表面性质　滤料表面不带电荷或者带有与悬浮颗粒表面电荷相反的电荷，有利于悬浮颗粒在其表面上吸附和接触凝聚。通过投加电解质或调节 pH 值可改变滤料表面的电动电位。

（2）悬浮物的影响。

①粒度　几乎所有过滤机理都受悬浮物粒度的影响。粒度越大，通过筛滤去除越容易。向原水投加混凝剂，待其生成适当粒度的絮体后，进行过滤，可以提高过滤效果。

②形状　角形悬浮颗粒因比表面积大，其去除效率比球形颗粒高。

③密度　颗粒密度主要通过沉淀、惯性及布朗运动机理影响过滤效率，因这些机理对过滤贡献不大，故影响程度较小。

④浓度　过滤效率随原水浓度升高而降低，浓度越高，穿透越容易，水头损失增加越快。

⑤温度　温度影响密度及黏度，进而通过沉淀和附着机理影响过滤效率。降低温度对过滤不利。

⑥表面性质　悬浮物的絮凝特性、电动电位等主要取决于表面性质，凝聚过滤法就是在原水加药脱稳后，尚未形成微絮体时，进行过滤。这种方法投药量少，过滤效果好。

（3）滤速。

滤池的滤速不能过于慢，因为滤速过慢，单元过滤面积的处理水量就小。为了达到一定的出水量，势必要增大过滤面积，也就要增大投资。但如果滤速过快，不仅增加了水头损失，过滤周期也会缩短，会使出水的质量下降，滤速一般选择 10～12 m/h。

（4）反洗。

反洗是用以除去滤出的泥渣，以恢复滤料的过滤能力。为了把渣冲洗干净，必须要有一定的反洗速度和时间。这与滤料大小及密度、膨胀率及水温都有关系。滤料用石英砂时，反洗强度为 15 L/（s•m^2）；用相对密度小的无烟煤时，为 10～12 L/（s•m^2）。反洗时，滤层的膨胀率为 25%～50%。反洗效果好，才能使滤池的运行良好。

6．常见问题及对策

（1）气阻。

滤池反冲洗时有气泡从滤料层中冒出来的现象称为滤料层气阻。滤料层气阻可导致水的短流，严重影响出水水质。滤料层气阻的原因和对策可归纳如下：

①滤池运行周期过长，水温较高，滤料层内发生厌氧分解产生气体。对策是对滤池进行充分反冲洗后，缩短过滤运行周期。

②滤料层上部水深不够，在过滤过程中会出现局部滤料层滤出水不能被及时补充的现象，从而使滤料层内产生负压并导致进水中的溶解性气体析出。对策是及时提高滤料层上部水的深度，避免出现水中溶解性气体析出的现象。

③滤料层因为各种原因处于无水或干燥状态，空气进入了滤层。对策是先用清水倒滤排出滤料层内的空气后，再进水过滤，反冲洗后进水过滤前使滤池始终处于淹没状态。

（2）结泥球。

滤池运行一段时间后，滤料层内经常会出现大小不一的泥球。泥球由截留的污染物和滤料颗粒黏结而成，通常首先在滤料层的表面出现，开始只有几毫米大。这些小泥球由于密度较小，反冲洗结束后仍出现在滤料层的表面。如果不及时将这些小泥球打碎破坏掉，在滤池的运行过程中，泥球会逐渐挤出其中的水分而使密度加大，在反洗时从滤料层表面沉入滤料层内部，并会相互黏结长大。大泥球下沉到滤池的承托层上，最后把这些部位黏住，形成局部不透水区。泥球的存在会阻塞水流的正常通过，使布水不均匀，并形成恶性循环。大泥球出现的部位往往是冲洗水上升流速低的滤池四角和周边。泥球形成的原因和对策可归纳如下：

①原水中污染物浓度过高，解决的方法是加强预处理，设法降低原水中这些物质的含量。

②反冲洗效果不好或反洗水不能排净，对策是提高反洗强度和延长反洗历时。

③反冲洗配水不均匀，造成部分滤料层长期得不到真正清洗，其表现是反洗后滤料层表面不平或有裂缝，对策是对配水系统进行检修。

④滤速太低、过滤周期太长，使滤料层内菌藻滋生繁殖后将滤料颗粒黏附在一起结成泥球，对策是提高滤速和加强预氯化等杀菌藻措施。

⑤泥球生成速度与滤料粒径的 3 次方成反比，即细滤料多的滤料层表面容易结成泥球。对策是增加或加强表面辅助反冲洗效果，当结泥球严重时应更换滤料。

（3）跑砂。

如果冲洗强度过大或滤料级配不当，反冲洗会冲走大量细滤料。另外，如果冲洗水分配不均，垫料层可能发生平移，进一步促使布水不均，最后局部垫料层被冲走淘空，过滤时，滤料通过这些部位的配水系统漏失到清水池中。遇到这种情况，应检查配水系统，并适当调整冲洗强度。

（4）水生物繁殖。

在水温较高时，沉淀池出水中常含有多种微生物，极易在滤池中繁殖。在快滤池中，微生物繁殖是不利的，往往会使滤层堵塞。可在滤前加氯解决。

（5）过滤出水水质下降。

①滤料级配不合理或滤料层厚度不够，应当更换滤料的类型或增加滤料层的厚度。

②进水污染物浓度太高，过滤负荷过大，杂质很快穿透滤料层。对策是加强前级预处理，降低进水中有机物的含量。

③废水的可滤性差，滤池进水中的杂质颗粒不能被滤料层有效截留，需要加强进水的混凝处理效果，筛选使用更有效的混凝剂。

④因为反洗配水不均匀，导致反冲洗后滤料层出现裂缝，使废水在过滤过程中出现短路现象，原水中的杂质颗粒直接参与穿过滤料层，对策是停池检修反洗配水系统。

⑤滤速过大，使原水中的杂质颗粒穿透深度过深直到逐渐穿透整个滤料层，对策是降低滤速。

⑥滤料层出现气阻现象，加大了过滤时的阻力，使水流在滤料层内流速过快，对策是找到气阻的原因并予以消除。

⑦滤料层内产生泥球，对水流的正常通过产生阻塞作用，并使滤料层的截污能力下降，出水水质下降，对策是找到泥球产生的原因并予以消除。

（6）滤速逐渐降低、周期逐渐缩短。

①冲洗不良、滤层积泥或长满青苔。对策是改善冲洗条件并用预加氯杀藻。

②滤料强度差、颗粒破碎。对策是刮除表层滤砂，换上符合要求的滤砂。

（7）冲洗后短期内水质不好。

①冲洗强度不够，冲洗历时太短，没有冲洗干净。对策是改善冲洗条件。

②冲洗水本身质量不好。对策是保证冲洗水质量。

3.3.3　其他滤池

1. 压力过滤器

压力过滤器如图 3-23 所示。压力过滤器是一个承压的密闭过滤装置，内部构造与普通过滤池相似，其主要特点是承受压力，可利用过滤后的余压将出水送到用水地点或远距离输送。压力过滤器过滤能力强、容积小、设备定型、使用的机动性大。但是，单个过滤器的过滤面积较小，只适用于污水量小的车间（或企业），或对某些污水进行局部处理。

通常采用的压力过滤是立式的，直径不大于 3 m。滤层以下为厚度 100 mm 的垫层（垫层材料粒径 d=1.0～2.0 mm），排水系统为过滤头。在一些污水处理系统中，排水系统处还安装压缩空气管，用以辅助反冲洗。反冲洗污水通过顶部的漏斗或设有挡板的进水管收集并排除。压力过滤器外部还安装有压力表、取样管，及时监督过滤器的压力损失和水质变化。过滤器顶部设有排气阀，排除过滤器内和水中析出的气体。

2. 无阀滤池

无阀滤池是利用水力学原理，通过进出水的压差自动控制虹吸产生，实现自动运行的滤池，图 3-24 所示为开敞式无阀滤池示意图。

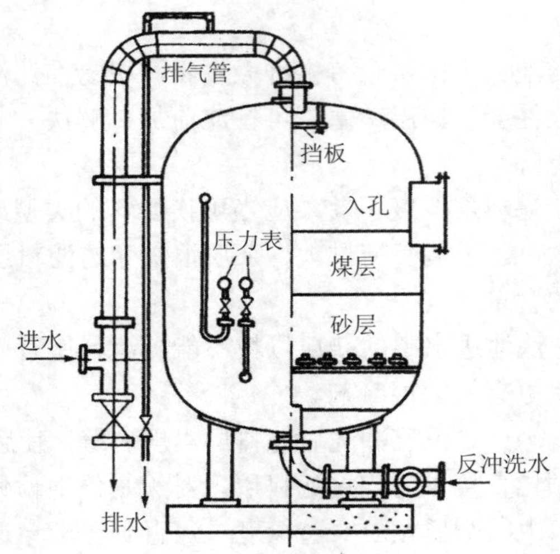

图 3-23 压力过滤器示意

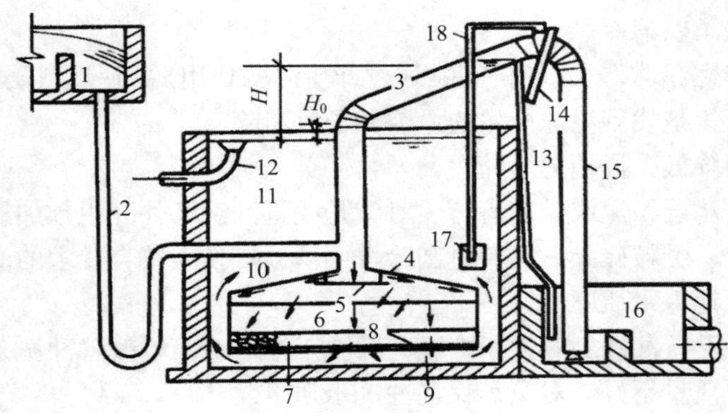

图 3-24 开敞式无阀滤池示意

1. 进水分配槽；2. 进水管；3. 虹吸上升管；4. 顶盖；5. 挡板；6. 滤料层；7. 承托层；8. 配水系统；9. 底部空间；10. 连通间；11. 冲洗水箱；12. 出水管；13. 虹吸辅助管；14. 抽气管；15. 虹吸下降管；16. 水封井；17. 虹吸破坏斗；18. 虹吸破坏管；H_0. 滤池超高；H. 虹吸辅助管管顶至滤池水面高度

过滤工作过程：原水自进水管进入滤池后，自上而下穿过滤床，过滤后水经连通管进入顶部贮水箱，待水箱充满后，过滤水由出水管排入清水池。随着过滤进行，水头损失逐渐增大，虹吸上升管内的水位逐渐上升（即过滤水头增大），当这个水位达到虹吸辅助管的管口处时，污水就从辅助管下落，并抽吸虹吸管顶部的空气，在很短的时间内，虹吸管因出现负压而投入工作，滤池进入反冲洗阶段。贮水箱中的清水自下而上流过滤床，反冲洗水由虹吸管排入水封井。当贮水箱水位下降至虹吸破坏管口时，虹吸管吸进空气，虹吸破坏，反冲洗结束，滤池又恢复过滤状态。

3．虹吸滤池

虹吸滤池是指滤池的进水和冲洗水的排除都由虹吸管完成，所以叫虹吸滤池。虹吸滤池可以做成圆形或方形，一般是由数格（如 6～8 格）滤池组成一个整体，便于管理和冲洗。虹吸滤池的构造如图 3-25 所示。

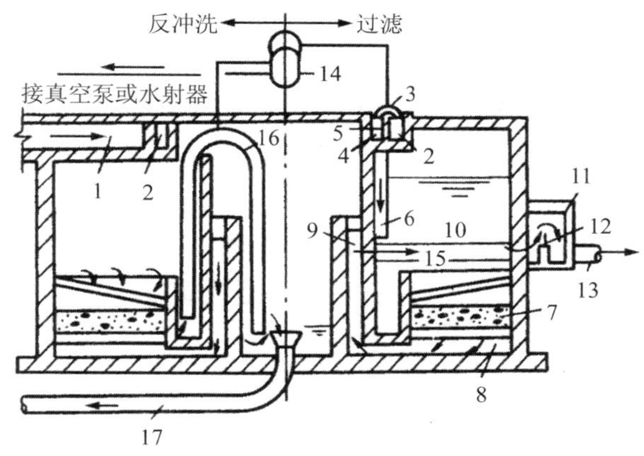

图 3-25 虹吸滤池的构造示意

1. 进水槽；2. 环形配水槽；3. 进水虹吸管；4. 进水虹吸管水封槽；5. 进水堰；6. 布水管；7. 滤料层；8. 配水系统；9. 环形集水槽；10. 出水管；11. 出水井；12. 控制堰；13. 清水管；14. 真空系统；15. 洗水槽；16. 冲洗虹吸管；17. 冲洗排水管

图的右半部表示滤池的过滤情况，图的左半部表示滤池的反冲洗情况。

过滤工作过程：经沉淀或澄清的水由进水槽流入环形配水槽。过滤时，原水由进水虹吸管进入水封槽，再经进水堰和布水管流入各格滤池中，各格滤池独立运行。当某格滤池内水位上升，超过出水井内的控制堰的堰高，并克服滤料层配水系统及出水管的总水头损失时，开始过滤。水经滤料层和配水系统流入环形集水槽，经出水管流入出水井，通过控制堰和清水管，再流到过滤水池。反冲洗时，水自下而上通过滤层，冲洗的污水继续由冲洗水管排出。而冲洗的水源是由组合中的其他几格滤池通过环形集中槽源源不断供给，直至排出水质洁净为止。

任务 4 离心分离

3.4.1 离心分离原理

物体高速旋转，产生离心力场。在离心力场内的各质点，都将承受较其本身重力大出许多倍的离心力，离心力的大小则取决于该质点的质量。这种方法也用于废水处理，用以分离废水中的悬浮固体。

使含有悬浮固体（或乳状油）的废水进行高速旋转，由于悬浮固体和废水的质量不同，受到的离心力也将不同，质量大的悬浮固体被甩到废水的外侧，这样可使悬浮固体、废水分别通过各自的出口排出，悬浮固体被分离，废水得以净化。

3.4.2 离心设备

1. 压力式水力旋流器

图 3-26 所示是用于分离比重较大的悬浮颗粒的压力式水力旋流分离器。整个设备是由

钢板焊接制成。上部是直径为 D 的圆筒，下部则呈锥体形。进水管以逐渐收缩的形式，按切线方向与圆筒相接，废水通过水泵以切线方向进入器内，在进口处的流速可达 6～10 m/s，并在器内沿器壁向下运动（一次涡流），然后再向上旋转（二次涡流），澄清液通过清液排出中心管流到器的上部，然后由出水管排出器外。

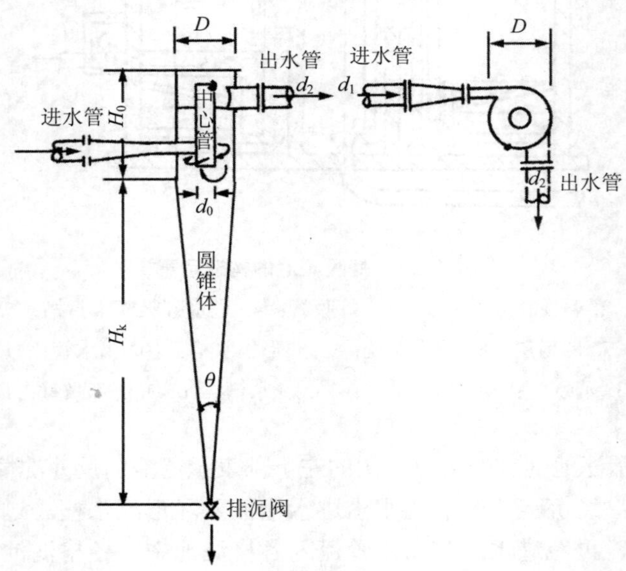

图 3-26 压力式水力旋流分离器

在离心力的作用下，水中较大的悬浮固体被甩向器壁，并在其本身重力的作用下，沿器壁向下滑动，在底部形成固体颗粒浓液经排出管连续排出。轧钢废水的排渣量，为处理水量的 1.2%～2.5%。

2. 重力式水力旋流器

重力式水力旋流器又称水力旋流沉淀池。废水以切线方向进入器内，借进、出水的水头差在器内呈旋转流动。与压力式水力旋流器相比较，这种设备的容积大，电能消耗低。图 3-27 是重力式水力旋流分离器的示意图。

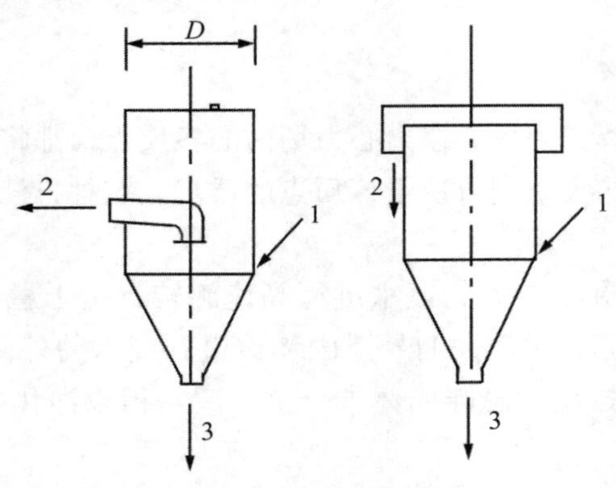

图 3-27 重力式水力旋流分离器示意

1. 进水；2. 出水；3. 排浓液

任务 5　磁分离

铁磁性物质的颗粒在磁场所受的磁场力与磁场强度和磁场强度梯度（称场强梯度）成正比。磁性颗粒在匀强磁场中，由于受两极的引力相等，这时磁性颗粒所受合力为零，因而不会发生运动。只有在磁场空间里，各点的磁场强度不相同，特别是在很短一段距离之内，磁场强度相差很大（即场强梯度大），磁性颗粒在这种空间里才会发生移动。在强磁场的 N 极和 S 极之间，投加大量颗粒尺寸在 100μm 左右的不锈钢毛，使磁力线的疏密程度发生很大变化，便构成了高梯度磁分离空间。含有铁磁性悬浮微粒的工业废水通过高梯度磁分离器，磁性颗粒便被截留下来，从而被净化。这便是高梯度磁分离法。

由于高梯度磁分离器场强梯度很高，不仅强磁性微粒能被其截留，弱磁性微粒也能被截留。轧钢废水中含有大量细微的氧化铁微粒。炼钢厂烟尘中含有大量 Fe_2O_3 微粒，经湿法除尘成为血红色废水，其中悬浮大量 Fe_2O_3 微粒。这些废水均可用高梯度磁分离器、磁过滤器加以净化。铁氧体法可处理不含铁磁性物质的含金属废水。铁氧体是铁元素与其他一种或几种金属元素构成的复合氧化物晶体，具有较强的磁性。含 Mn、Zn、Cu、Co、Ui、Cr 的废水，均可以与 $FeSO_4$ 制成铁氧体。研究证明：电镀厂的含铜氨络离子$[Cu(NH_3)]^{2+}$的废水，是蓝色透明的水溶液，长期存放无沉淀物形成。在碱性条件下，60℃左右，与 $FeSO_4$ 能生成铁氧体，通过高梯度磁分离器，Cu 的去除率在 99.9% 以上。

对于含有油类、无机悬浮物、色素和细菌的污水，投加絮凝剂产生矾花，同时投加磁种。例如粒径在 10 μm 以下的 Fe_3O_4 粉末可作磁种，投加量 200～1 000 mg/L，通过高梯度磁分离器，几秒钟便可使污水净化，油、细菌和色素的去除率可达 70%～90%，甚至更高。用磁混凝法处理聚氯联二苯废水，投加水量 0.3%的 Fe_3O_4 粉，通过高梯度磁分离器，1 次可去除 96%，2 次则可去除 99.9%以上。对于没有磁性微粒的城市污水，不投加磁种，仅进行磁化处理，发现也有一定效果。COD_{Cr} 能降低 40%，BOD 能降低 30%～50%，对氨氮去除无明显效果。磁化处理过的污水，有利于藻类繁殖。此出水排向贫营养水体是有利的，若排向富营养化水体则是有害的。

技能训练　沉淀实验

1. 实验原理

污水中所含的可沉悬浮固体是大小、形状、密度都不相同的颗粒群体，而且其性质、特征因污水不同而异，因此在实际应用时，污水的沉淀性能一般都是通过沉淀实验来确定的。

2. 实验目的

根据污水沉淀实验的结果，绘制出各种参数间的关系曲线，这些曲线统称为沉淀曲线，它们能够比较具体和形象地反映污水的沉淀性能，是沉淀设计的基本资料。

3．实验仪器与用品

6 个沉淀管；

过滤装置；

烘箱；

分析天平。

4．操作方法

（1）将已测定过悬浮物含量的污水搅拌均匀后，同时注入数个（5～6）沉淀管中。

（2）经 t_1 时间后，从第 1 个沉淀管中的高度 h 处取出一定数量的水，同样，经过 t_2、t_3、t_4、…、t_n 时间后，相应地从第 2、3、4、…、n 个沉淀管中的同一高度 h 处取出同样数量的水样，测定其中悬浮物的含量 c_1、c_2、c_3、…、c_n。

（3）原污水中所含悬浮物浓度为 c_0，经 t 时间沉淀后，污水中残存的悬浮物浓度为 c_t，于是沉淀率为

$$E=\frac{c_0-c_t}{c_0}\times 100\%$$

悬浮物经 t 时间的对应沉速

$$u_t=\frac{h}{t}$$

（4）绘制沉淀曲线

各种类型沉淀的实验方法基本相同，但沉淀曲线的绘制方法有所不同，现就第一类型（自由）沉淀的沉淀曲线绘制方法加以介绍。

以沉速为横坐标，以沉淀率为纵坐标，绘制沉速－沉淀效率关系曲线。如某厂污水沉淀实验测定记录及计算结果见表 3-5。

表 3-5　某厂污水沉淀实验测定记录及计算结果

时间/min	悬浮物浓度 c /（mg/L）	沉淀率 E/%	沉速 u /（m/h）
0	400	0	0
5	330	17.5	02
10	280	30	6
15	245	39	4
20	220	45	3
30	185	54	2
40	155	61	1.5
50	135	66	1.2
60	120	70	1.0

根据表中的沉淀率和沉速，绘出的沉淀曲线如图 3-28 所示。

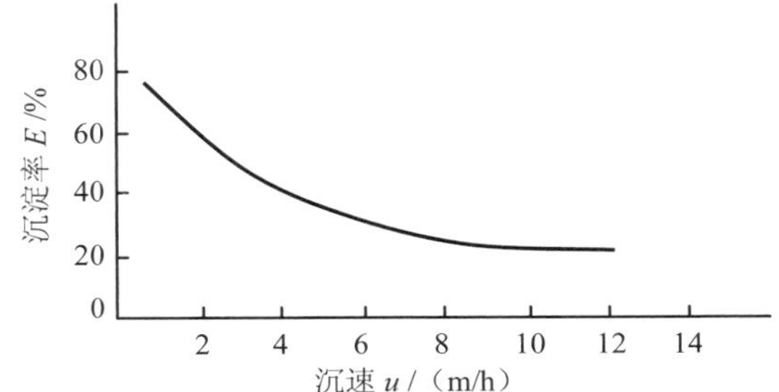

图 3-28　某厂污水沉淀曲线

思考与练习

1．沉淀可分为哪几种基本类型？

2．沉淀在污水处理系统中的主要作用是什么？

3．在污水处理过程中，沉淀法适用在哪些场合？

4．污水沉淀法处理的基本原理是什么？

5．试分析球形颗粒在静水自由沉降中的基本规律？

6．影响沉淀的因素有哪些？

7．什么叫表面负荷？

8．初次沉淀池设于哪个工艺前？二次沉淀池设于哪个工艺后合理？

9．某城市污水处理厂，设计水量为 3 万 m^3/d，日变化系数 $K_Z=1.42$，采用平流式初沉池，沉淀时间 t 为 1.5 h，表面负荷 q 为 2 $m^3/m^2 \cdot h$，水平流速 v 为 3.8 mm/s。计算沉淀池长 L、总宽 B 及有效水深 h。

10．提高沉淀池沉淀效果的有效途径有哪些？

11．加压溶气浮上法的基本原理是什么？有哪几种基本流程与溶气方式？

12．试述过滤机理。

13．影响过滤的因素有哪些？使用滤料应满足哪些要求？

14．滤池的常见故障有哪些？如何排除？

15．某污水处理厂采用过滤工艺使出水满足回用水质要求，设计能力为 13 000 m^3/d，反冲洗水用水量占 5%，已知滤池滤速为 5 m/h，冲洗时间为 6 min，冲洗周期为 12 h，计算滤池的总面积。

16．离心分离的原理是什么？常用的离心设备有哪些？各有什么特点？

项目四
化学法处理污废水

知识点：中和、酸性废水、碱性废水、投药中和、过滤中和、混凝、胶体、胶体稳定性、混凝机理、混凝剂、助凝剂、混凝效果、水力条件、混凝设备、隔板反应池、氢氧化物沉淀、硫化物沉淀、空气氧化、湿式氧化、超临界水氧化技术、臭氧氧化、氯氧化、Fenton试剂、还原除铬

能力点：处理酸性废水、处理碱性废水、影响混凝效果的因素、配制混凝剂、投加混凝剂、机械混合、去除氰污染物、去除铬污染物

任务 1　中和

中和是指酸性和碱性物质反应生成盐和水的过程，利用中和反应原理处理废水的方法称为中和处理法。

4.1.1　概述

废水的中和处理就是通过向废水中投加化学药剂，使其与污染物发生化学反应，调节废水的酸碱度（pH 值），使废水呈中性或接近中性，适宜下一步处理或排放的 pH 值范围。中和处理方法因废水的酸碱性不同而不同。

酸性废水常采用碱性废水与其相互中和。也可采用加入药剂中和或用碱性滤料过滤中和的方法使酸性废水呈中性。

而对碱性废水，采用酸性废水与碱性废水相互中和或加入药剂中和的方法使碱性废水呈中性。其中酸性废水的数量和危害都比碱性废水大得多。如果将 pH 值由中性或碱性调至酸性，称为酸化。酸碱废水以 pH 值表示可分为：

强酸性废水	pH＜4.5	弱碱性废水	pH＝8.5～10.0
弱酸性废水	pH=4.5～6.5	强碱性废水	pH＞10
中性废水	pH=6.5～8.5		

中和处理适用于废水处理中的下列情况：

①废水排入受纳水体前，其 pH 值指标超过排放标准，这时应采用中和处理，以减少对水生生物的影响。

②工业废水排入城市下水道系统前，采用中和处理以免废水对管道系统造成腐蚀。

③在废水需要进行化学处理或生物处理之前，对于化学处理（例如凝聚、除磷等），要求废水的 pH 值升高或降低到某一需要的最佳值；对于生物处理，废水的 pH 值通常应

维持在 6.5～8.5 范围内，以保证处理构筑物内的微生物维持最佳活性。

废水中和处理时，酸性废水用碱中和，碱性废水用酸中和，两者的反应都是中和反应。当进行中和反应的酸碱物质的量相等时，两者恰好完全中和。由于酸碱相对强弱的不同，并考虑到生成盐的水解作用，中和到等量点时，废水有可能呈中性也可能呈酸性或碱性。

4.1.2　酸性废水的中和处理

1．利用碱性废水中和法

酸碱废水相互中和是一种既简单又经济的以废治废的处理方法。因此，当工厂有条件应用碱性废水或碱性渣时应优先考虑。酸碱废水相互中和一般是在混合反应池内进行，池内设有搅拌装置。两种废水相互中和时，由于水量和浓度难以保持稳定，所以给操作带来困难。在此情况下，一般在混合反应池前设有均质池。

用碱性废水中和酸性废水时，应控制碱性废水的投加量，以确保处理后的废水呈中性或弱碱性。若碱性废水量不足，则应补加碱性药剂。

2．投药中和法

投药中和是应用广泛的一种中和方法，此法可处理各种酸性废水。中和时，常用的碱性药剂有石灰（CaO）、石灰石或白云石等，有时采用氢氧化钠、碳酸钠等，中和药剂的投料量可按化学反应方程式估算。此外，为综合利用，还采用碱性废渣、废液，如电石渣、废碱液等。

采用生石灰，可中和任何浓度的酸。采用石灰乳，由于 $Ca(OH)_2$ 对废水中的杂质具有凝聚作用，因此其适用于中和含杂质多的酸性废水。

当采用石灰石中和硫酸时，会产生石膏。由于生成的石膏溶解度很低，20℃时只有 1.6 g/L，因此，为了避免石灰石表面被石膏及 CO_2 所覆盖，硫酸浓度理论上应低于 1.15 g/L，实际上允许低于 2～2.3 g/L，使中和产物硫酸钙不致饱和析出。如硫酸浓度较大，为了使中和效果好，应将石灰石预先粉碎成 0.5 mm 以下的颗粒后使用。

当酸性废水中含有重金属盐类，如铅、锌、铜等，计算时应增加和重金属化合产生沉淀的药剂量。或直接通过实验，根据中和曲线确定。

投药中和法的工艺过程主要包括：中和药剂的制备与投配、混合与反应、中和产物的分离、泥渣的处理与利用。酸性废水投药中和流程如图 4-1 所示。

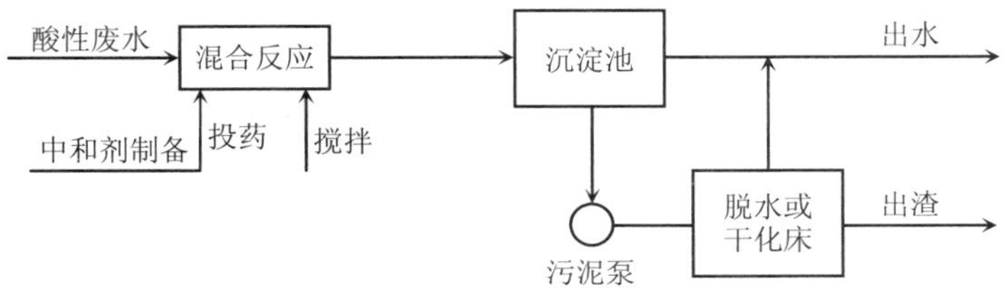

图 4-1　酸性废水投药中和流程

酸性废水投药中和之前，有时需要进行预处理。预处理包括悬浮杂质的澄清、水质及水量的均和。前者可以减少投药量，后者可以创造稳定的处理条件。

投加石灰有干投法和湿投法两种方式。干投法首先将生石灰或石灰石粉碎，使其达到技术上要求的粒径（0.5 mm）。投加时，为了保证石灰能均匀地加到废水中去，可用具有电磁振荡装置的石灰投配器。石灰投入废水渠，经混合槽折流混合 0.5～1 min，然后进入沉淀池将沉渣进行分离。干投法的优点是设备简单，缺点是反应不彻底，反应速度慢，投药量大，为理论值的 1.4～1.5 倍，要求石灰洁净、干燥、呈粒状，石灰破碎、筛分等劳动强度大。

湿投法是目前使用较多的方法。首先将石灰投入消解槽，消解成 40%～50%的浓度后投放到石灰乳贮槽，经搅拌配制成 5%～10%浓度的石灰乳，再用泵送到投配器，经投加器投入到混合反应池。送到投配器的石灰乳量大于投加量时，多余部分回流，以保持投配器液面不变，投加量由投加器孔口的开启度来控制。当短时间停止投加石灰时，石灰乳可在系统内循环，不易堵塞。石灰消解槽不宜采用压缩空气搅拌，因为石灰乳与空气中的 CO_2 会生成 $CaCO_3$ 沉淀，既浪费中和剂，又易引起堵塞。一般采用机械搅拌。

投到混合反应池的石灰乳与加到池内的酸性废水在搅拌下（必须搅拌，否则石灰渣在池内沉淀）进行混合反应，废水在反应池的停留时间一般为 5～20 min。与干投法相比，湿投法反应迅速、彻底，投药量较少，仅为理论量的 1.05～1.10 倍，但所用的设备多。

碱性药剂中和法的缺点是劳动卫生条件差，操作管理复杂，制备溶液、投配药剂需要较多的机械设备。采用石灰质药剂时，其明显的缺点是质量难以保证，灰渣较多，沉渣体积大，占处理水量的 2%，且不易脱水。

3. 过滤中和法

过滤中和法是指用碱性滤料形成的滤床来处理酸性废水，当酸性废水流过滤床的碱性滤料时，酸性废水即被中和。这种方法适用于含酸浓度不大于 2～3 mg/L 并生成易溶盐的各种酸性废水的中和处理。当废水含有大量悬浮物、油脂、重金属盐和其他毒物时，不宜采用过滤中和法。

具有中和能力的滤料有石灰石、白云石、大理石等，一般最常用的是石灰石。这种过滤床具有操作方便、运行费用低和劳动条件好等优点，缺点是被处理废水酸的浓度受到限制。

（1）普通过滤中和滤池。

普通过滤中和滤池中水的流向有平流和竖流两种，竖流又分升流式和降流式两种，如图 4-2 所示。

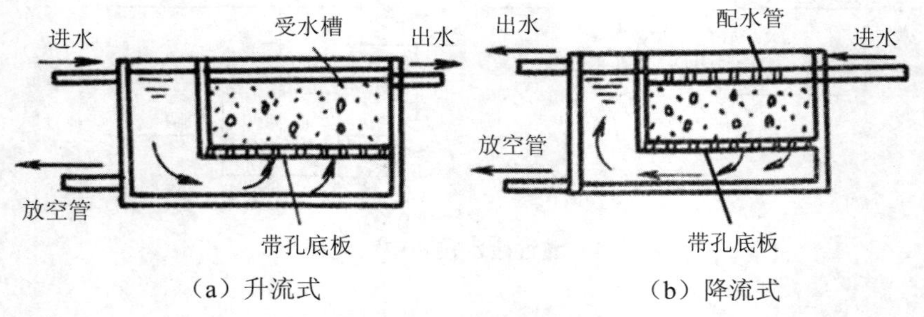

图 4-2 普通过滤中和滤池

普通中和滤池为固定床，滤床厚度一般为 1～1.5 m，过滤速度不大于 5 m/h，粒径为 30～50 mm。当废水中含有堵塞滤料的物质时，应进行预处理。

（2）恒流速升流式膨胀滤池。

恒流速升流式膨胀中和滤池如图 4-3 所示。

该滤池由底部大阻力穿孔管进水装置、卵石垫层、滤料层（石灰石滤料）、清水层和出水槽等组成。水由下向上流动，整个筒体过水断面不变，故上升流速为恒定。由于在中和反应过程中产生 CO_2 气体的作用，使滤料互相碰撞摩擦，所以滤料面不断更新，滤料利用率高，中和效果较好。

这种滤池的构造分四部分：底部为进水设备，采用大阻力穿孔管布水；进水设备上面是卵石垫层；垫层上面为滤料层，滤料膨胀率为 50%，滤料的分布状态是由下往上，粒径逐渐减小；滤料上面是缓冲层，使水流和滤料分离，在此区内水流速逐渐减慢，最后由出水槽均匀汇集流出。

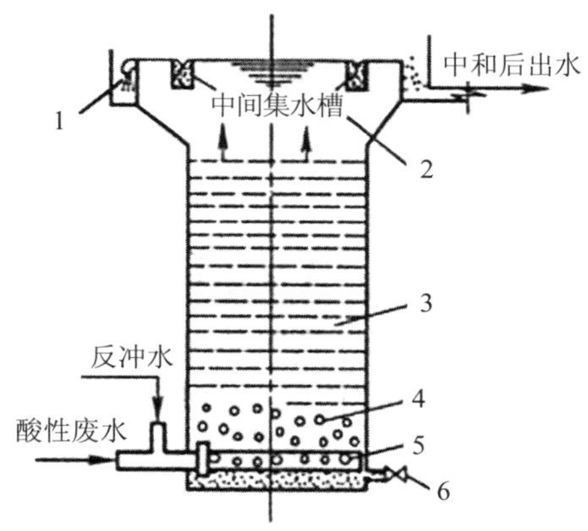

图 4-3 恒流速升流式膨胀中和滤池

1. 环形集水槽；2. 清水渠；3. 石灰石滤料；4. 卵石垫层；5. 大阻力配水系统；6. 放空管

（3）变流速升流式膨胀滤池。

该滤池是把上述恒流速升流式膨胀滤池的直筒形设计成倒圆锥状，使其下部滤速为 130～150 m/h，上部为 40～60 m/h，水流上升速度逐渐减小，这样防止小滤料被出水带走，滤料反应更加完全。该滤池目前得到了广泛的应用，并有定型产品可供选用。

过滤中和的出水由于含有大量由中和反应产生的 CO_2，故其出水 pH 值一般为 5 左右，因此需设 CO_2 吹脱塔，其形式一般有填料塔、筛板塔等，但最简单的为板条式脱气塔。经中和脱气后的废水应进入沉淀池以分离其沉渣。

（4）过滤中和时应注意的问题。

过滤中和时，废水中不宜有重金属离子或惰性物质，要求重金属离子含量小于 50 mg/L，以免在滤料表面生成覆盖物，使滤料失效。

含 HF 的废水中和过滤时，因 CaF_2 溶解度很小，要求 HF＜300 mg/L。如浓度超过此限值，宜采用石灰乳进行中和。

过滤中和法的优点是操作管理简单，出水 pH 值较稳定，不影响环境卫生，沉渣少，只有废水体积的 0.1%，缺点是进水硫酸浓度受到限制。

处理酸性废水的构筑物防腐问题十分重要，应根据废水的酸度及当地的技术条件正确采取防腐措施。

耐腐蚀性能较好的是玻璃钢，根据防腐蚀程度在构筑物表面贴 3～7 层玻璃布，每层都涂环氧树脂。对于小型构筑物，可用硬聚乙烯板制造，或在耐腐混凝土（砖）的表面覆以保护面层。

4.1.3 碱性废水的中和处理

1. 利用酸性物质的中和法

碱性废水来源于造纸、皮革、化工、印染等工业的生产过程，碱性废水中含有碱性物质，如氢氧化钠、碳酸钠、硫化钠及胺类等。碱性废水的中和一般要用酸性物质，通常采用的方法有利用废酸进行中和或利用烟道气进行中和。

烟道气中 CO_2 含量可高达 24%，还含有 SO_2、H_2S，所以可以用于碱性废水的中和处理。烟道气和碱性废水的中和处理一般在喷淋塔内进行。

碱性废水从喷淋塔的塔顶布水器均匀喷出，烟道气则从塔底鼓入，两者在填料层中进行逆流接触，碱性废水与烟道气中酸性气体完成中和过程。出水的 pH 值可由 10～12 降至中性。反应式如下：

$$CO_2+2NaOH = Na_2CO_3+H_2O$$

$$SO_2+2NaOH = Na_2SO_3+H_2O$$

$$H_2S+2NaOH = Na_2S+2H_2O$$

该法的优点是以污治污、投资省、运行费用低，缺点是出水含硫化物，耗氧量和色度都明显增加。

2. 药剂中和法

就是通过向废水中投加化学药剂，使其与污染物发生化学反应。碱性废水的中和剂有硫酸、盐酸、硝酸，常用的为工业硫酸，因为硫酸价格较低。使用盐酸的最大优点是反应物溶解度大，泥渣量少，但出水中溶解固体浓度高，投加化学药剂的价格高。

4.1.4 废水中和处理方法比较

（1）酸性废水中和处理方法比较，见表 4-1。

表 4-1 酸性废水处理方法比较

中和方法	适用条件	主要优点	主要缺点	附注
利用碱性废水中和	1. 适用于各种酸性废水； 2. 酸碱废水中酸与碱的物质的量基本平衡	1. 节省中和药剂； 2. 当酸碱基本平衡且废水缓冲作用大时，设备简单，管理容易	1. 废水流量、浓度波动大，须先均化； 2. 酸碱物质的量不平衡时须另加中和剂作补充处理	须注意二次污染，如碱性废水中含硫化物时产生 H_2S 等有害气体
投药中和	1. 各种酸性废水； 2. 酸性废水中重金属与杂质较多	1. 适应性强，兼可去除杂质及重金属离子； 2. 出水 pH 值可以保证达到预定值	1. 设备及管理复杂； 2. 投石灰或电石渣泥量大； 3. 运行费用高	1. 除重金属时，pH 值应为 8～9； 2. 投加的 NaOH、Na_2CO_3 须是副产品才经济

中和方法	适用条件	主要优点	主要缺点	附注
普通过滤中和	适用于含盐酸或硝酸的废水，而且水质较清洁，不含大量悬浮物、油脂及重金属	1. 设备简单； 2. 平时维护量不大； 3. 产渣量少	1. 废水含大量悬浮物及油脂时须预处理； 2. 对于硫酸废水浓度有限制； 3. 出水 pH 值低，重金属离子难以沉淀	
恒流速升流式膨胀过滤中和	同普通过滤中和法，但也可用于浓度在 2～3 g/L 以下的硫酸废水	优点同普通过滤中和法，由于滤速大，设备较小，用于硫酸废水易堵塞	同普通过滤中和法，且对滤料粒径要求较高	
变流速升流式膨胀过滤中和	同普通过滤中和法，硫酸浓度可达到 3.5 g/L	由于滤速由下向上逐渐减小，滤料不易堵塞，小滤料不会被水带出	1. 对硫酸废水仍有限制； 2. 设备加工较难	

（2）碱性废水中和处理方法比较，见表 4-2。

表 4-2　碱性废水处理方法比较

中和方法	适用条件	主要优点	主要缺点	附注
利用酸性废水中和	1. 适用于各种碱性废水； 2. 酸碱废水物质的量最好基本相等	1. 节省中和药剂； 2. 当酸碱基本平衡，且废水缓冲作用大时设备简单，管理容易	1. 废水流量、浓度大时，须先均化； 2. 酸碱物质的量不平衡时另加药剂作补充处理	注意二次污染产生有害气体
加酸中和	工业酸或废酸	酸为副产品时较经济	成本高	
烟道气中和	1. 要求有大量能连续供给、能满足处理水量的烟气； 2. 当碱性废水间断而烟气不间断时，应有备用除尘水源	1. 废水起烟气除尘作用，烟气用作中和剂使废水 pH 值降至 6～7； 2. 节省除尘用水及中和药剂	废水经烟气中和后，水温、色度、耗氧量、硫化物均有上升	1. 出水其他指标上升，有待进一步处理，使之达到排放标准； 2. 可用压缩 CO_2 处理，操作简单，出水水质不致变坏，但费用高

任务 2　混凝

天然水及各种废水中的悬浮物质大都可以通过自然沉淀的方法去除，而颗粒直径在 1 nm～100 μm 范围内的细小颗粒及胶体颗粒则难以用自然沉淀方法去除。这些颗粒能引起水的混浊，有时还有颜色和臭味。这些污染物质可以通过混凝方法加以去除。混凝就是通过向水中投加一些药剂（常称混凝剂），使水中难以沉淀的细小颗粒及胶体颗粒脱稳并互相聚集成粗大的颗粒而沉淀，从而实现与水分离，达到水质的净化。

混凝可以用来降低废水的浊度和色度，去除多种高分子有机物、某些重金属物质和放射性物质。此外，混凝法还能改善污泥的脱水性能。因此，混凝法是工业废水处理中常采用的方法。它既可以作为独立的处理法，也可以和其他处理法配合，作为预处理、中间处理或最终处理。在三级处理中，近年来混凝法也被常常采用。

混凝法与废水的其他处理法比较，其优点是设备简单，维护操作易于掌握，处理效果好，间歇或连续运行均可以。缺点是由于不断向废水中投药，经常性运行费用较高，沉渣量大，且脱水较困难。

4.2.1 混凝基本原理

1. 胶体基本知识

（1）胶体结构

胶体结构很复杂，它是由胶核、吸附层及扩散层三部分组成。胶核是胶体粒子的核心，它由数百乃至数千个分散固体物质分子组成。在胶核表面拥有一层离子，称为电位形成离子或电位离子，胶核因电位离子而带有电荷，为维持胶体离子的电中性，胶核表面的电位离子层通过静电作用，从溶液中吸引了电量与电位离子层总电量相等而电性相反的离子，这些离子称为反离子，并形成反离子层。这样，胶核固相的电位离子层与液相中的反离子层就构成了胶体粒子的双电层结构，如图 4-4 所示。被吸引的反离子中有一部分被胶核牢固吸引并随胶核一起运动，这部分反离子称为束缚反离子，组成吸附层；另一部分反离子距胶核稍远，胶核对其吸引力较小，不随胶核一起运动，称为自由反离子，组成扩散层。胶核、电位离子层和吸附层共同组成运动单元，称胶体颗粒，简称胶粒。把扩散层包括在内合起来总称为胶团，胶团的结构见图 4-4。

（2）胶体颗粒的稳定性与脱稳

胶体颗粒在水中能长期保持分散状态而不下沉的特性称为胶体的稳定性。胶体颗粒在水中之所以具有稳定性，其原因有三：首先，废水中的细小悬浮颗粒和胶体微粒质量很轻，尤其胶体微粒直径为 10^{-2}～10^{-8} mm，这些颗粒在废水中受水分子热运动的碰撞而做无规则的布朗运动；同时，胶体颗粒本身带电，同类胶体颗粒带有同性电荷，彼此之间存在静电排斥力，从而不能相互靠近以结成较大颗粒而下沉；另外，许多水分子被吸引在胶体颗粒周围形成水化膜，阻止胶体颗粒与带相反电荷的离子中和，妨碍颗粒之间接触并凝聚下沉。因此，废水中的细小悬浮颗粒和胶体微粒不易沉降，总保持着分散和稳定状态。

一般认为胶粒所带电量越大，胶粒的稳定性越好。而胶粒带电是由于胶核表面所吸附的电位离子比吸附层里的反离子多，当胶粒与液体做相对运动时，吸附层和扩散层之间便产生电位差所致。该电位差称为界面动电位，又称 ζ 电位。如图 4-4 所示。ζ 电位越高，胶粒带电量越大，胶粒间产生的静电斥力也越大；同时，扩散层中反离子越多，水化作用也越大，水化壳也越厚，胶粒也就越稳定而不易沉降。

因此，要使胶体颗粒沉降，就需破坏胶体的稳定性。促使胶体颗粒相互接触，成为较大的颗粒，关键在于减少胶粒的带电量，这可以通过压缩扩散层厚度，降低 ζ 电位来达到。这个过程称作胶体颗粒的脱稳作用。

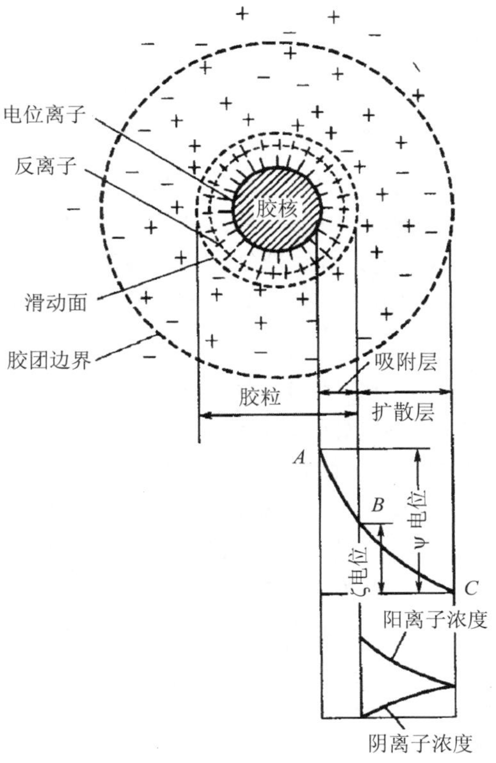

图 4-4　胶体粒子的结构及其电位分布

注：*A*—*B* 为吸附层；*B*—*C* 为扩散层。

2．混凝机理

废水中投入某些混凝剂后，胶体因 ς 电位降低或消除而脱稳。脱稳的颗粒便相互聚集为较大颗粒而下沉，此过程称为凝聚，此类混凝剂称为凝聚剂。但有些混凝剂可使未经脱稳的胶体也形成大的絮状物而下沉，这种现象称为絮凝，此类混凝剂称为絮凝剂。不同的混凝剂能使胶体以不同的方式脱稳、凝聚或絮凝。按机理不同，混凝可分为压缩双电层、吸附电中和、吸附架桥、沉淀物网捕四种。

（1）压缩双电层机理。当向溶液中投加电解质后，溶液中与胶体反离子相同电荷的离子浓度增高，这些离子与扩散层原有反离子之间的静电斥力把原有部分反离子挤压到吸附层中，从而使扩散层厚度减小，胶粒所带电荷数减少，ς 电位相应降低。因此，胶粒间的相互排斥力也减少。当排斥力降至一定值，分子间以吸引力为主时，胶粒就相互聚合与凝聚，这就是压缩双电层机理。

（2）吸附电中和机理。当向溶液中投加电解质作混凝剂时，混凝剂水解后在水中形成胶体微粒，其所带电荷与水中原有胶粒所带电荷相反，由于异性电荷之间有强烈的吸附作用，这种吸附作用中和了电位离子所带电荷，减少了静电斥力，降低了 ζ 电位，使胶体脱稳并发生凝聚。但若混凝剂投加过多，混凝效果反而下降。因为胶粒吸附了过多的反离子，使原来的电荷变性，排斥力变大，从而发生了再稳现象。

（3）吸附架桥机理。吸附架桥作用主要是指高分子聚合物与胶粒和细微悬浮物等发生吸附、桥联的过程。高分子絮凝剂具有线性结构，含有某些化学活性基团，能与胶粒表面产生特殊反应而互相吸附，在相距较远的两胶粒间进行吸附架桥，使颗粒逐渐变大，从而形成较大的絮凝体。

（4）沉淀物网捕机理。若采用硫酸铝、石灰或氯化铁等高价金属盐类作混凝剂，当投加量大得足以迅速沉淀金属氢氧化物[如 $Al(OH)_3$，$Fe(OH)_3$]或金属碳酸盐（如 $CaCO_3$）时，水中的胶粒和细微悬浮物可被这些沉淀物在形成时作为晶核或吸附质所网捕。

以上介绍的混凝的四种机理，在废水处理中往往是同时或交叉发挥作用的，只是在一定情况下以某种机理为主而已。低分子电解质混凝剂以双电层作用产生凝聚为主；高分子聚合物则以架桥联结产生絮凝为主。所以，通常将低分子电解质称为凝聚剂，而把高分子聚合物称为絮凝剂。向废水中投加药剂，进行水和药剂的混合，从而使水中的胶体物质产生凝聚和絮凝，这一综合过程称为混凝过程。

4.2.2 混凝剂与助凝剂

1．混凝剂

混凝剂具有破坏胶体的稳定性和促进胶体絮凝的功能。其品种很多，按其化学成分可分为无机混凝剂和有机混凝剂两大类，见表 4-3。

表 4-3 混凝剂分类

分类			混凝剂
无机类	低分子	无机盐类	硫酸铝、硫酸亚铁、硫酸铁、铝酸钠、氯化亚铁、氯化铁、氯化锌、四氯化钛
		碱类	碳酸钠、氢氧化钠、石灰
		金属电解产物	氢氧化铝、氢氧化铁
	高分子	阴离子型	聚合氯化铝、聚合硫酸铝、聚合硫酸铁
		阳离子型	活性硅酸
有机类	表面活性剂	阴离子型	月桂酸钠、硬脂酸钠、油酸钠、十二烷基苯磺酸钠、松香酸钠
		阳离子型	十二烷胺醋酸、十八烷胺醋酸、松香胺醋酸、烷基三甲基氯化铵
	低聚合度高分子	阴离子型	藻朊酸钠、羧甲基纤素钠盐
		阳离子型	水溶性苯胺树脂盐酸盐、聚乙烯亚胺
		非离子型	淀粉、水溶性脲醛树脂
		两性型	动物胶、蛋白质
	高聚合度高分子	阴离子型	聚丙烯酸钠、水解聚丙烯酰胺、磺化聚丙烯酰胺
		阳离子型	聚乙烯吡啶盐、乙烯吡啶共聚物
		非离子型	聚丙烯酰胺、聚氯乙烯

（1）无机混凝剂。目前广泛使用的无机混凝剂是铝盐混凝剂和铁盐混凝剂。

铝盐主要有硫酸铝、明矾、铝酸钠、三氯化铝及碱式氯化铝。

硫酸铝无毒、价格便宜，使用方便，混凝效果较好，用它处理后的水不带色，用于脱除浊度、色度和悬浮物，但絮凝体较轻，适用于水温 20～40℃，pH 值为 5.7～7.8。

聚合氯化铝（PAC，即碱式氯化铝）是一种多价电解质，能显著降低水中黏土类杂质（多带负电荷）的胶体电荷。由于分子量大，吸附能力强，具有优良的凝聚能力，形成的矾花（即絮凝体）较大，凝聚沉淀性能优于其他混凝剂。PAC 聚合度较高，投加后快速搅拌，可以大大缩短絮凝体形成的时间。PAC 受水温影响较小，低水温时凝聚效果也很好。PAC 对水的 pH 值降低较少，适宜的 pH 值范围为 5～9。结晶析出温度在–20℃以下。PAC 是目前国内外使用较广泛的无机高分子混凝剂。

铁盐主要有硫酸亚铁、硫酸铁、三氯化铁及聚合硫酸铁。

硫酸亚铁作混凝剂形成的絮凝体较重，形成较快而且稳定，沉淀时间短，能去除臭味和一定的色度，适用于碱度高、浊度大的废水。废水中若有硫化物，可生成难溶于水的硫化亚铁，便于去除。缺点是：腐蚀性比较强；废水色度高时，色度不易除净。

三氯化铁是一种常用的混凝剂。它形成的絮凝体易沉淀，处理低温水或低浊度水效果比铝盐好，适宜的 pH 值为 6～8.4。缺点是：腐蚀性强，易吸水潮解，处理后的水的色度比用铝盐高。

聚合硫酸铁也是具有一定碱度的无机高分子物质，其混凝作用机理与聚合氯化铝颇为相似。适宜水温 10～20℃，适宜 pH 值为 5.0～8.5，但在 pH 值 4.0～11 范围内仍可使用。与普通铁、铝盐相比，它具有投加剂量少，絮体生成快，对水质的适应范围广及水解时消耗水中碱度少等一系列优点，因而在废水处理中应用越来越广泛。

（2）有机混凝剂。目前应用较为广泛的有机混凝剂主要是人工合成的有机高分子絮凝剂。其分子结构一般为链状，分子量都很高（相对分子质量为 10^3～10^6 数量级），絮凝能力很强。常用的有聚丙烯酸钠（阴离子型）、聚乙烯吡啶盐（阳离子型）和聚丙烯酰胺（非离子型）等。

聚丙烯酰胺（PAM）是我国目前使用最多的一种高分子混凝剂。在处理废水时，具有凝聚速度快，用量少，絮凝体粗大强韧等优点。常与铁盐、铝盐合用，从而得到满意的处理效果。

随着有机合成工业的发展，合成高分子混凝剂的种类将日益增多，尤其是离子型高分子混凝剂，由于其优异的性能将成为今后的发展重点。

2．助凝剂

当单用某种絮凝剂不能取得良好效果时，还需投加助凝剂。助凝剂是指与混凝剂一起使用，以促进水的混凝进程的辅助药剂。助凝剂可用于调节或改善混凝条件，也用于改善絮凝体的结构，有时，有机类絮凝剂与其他无机类混凝剂合用，絮凝的效果更佳，经济上也更节约。某些天然的高分子物质，如淀粉、纤维素、蛋白质以及胶和藻类等，本身就具有混凝或助凝的作用。

助凝剂本身可以起混凝作用，也可不起混凝作用。按功能的不同助凝剂可分为三类：

（1）调整剂。在废水 pH 值不符合工艺要求，或在投加混凝剂后 pH 值有较大变化时，需投加 pH 调整剂。常用的 pH 调整剂包括石灰、硫酸、氢氧化钠等。

（2）絮体结构改良剂。当生成絮体小、松散且易碎时，可投加絮体结构改良剂以改善絮体的结构，增加其粒径、密度和强度，如活性硅酸、聚丙烯酰胺、各种黏土等。

（3）氧化剂。当废水中有机物含量高时易起泡沫，使絮凝体不易沉降。此时可投加氯、次氯酸钠、臭氧等氧化剂来破坏有机物，以提高混凝效果。

值得注意的是：有些高分子物质，如淀粉、活性硅酸、PAM 等本身就具有混凝及助凝作用；混凝剂和助凝剂的选择和用量要根据不同废水的实验数据加以确定，选择的原则是价格低、来源广、用量少、效率高，生成的絮凝体密实、沉淀快、容易与水分离等。

4.2.3 影响混凝效果的因素

在废水的混凝沉淀处理过程中，影响混凝效果的因素比较多。其中重要的有以下几个方面。

1．废水水质的影响

（1）浊度。浊度过高或过低都不利于混凝，浊度不同所需的混凝剂用量也不同。

（2）pH 值。在混凝过程中，都有一个相对最佳 pH 值存在，使混凝反应速度最快，絮体溶解度最小。水的 pH 值对混凝的影响程度视混凝剂的品种而异，此 pH 值可通过实验确定。以铁盐和铝盐混凝剂为例，pH 值不同，生成水解的产物不同，混凝效果亦不同，且由于水解过程中不断产生 H^+，因此常常需要添加碱来使中和反应充分进行。

（3）水温。水温会影响无机盐类的水解。水温低，水解反应慢。另外，水温低，水的黏度增大，布朗运动减弱，混凝效果下降。这也是冬天混凝剂用量比夏天多的缘故。但温度也不是越高越好，当温度超过 90℃时，易使高分子絮凝剂老化或分解生成不溶性物质，反而降低混凝效果。

（4）共存杂质。有些杂质的存在能促进混凝过程，如除硫、磷化合物以外的其他各种无机金属盐，均能压缩胶体粒子的扩散层厚度，促进胶体凝聚，且浓度越高，促进能力越强，并可使混凝范围扩大。而有些物质不利于混凝的进行，如磷酸根离子、亚硫酸根离子、高级有机酸离子会阻碍高分子絮凝作用。另外，氯、螯合物、水溶性高分子物质和表面活性物质都不利于混凝。

2．混凝剂的影响

（1）混凝剂种类。混凝剂的选择主要取决于胶体和细微悬浮物的性质、浓度。如水中污染物主要呈胶体状态，且 ζ 电位较高，则应先投加无机混凝剂使其脱稳凝聚，如絮体细小，还需投加高分子混凝剂或配合使用活性硅酸等助凝剂。很多情况下，将无机混凝剂与高分子混凝剂并用，可明显提高混凝效果，扩大应用范围。对于高分子混凝剂而言，链状分子上所带电荷量越大，电荷密度越高，链状分子越能充分延伸，吸附架桥的空间范围也就越大，絮凝作用就越好。

（2）混凝剂投加量。对任何废水的混凝处理，都存在最佳混凝剂和最佳投药量的问题，应通过实验确定。

（3）混凝剂投加顺序。当无机混凝剂与有机混凝剂并用时，先投加无机混凝剂，再投加有机混凝剂。但当处理的胶粒在 50 μm 以上时，常先投加有机混凝剂吸附架桥，再加无机混凝剂压缩扩散层而使胶体脱稳。

3．水力条件（搅拌）的影响

搅拌的目的是帮助混合反应、凝聚和絮凝，过于激烈地搅拌会打碎已经凝聚和絮凝的絮状沉淀物，反而不利于混凝沉淀，因此搅拌一定要适当，即要控制搅拌强度和搅拌时间。在混合阶段，要求混凝剂与废水迅速均匀地混合，为此要求较强的搅拌强度，搅拌时间应控制在 10～30 s。而到了反应阶段，既要创造足够的碰撞机会和良好的吸附条件让絮体有足够的成长机会，又要防止生成的小絮体被打碎，因此搅拌强度要小，而搅拌时间需加长，一般为 15～30 min。

为确定最佳的工艺条件，一般情况下，可以用烧杯搅拌法进行混凝的模拟实验。

4.2.4　混凝过程及设备

整个混凝沉淀处理工艺过程包括混凝剂的配制与投加、混合、反应及沉淀分离几个部分。化学混凝设备包括混凝剂的配制与投加设备、混合设备、反应设备及沉淀设备。

1．混凝剂的配制与投加

混凝剂的投配方法有干投法和湿投法。干投法就是将固体混凝剂（如硫酸铝）破碎成粉末后定量地投入待处理水中。此法对混凝剂的粒度要求较严，投量控制较难，对机械设备的要求较高，劳动条件也较差，目前国内使用较少。湿投法是将混凝剂和助凝剂先溶解配成一定浓度的溶液，然后按处理水量大小定量投加。此法应用较多。

（1）混凝剂溶液的配制。混凝剂溶液的配制过程包括溶解与调制两步。溶解一般在溶解池（溶药池）中进行，其作用是把块状或粒状的药剂溶解成浓溶液。调制则在溶液池中进行，其作用是把浓溶液配成一定浓度的溶液。

配制时需要搅拌，通常采用水力搅拌、机械搅拌或压缩空气搅拌等。药剂量小时采用水力搅拌，如图 4-5 所示，也可以在溶药桶、溶药池内直接进行人工配制。药剂量大时采用机械搅拌，如图 4-6 所示，或采用压缩空气搅拌。从药剂的溶解性看，对易溶解药剂可采用水力搅拌和人工直接配制，而机械搅拌和压缩空气搅拌适用于各种药剂的配制。但压缩空气搅拌不宜作长时间的石灰乳液连续搅拌。

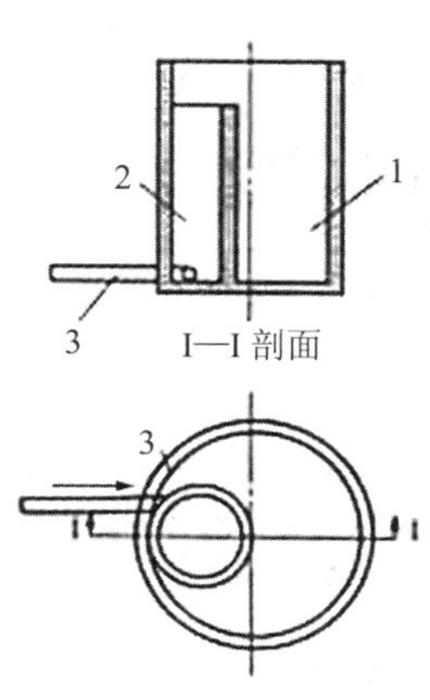

图 4-5　水力搅拌溶解池

1. 溶药池；2. 溶液池 3. 进水管

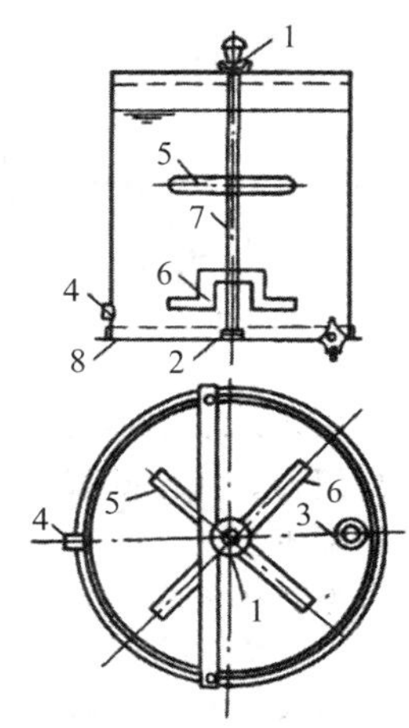

图 4-6　机械搅拌溶药池

1、2. 轴承；3. 异径管箍；4. 出液管；5. 桨叶；6. 锯齿角钢桨叶；7. 立轴；8. 底板

无机盐类混凝剂的溶解池、溶液池、搅拌装置和管配件等都应考虑防腐措施或用防腐材料，尤其在使用 $FeCl_3$ 时，必须采用。

（2）混凝剂的投加。混凝剂的投加有两种方式，即重力投加和压力投加。

①重力投加。当采用水泵进行混合时，药剂加在泵前吸水井或吸水管处，一般采用重力投加，即所谓的泵前重力投加，如图 4-7 所示。为了防止空气进入水泵吸水管内，须设一个装有浮球阀的水封箱。当采用混合设备或管道混合时，若允许提高溶液池位置，也可采用重力投加，如图 4-8 所示。

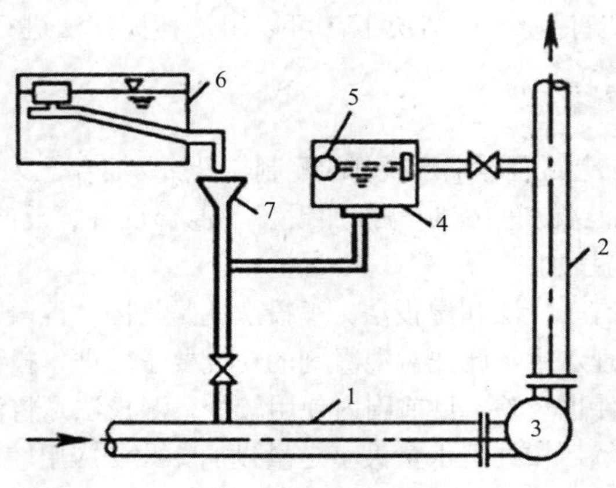

图 4-7　泵前重力投加

1. 吸水管；2. 出水管；3. 水泵；4. 水封箱；5. 浮球阀；6. 溶液池；7. 漏斗

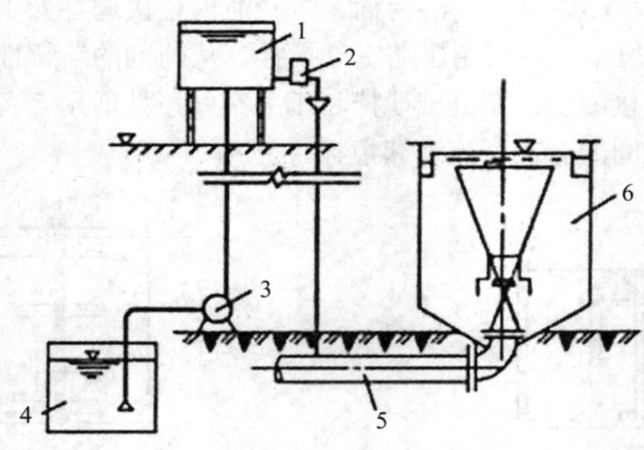

图 4-8　高架溶液池重力投加

1. 溶液池；2. 投药箱；3. 提升泵；4. 溶液池；5. 原进水管；6. 澄清池

②压力投加。压力投加又分为两种形式，一是泵投加，采用耐酸泵配以转子或电磁流量计，这是广泛采用的方法，或者直接用计量泵，将药液送到投药点；二是水射器投加，水射器利用高压水通过喷嘴和喉管之间的真空抽吸作用将药液吸入，同时随水的余压注入原水管中，如图 4-9 所示。

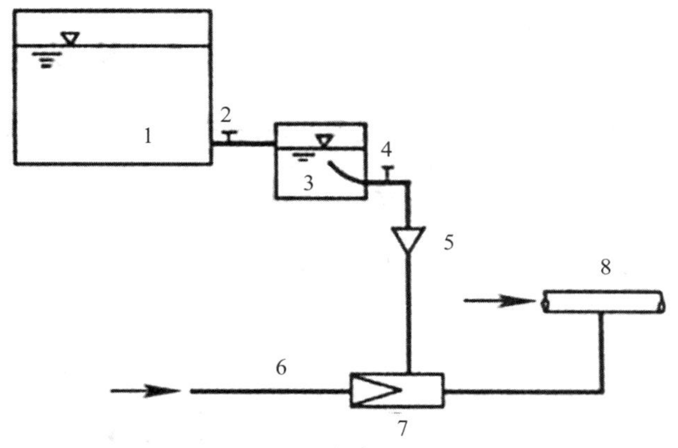

图 4-9　水射器投加

1. 溶液池；2. 阀门；3. 投药箱；4. 阀门；5. 漏斗；6. 高压水管；7. 水射器；8. 原水管

各种投加方式的比较见表 4-4。

表 4-4　投加方式的比较

投加方式		设备	适用范围	特点
重力投加	重力投加	溶液槽，提升泵，高位溶液槽，投药箱，计量设备	①投入水池、水井或水泵出水管路； ②适用于中小型水厂	操作简单，投加安全可靠
	泵前重力投加	投配设备同上，浮球阀水封箱	①投入废水泵前管路中； ②适用于中小型水厂	①操作简单； ②借助水泵叶轮使药剂与水均匀混合
压力投加	泵投加	计量加药泵，溶液槽	①药液投入压力管路中； ②适用于大中型水厂	不用计量设备
		耐酸水泵，溶液槽，转子流量计	①药液投入压力管路中； ②适用于大中型水厂	设备易得，使用方便，工作可靠
	水射器投加	溶液槽，投药箱，水射器，高压水管	①药液投入压力管路中； ②各种水厂规模均可适用	设备简单，使用方便，工作可靠，效率低

混凝剂投加时，要求计量准确，而且能随时调节。计量方法多种多样，常用的计量设备有浮杯计量设备、孔口计量设备及转子计量设备，其中转子流量计是计量设备中应用最多的一种。混凝剂也可直接用计量泵投加。

2. 混合

混合的作用是将药剂迅速均匀地扩散到废水中，达到充分混合，以确保混凝剂的水解与聚合，使胶体颗粒脱稳，并互相聚集成细小的矾花。混合阶段需要剧烈短促的搅拌，混合时间要短，在 10～30 s 内完成，一般不得超过 2 min。混合有两种基本形式：一种是借水泵的吸水管或压水管混合，另一种是在混合槽内进行混合。

（1）借助水泵的吸水管或压力管混合。当泵站与絮凝反应设备距离很近时，将药液加于泵吸水管或吸水井中，通过水泵叶轮高速转动达到快速而剧烈地混合目的。其优点是混凝效果好，设备简单，节省投资，不另消耗动力；缺点是当吸水管多时，投资设备要增多，安装管理麻烦，对水泵叶轮有轻微腐蚀，同时应避免空气进入水泵。

当泵站与反应池较远时，可将药液投入距离反应池前一定距离（应不小于 50 倍管道直径）的进水管中，使药剂与水在管道内混合，也有较好的凝聚效果。管道混合的优点是设备简单，不占地，节省投资，压头损失小；缺点是当流量减小时，可能在管中反应沉淀，堵塞管道。

（2）在混合设备中进行混合。在专用混合设备中进行混合，有机械和水力两种方法。

①机械混合。这是用电动机带动桨板或螺旋桨进行强烈搅拌的一种有效的混合方法。

机械混合池构造如图 4-10 所示。桨板外缘的线速度一般为 2 m/s 左右，混合时间为 10～30 s。其优点是机械搅拌的强度可以调节，比较机动，混合效果较好。缺点是增加了机械设备，增加了维修保养工作和动力消耗。机械混合池适用于各种规模的水厂。机械混合池的桨板有多种形式，如桨式、推进式、涡流式等，采用较多的为桨式。

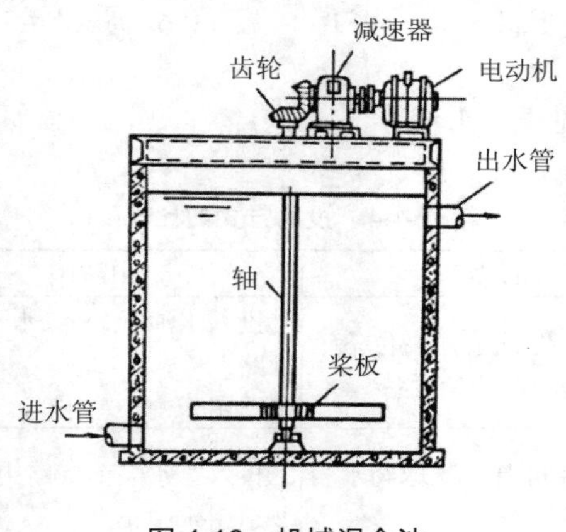

图 4-10　机械混合池

②水力混合。通过水的流动以达到药剂与水的混合。水力混合槽有多种形式，常见的有隔板混合池、穿孔板式混合池、涡流式混合池等。图 4-11 所示为隔板混合池。池为钢筋混凝土或钢制，池内设隔板，药剂于隔板前投入，水在隔板通道间流动过程中与药剂达到充分混合。混合时间一般为 10～30 s。

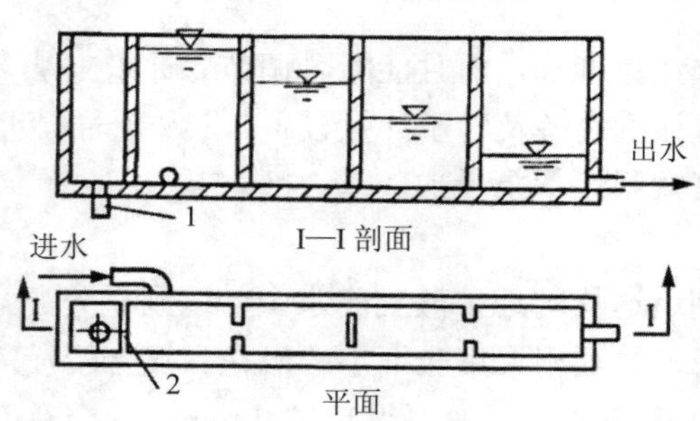

图 4-11　隔板混合池

1. 溢流管；2. 溢流堰

水力混合池主要优点是混合效果较好，某些池型能调节水头高低、适应流量变化，操作简单，广泛用于大中型水处理厂；缺点是占地面积较大，某些进水方式要裹进大量气体，对后续处理带来一些不利影响。

3．反应

水与药剂混合后即进入反应池进行反应。反应阶段的作用是促使小混合阶段所形成的细小矾花在一定时间内继续形成大的、具有良好沉淀性能的絮凝体（可见的矾花），以使其在后续的沉淀池内下沉。所以反应阶段需要有适当的紊流程度及较长的时间，通常反应时间需 20～30 min。

反应池的型式也有机械搅拌和水力搅拌两类。水力搅拌反应池在我国应用广泛，类型也较多，主要有隔板反应池、涡流式反应池等。其中比较常用的是隔板反应池。

（1）隔板反应池。隔板反应池有平流式、竖流式和回转式三种。

①平流式隔板反应池。其结构见图 4-12。多为矩形钢筋混凝土池子，池内设木质或水泥隔板，水流沿廊道回转流动，可形成很好的絮凝体。一般进口流速 0.5～0.6 m/s，出口流速 0.15～0.2 m/s，反应时间一般为 20～30 min。其优点是反应效果好，构造简单，施工方便。但池容大，水头损失大。

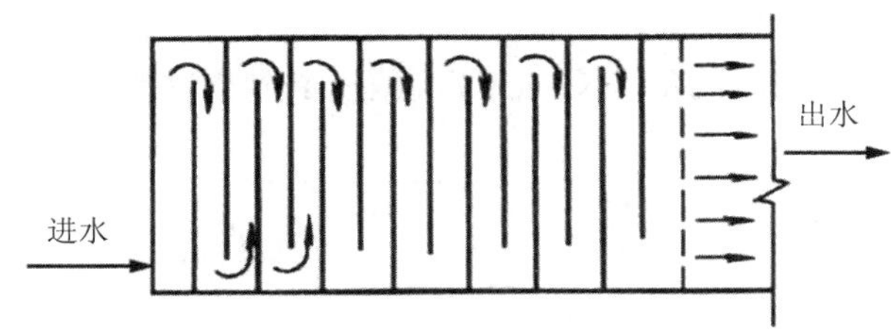

图 4-12　平流式隔板反应池

②竖流式隔板反应池。此类反应池的原理与平流式隔板反应池相同，如图 4-13 所示。

③回转式隔板反应池。它是平流式隔板反应池的一种改进形式，常与平流式沉淀池合建，如图 4-14 所示。其优点是反应效果好，压头损失小。隔板反应池适用于处理水量大且水量变化小的情况。

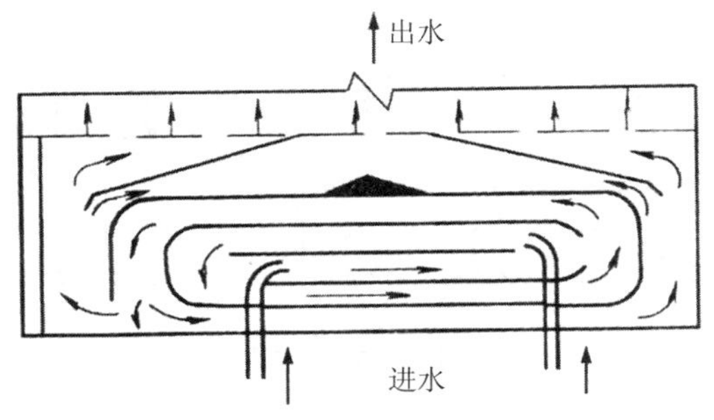

图 4-13　竖流式隔板反应池

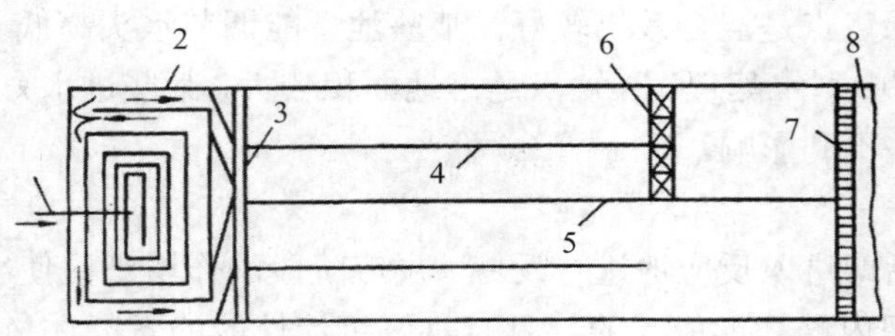

图 4-14 带回转式隔板反应池的平流沉淀池

1. 进水管；2. 回转式隔板反应池；3. 穿孔配水墙；4. 导流墙；5. 隔墙；
6. 吸泥机；7. 出水堰；8. 出水槽

（2）涡流式反应池。涡流式反应池的结构如图 4-15 所示。涡流式反应池的结构，下半部为圆锥形，水从锥底部流入，形成涡流扩散后缓慢上升，随锥体面积变大，反应液流速由大变小，流速变化的结果有利于絮凝体形成。涡流式反应池的优点是反应时间短，容积小，好布置。

（3）机械搅拌式反应池。机械搅拌式反应池的结构如图 4-16 所示。反应池用隔板分为 2～4 格，每格装一搅拌叶轮，叶轮有水平和垂直两种。水力停留时间一般采用 15～30 min，叶轮半径中点线速度由进水格的 0.5～0.6 m/s 依次减到出水格的 0.1～0.2 m/s。

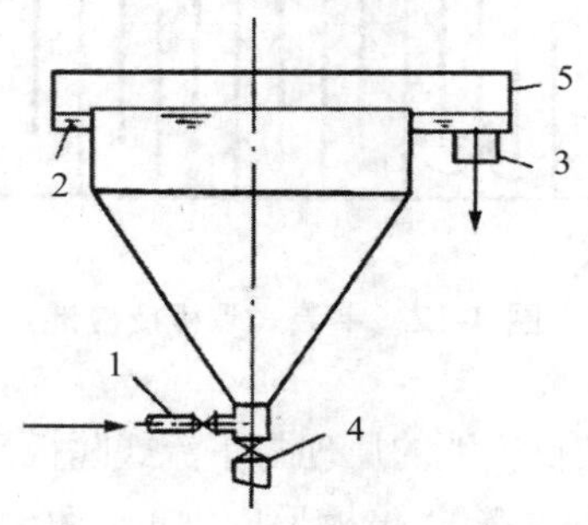

图 4-15 涡流式反应池

1. 进水管；2. 圆周集水槽；3. 出水管；4. 放水阀；5. 格栅

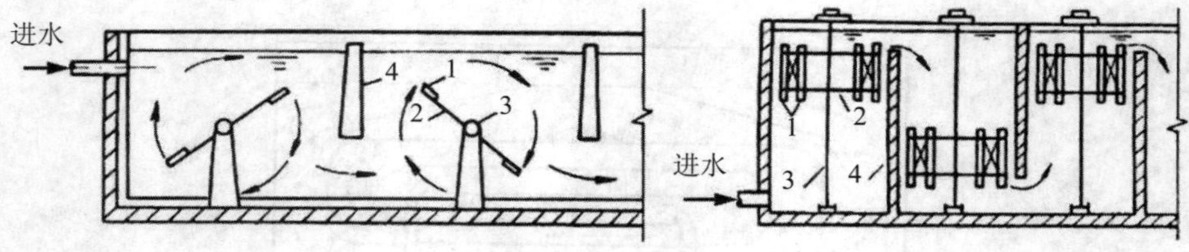

图 4-16 机械搅拌式反应池

1. 桨板；2. 叶轮；3. 转轴；4. 隔板

4. 沉淀

进行混凝沉淀处理的废水经过投药混合反应生成絮凝体后，要进入沉淀池使生成的絮凝体沉淀与水分离，最终达到净化的目的。

任务 3　化学沉淀

化学沉淀法是向水中投加某些化学药剂，使之与水中溶解性物质发生化学反应，生成难溶化合物，然后进行固液分离，从而除去废水中污染物的方法。利用此法可在给水处理中去除钙、镁硬度，废水处理中去除重金属（如 Hg、Zn、Cd、Cr、Pb、Cu 等）和某些非金属（如 As、F 等）离子态污染物。

化学沉淀法的工艺流程和设备与混凝法类似，主要步骤包括：①化学沉淀剂的配制与投加；②沉淀剂与原水混合、反应；③固液分离；④泥渣处理与利用。

根据采用的沉淀剂及反应中所生成的生成物不同，可将化学沉淀法分为氢氧化物沉淀法、硫化物沉淀法、钡盐沉淀法、碳酸盐沉淀法和铁氧体沉淀法等。本节仅简要讨论前两种方法。

4.3.1　氢氧化物沉淀法

工业废水中某些金属的氢氧化物是难溶于水的，它们与沉淀剂作用后，可形成氢氧化物沉淀而从水中分离出去。常用的沉淀剂有石灰、碳酸钠、氢氧化钠等。此法适用于不准备回收的低浓度金属废水（如 Cd^{2+}、Zn^{2+}）的处理：

$$Zn^{2+}+2OH^{-} = Zn(HO)_2\downarrow$$

4.3.2　硫化物沉淀法

金属硫化物是比氢氧化物更为难溶的沉淀物，对除去水中重金属离子（如 Hg^{2+}、Ag^{+}、Cu^{2+}等）有更好的效果。常用的沉淀剂有 H_2S、NaHS、Na_2S、$(NH_4)_2S$、FeS 等。由于沉淀反应生成的硫化物颗粒细，沉淀困难，一般需投加凝聚剂以加强去除效果，所以处理费用较高。

任务 4　化学氧化还原

4.4.1　概述

废水中的溶解性无机或有机污染物，可以通过化学反应过程将其氧化或还原，转化成无毒或微毒的新物质，从而达到处理的目的。这类处理废水的方法，称为氧化还原法。废水的氧化还原法可根据有毒、有害物质在氧化还原反应中是被氧化还是被还原的不同，分为氧化法和还原法两大类。

在氧化还原反应中，反应的实质是参加化学反应的原子或离子失去或得到电子，引起化合价的升高或降低。失去电子的过程称为氧化，得到电子的过程称为还原。反应中得到电子的物质称为氧化剂，失去电子的物质称为还原剂。氧化剂使还原剂失去电子而受到氧化，本身则被还原。相反，还原剂使氧化剂得到电子而受到还原，其本身则被氧化。如：

$$Fe+Hg^{2+} = Fe^{2+}+Hg\downarrow$$

在反应中，铁失去电子，成为 Fe^{2+}离子，铁被氧化，为还原剂；而 Hg^{2+}得到电子，成为金属汞，从水中沉淀分离，Hg^{2+}被还原，为氧化剂。

对于有机物的氧化还原过程，难以用电子的得失来分析，常根据加氧或加氢反应来判断。把加氧或去氢的反应称为氧化反应，把加氢或去氧的反应称为还原反应，例如：

$$CH_4+2O_2 = CO_2+2H_2O$$

$$CH_4+Cl_2 = CH_3Cl+HCl$$

在上述反应中，CH_4 被氧化，是还原剂，O_2、Cl_2 被还原，是氧化剂。

对无机物而言，其越易放出电子，说明它还原能力就越强，即为强还原剂；若其越易得到电子，说明它氧化能力就越强，即为强氧化剂。

各类有机物的可氧化性是不同的。经验表明，酚类、醛类、芳胺类和某些有机硫化物（如硫酚、硫醚）等易于氧化；醇类、酸类、酯类、烷基取代的芳烃化合物（如甲苯）、硝基取代的芳烃化合物（如硝基苯）、不饱和烃类、碳水化合物等在一定条件（如强酸、强碱或催化剂）下可以氧化；而饱和烃类、卤代烃类、合成高聚物等难以氧化。

在进行废水处理时，对氧化剂或还原剂的选择应当考虑下列因素：①对水中特定的杂质有良好的氧化还原作用；②反应后生成物应当无害，不需二次处理；③价格合理，易得；④常温下反应迅速，不需加热；⑤反应时所需 pH 值不宜太高或太低；⑥操作简便。

事实上，很难找到满足上述所有要求的氧化剂或还原剂，因此实际操作时应因地制宜并进行技术经济比较后选定。

4.4.2 氧化

氧化法就是向废水中投加氧化剂，将废水中的有毒、有害物质氧化成无毒或毒性小的新物质的方法。废水中的有机物产生的色、嗅、味及 COD 以及还原性无机离子（如 CN^-、S^{2-}、Fe^{2+}、Mn^{2+}等）都可通过氧化法消除其危害。

氧化处理法的实质是在强氧化剂的作用下，水中的有机物被降解成简单的无机物；溶解的污染物被氧化为不溶于水，且易于从水中分离的物质。此法特别适用于废水中含有难以生物降解的有机物以及能引起色度、臭味的物质的处理，如农药、酚、氰化物、丹宁、木质素等。

常用的氧化剂有氧类和氯类两种。前者中有氧、臭氧、过氧化氢、高锰酸钾等。后者包括气态氯、液氯、次氯酸钠、次氯酸钙（漂白粉）、二氧化氯等。

1. 空气氧化

空气氧化是将空气通入废水中，利用空气中的氧气氧化废水中可被氧化的有害物质。空气因氧化能力较弱，主要用于含有还原性较强物质的废水处理。例如，用于地下水除铁锰。在缺氧的地下水中常出现二价铁和锰，通过曝气处理，可以将它们分别氧化为 $Fe(OH)_3$ 和 MnO_2 沉淀物。当原水含铁、锰量更大时，可采用多级曝气和多级过滤组合流程处理。

空气氧化用得较多的是工业废水脱硫。石油化工厂、皮革厂、制药厂等都排出大量含硫废水。废水中的硫化物一般都是以钠盐或铵盐形式存在于废水中，如 Na_2S、$NaHS$、$(NH_4)_2S$、NH_4HS。当废水中含硫量不是很大，无回收价值时，可采用空气氧化脱硫。向废水中注入空气和蒸汽，硫化物转化为无毒的硫代硫酸盐或硫酸盐。

空气氧化脱硫在密闭的塔器（空塔、板式塔、填料塔）中进行。含硫废水经隔油沉渣后与压缩空气及水蒸气混合，升温至 80～90℃，进入氧化塔，经喷嘴雾化，分四段（塔径一般不大于 2.5 m，每段高 3 m。每段进口处设喷嘴）进行氧化反应。

焚烧也是利用空气中的氧来氧化废水的一种方法，与湿式氧化不同，焚烧是在高温下用空气氧化处理废水的一种比较有效的方法。有机废水不能用其他方法有效处理时，常采用焚烧的方法。

焚烧就是使废水呈雾状喷入 800℃高温燃烧炉中，使水雾完全汽化，让废水中的有机物在炉内氧化、分解成完全燃烧产物 CO_2、H_2O，而废水中矿物质、无机盐则生成固体或熔融的粒子，可收集。因此，焚烧的实质是对废水进行高温空气氧化。

废水焚烧处理使用的设备是焚烧炉，焚烧炉形式很多，一般分立式和卧式两种。焚烧的缺点是燃料消耗大，如废水中可燃物浓度很高，则燃烧可自动进行，燃料消耗量较少，只需消耗少量燃料来预热焚烧室和点火。如废水中的可燃物浓度较低，燃料油消耗则较大。对于低热值废水可以用蒸发、蒸馏等方法进行预处理后再行焚烧，也可借助于催化剂进行有效的焚烧处理。

2．湿式氧化

湿式氧化（WAO）是指在较高温度和压力下，用空气中的氧来氧化废水中溶解或悬浮的有机物和还原性无机物的一种方法。因氧化过程在液相中进行，故称湿式氧化。

湿式氧化与一般方法相比，具有适用范围广（包括对污染物种类和浓度的适应性）、处理效率高、二次污染低、氧化速度快、装置小、可回收能量和有用物料等优点。

湿式氧化工艺最初由美国的 Zimmerman 研究提出，20 世纪 70 年代以前主要用于城市废水处理后的污泥和造纸黑液的处理，此后，湿式氧化技术发展很快，应用范围扩大，装置数目和规模增大，并开始了催化湿式氧化的研究与应用。20 世纪 80 年代中期以后，湿式氧化技术向三个方向发展：第一，继续开发适于湿式氧化的高效催化剂，使反应能在比较温和的条件下和在更短的时间内完成；第二，将反应温度和压力进一步提高至水的临界点以上，进行超临界湿式氧化；第三，回收系统的能量和物料。

3．超临界水氧化技术

超临界水氧化技术（SCWO）是美国学者 Modell 20 世纪 80 年代中期提出的一种能完全破坏有机物结构的深度氧化技术，是美国环保界认为最有发展前途的新型废水处理技术。

临界水的温度和压力达到临界点，水的许多性质如密度、黏度、电导率等都发生很大的变化。超临界水几乎不存在（或只有少量残存的）氢键，具有很低的密度，很高的扩散性和很快的传输能力，具有很好的溶剂化特征，可与戊烷、苯、甲苯等有机物以任意比例相溶，而且氧、空气、氢、氨等气体可完全溶于超临界水中。

超临界水氧化的主要原理是利用超临界水作为介质来氧化分解有机物。超临界水对有机物和氧都是极好的溶剂，有机物氧化是在超临界水富氧均一相中进行的。在高的反应温度（一般 T=400～600℃）下，氧化反应速率很高，很短时间内能够相当有效地破坏有机物结构，反应完全、彻底，有机碳、氢转化为二氧化碳和水。

Thoronton 等人研究认为，酚在超临界水氧化过程中，在低温下较短时间内可能形成具有危害性的中间产物，但在高温下经过较长时间反应，中间产物全部氧化，故选择 SCWO 法工艺参数必须保证完全破坏初始污染物及其中间产物的需要。

4．臭氧氧化

臭氧是一种强氧化剂，氧化能力在天然元素中仅次于氟，位居第二位。它可用于水的消毒杀菌；除去水中的酚、氰等污染物质；除去水中铁、锰等金属离子；废水的脱色。

臭氧氧化在消除异味、脱臭和降低 COD、BOD 等方面都具有显著的效果。臭氧氧化处理废水具有很多优点，其氧化能力强，使一些比较复杂的氧化反应能够进行，反应速率快。因此，臭氧氧化反应时间短、反应设备尺寸小、设备费用低，而且剩余的臭氧很容易分解为氧，既不产生二次污染又能增加水中的溶解氧。

臭氧用电和空气采用无声放电法就地制取，不用储存，管理操作方便。由于具备这些特点，所以用臭氧净化和消毒工业废水已得到了广泛的重视和应用。

（1）臭氧的性质与制备。臭氧是氧的同素异构体，在常温常压下是一种有特殊气味的淡紫色气体。它的密度是氧气的 1.5 倍，在水中的溶解度比氧气大十几倍。O_3 在常温下不稳定，易于自行分解成为氧气并放出热量，在水溶液中的分解速度比在气相中的分解速度快得多，而且强烈地受 OH^- 离子的催化，pH 值越高，分解速度越快。臭氧的氧化性很强，在理想条件下，臭氧可把水溶液中大多数单质和化合物氧化到它们的最高氧化态；对水中有机物有强烈的氧化降解作用，还有强烈的消毒杀菌作用。

由于臭氧的不稳定性，因此一般多在现场制备臭氧。制备臭氧的方法很多，有电解法、化学法、高能射线辐射法和无声放电法等。目前，工业上几乎都用干燥空气或氧气经无声放电来制取臭氧，我国已有多种臭氧发生器的定型产品出售，可供使用单位选购。

（2）臭氧氧化法的特点与应用范围。臭氧氧化法具有如下特点。其优点是：①为强氧化剂，能使有机物、无机物迅速反应，氧化能力强；②不产生污泥；③不产生氯酚臭味；④用空气与电在现场制取，现场使用，没有原料的运输与贮存问题；⑤受水温与 pH 值的影响不像氯那样大。其缺点是：①整个设备需防腐，设备费用高；②发生 O_3 的设备效率低和耗电量高；③臭氧对人体有害，因此，在臭氧处理的工作环境中需要有通风与安全措施。

臭氧氧化法主要是用于有机废水的消毒杀菌，还用于废水的脱色、除臭、除氰、除铁、除洗涤剂、除酚及其他有机物和深度处理。例如，印染废水色度较高，用臭氧处理效果较好；用臭氧处理人造丝染色废水，脱色率可达 90%，如臭氧与絮凝过滤联合使用，脱色率可达 99%～100%。对一般印染废水，O_3 投量 40 mg/L，脱色率达 90%以上；对混凝法难以去除的水溶性染料，用臭氧接触 3～10 min，水就变得无色。

（3）臭氧处理工艺系统。废水的臭氧处理工艺主要有两类：

①以空气或富氧空气为原料气的开路系统。把废水与臭氧送入接触反应器进行氧化，在处理过程中产生的废气直接予以释放。这种系统的流程简单。

②以纯氧或富氧空气为原料气的闭路系统。在闭路系统中，把接触反应器产生的废气又返回到臭氧制取设备，这样可提高原料气的含氧率，降低生产成本。但是废气在循环回用过程中，其氮含量将越来越高。为此可采取氮分离器来降低含氮量。

废水的臭氧处理在接触反应器内进行，为了使臭氧与水中杂质充分反应，应尽可能使臭氧化空气在水中形成微细气泡，并采用两相逆流操作，以强化传质过程。

臭氧处理系统中最主要的是接触反应器。接触反应器的作用是：①可以促进气、水扩散混合；②使气、水充分接触，迅速反应。

一般常用的反应器有微孔扩散板式鼓泡塔和喷射器。微孔扩散板式鼓泡塔中臭氧化气从塔底的微孔扩散板喷出，以微小气泡上升，与废水逆流接触。这一设备的特点是接触时间长，水力阻力小，水无须提升，气量容易调节。适用于处理含有烷基苯磺酸钠、焦油、COD、BOD_5、污泥、氨氮等污染物的废水。喷射器式接触反应器中高压废水通过水射器而将臭氧化气吸入水中，如图 4-17 所示。这种设备的特点是混合充分，但接触时间较短。适用于处理含有铁（Ⅱ）、锰（Ⅱ）、氰、酚、亲水性染料、细菌等污染物的废水。

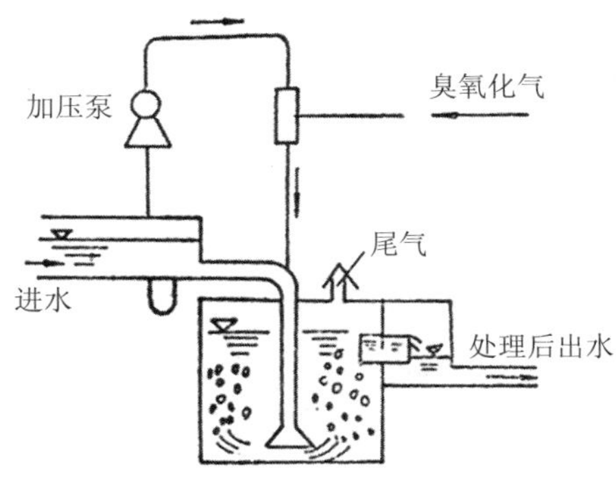

图 4-17　部分流量喷射接触池

5．氯氧化

废水氯氧化广泛用于废水处理中，如医院废水处理、无机物与有机物氧化、废水脱色除臭、消毒等。在氧化过程中，pH 值的影响与在消毒过程中有所不同。加氯量需由实验确定。氯气是普遍使用的氧化剂，既用于给水消毒，又用于废水氧化。常用的含氯药剂有液氯、漂白粉、次氯酸钠、二氧化氯等。

各药剂的氧化能力用有效氯含量表示。氧化价大于–1 的那部分氯具有氧化能力，称之为有效氯。作为比较基准，取液氯的有效氯含量为 100%。表 4-5 给出了几种含氯药剂的有效氯含量。

表 4-5　纯的含氯化合物的有效氯

化学式	相对分子质量	含氯量/%	有效氯/%	化学式	相对分子质量	含氯量/%	有效氯/%
液氯（Cl_2）	71	100	100	亚氯酸钠（$NaClO_2$）	90.5	39.2	156.8
漂白粉（CaCl(OCl)）	127	56	56	氧化二氯（Cl_2O）	87	81.7	163.4
次氯酸钠（NaOCl）	74.5	47.7	95.4	二氯胺（$NHCl_2$）	86	82.5	165
次氯酸钙（$Ca(OCl)_2$）	143	49.6	99.2	三氯胺（NCl_3）	120.5	88.5	177
一氯胺（NH_2Cl）	51.5	69	138	二氧化氯（ClO_2）	67.5	52.5	262.5

氯气与水接触，发生歧化反应，生成次氯酸和盐酸：

$$Cl_2+H_2O \rightleftharpoons HOCl+HCl$$

次氯酸是弱酸，能在水中发生离解：

$$HOCl \rightleftharpoons H^+ + OCl^-$$

漂白粉和漂粉精等在水溶液中生成次氯酸根离子：

$$CaCl(OCl) \longrightarrow OCl^- + Ca^{2+} + Cl^-$$

$$Ca(OCl)_2 \longrightarrow 2OCl^- + Ca^{2+}$$

应用中，HOCl 比 OCl^-的氧化能力强得多。氯氧化法在酸性溶液中较为有利。

（1）含氰废水处理。含氰废水氧化反应分为两个阶段进行。

第一阶段，$CN^- \longrightarrow CNO^-$，在 pH=10～11 时，此反应只需 5 min，通常控制在 10～15 min。当用 Cl_2 作氧化剂时，要不断加碱，以维持适当的碱度；若采用 NaOCl，由于水解呈碱性，只要反应开始时调整好 pH 值，以后可不再加碱。虽然 CNO^-的毒性只有 CN^-的 1/1 000 左右，但从保证水体安全出发，应进行第二阶段处理。

第二阶段，将 CNO^-氧化为 NH_3（酸性条件）或 N_2（pH 值为 8～8.5），反应可在 1 h 之内完成。处理设备主要是反应池及沉淀池。反应池常采用压缩空气搅拌或用水泵循环搅拌。小水量时，可采用间歇操作。设两个池子，交替反应与沉淀。

（2）含酚废水的处理。采用氯氧化除酚，理论投氯量与酚量之比为 6∶1 时，即可将酚完全破坏，但由于废水中存在其他化合物也与氯作用，实际投氯量必须过量数倍，一般要超出 10 倍左右。如果投氯量不够，酚氧化不充分，会生成具有强烈臭味的氯酚。当氯化过程在碱性条件下进行时，也会产生氯酚。

（3）废水脱色。氯有较好的脱色效果，可用于印染废水脱色。脱色效果与 pH 值以及投氯方式有关。在碱性条件下效果更好。若辅加紫外线照射，可大大提高氯氧化效果，从而降低氯用量。

（4）加氯设备。氯气是一种有毒的刺激性气体，当空气中氯气浓度达 40～60 mg/L 时，呼吸 0.5～1 h 即有危险。因此，氯的运输、贮存及使用应特别谨慎小心，确保安全。加氯设备的安装位置应尽量地靠近加氯点。加氯设备应结构坚固，防冻保温，通风良好，并备有检修及抢救设备。

氯气一般加压成液氯用钢瓶装运，干燥的氯气或液氯对铁、钢、铅、铜都没有腐蚀性，但氯溶液对一般金属腐蚀性很大，因此使用液氯瓶时，要严防水通过加氯设备进入氯瓶。当氯瓶出现泄漏不能制止时，应将氯瓶投入到水或碱液中。

由液氯蒸发生产的氯气，可通过扩散器直接投加（压力投加法）或真空投加。在真空下投加，可以减少泄氯危险。国产的加氯机种类很多，使用前应仔细阅读说明书。

对漂白粉等固体药剂需先制成溶液（浓度 1%～2%）再投加。投加方法与混凝剂的相同。

6．其他氧化剂氧化

（1）高锰酸盐氧化剂。

高锰酸盐是一种强氧化剂，能与废水中的有机物反应，杀死废水中很多藻类和微生物。

与臭氧处理一样，出水无异味。其投加与监测很方便。国内研究用高锰酸钾去除地面水中的有机物，实验发现，在中性 pH 值条件下，对有机物和致突变物质的去除率很高，明显优于在酸性和碱性条件下的效果。反应过程中产生的新生态水合 MnO_2 具有催化氧化和吸附作用。用高锰酸钾作为氯氧化的预处理，可以有效地控制氯酚与氯仿的形成。高锰酸盐对无机物的氧化速率比对一般有机物的氧化快得多，铜离子对氧化反应有明显的催化作用。

（2）过氧化氢氧化。

过氧化氢与催化剂 Fe^{2+}构成的氧化体系通常称为 Fenton 试剂。在 Fe^{2+}催化下，H_2O_2 能产生两种活泼的氢氧自由基，从而引发和传播自由基链反应，加快有机物和还原性物质的氧化。

Fenton 试剂氧化一般在 pH3.5 下进行，在该 pH 值时其自由基生成速率最大。在 H_2O_2 过量，Fe^{2+}浓度为 50 mg/L，接触 24 h 的条件下，部分有机物的氧化效果见表 4-6。

表 4-6 部分有机物的 H_2O_2 氧化结果

化合物	初始浓度/（mg/L）	出水浓度/（mg/L）	COD 去除率/%	TOC 去除率/%
硝基苯	615.50	＜2	72.4	37.25
苯甲酸	610.5	＜1	75.77	48.36
苯胺	465.5	＜1	76.49	43.37
酚	470.55	＜2	76.06	44.14
甲酚	540.50	＜2	71.82～74.96	38.24～55.64
氯酚	624.8	＜2	75～75.69	21.74～47.87
二氯酚	815.5	＜1～3	61.07～74.24	32.51～52.63
二硝基酚	920.55	＜1	72.52～80.07	50.65～51.0

4.4.3 化学还原

还原法就是向废水中投加还原剂，将废水中的有毒、有害物质还原成无毒或毒性小的新物质的方法。废水中的 Cr^{6+}、Hg^{2+}等重金属离子均可通过还原法进行处理。常用的还原剂有硫酸亚铁、氯化亚铁、铁屑、锌粉、二氧化硫、硼氢化钠等。

1．还原法除铬

电镀、冶炼、制革、化工等工业废水中常含有剧毒的 Cr^{6+}，以 CrO_4^{2-}或 CrO_7^{2-}形式存在。在酸性条件 pH＜4.2 下只有 CrO_7^{2-}存在，在碱性条件 pH＞7.6 下只有 CrO_4^{2-}存在。利用还原剂将 Cr^{6+}还原成毒性较低的 Cr^{3+}，是最早采用的一种治理方法。采用的还原剂有 SO_2、$NaHSO_3$、Na_2SO_3、$FeSO_4$ 等。

采用硫酸亚铁—石灰流程除铬，适用于含铬浓度变化大的场合，且处理效果好，费用较低。当 $FeSO_4$ 投加量较高时，可不加硫酸，因 $FeSO_4$ 水解呈酸性，能降低溶液的 pH 值。还原除铬反应器一般采用耐酸陶瓷或塑料制造，当用 SO_2 还原时，要求设备的密封性要好。

2．还原法除汞

氯碱、炸药、制药、仪表等工业废水中常含有剧毒的汞，处理方法是将汞还原后加以分离和回收。采用的还原剂为比汞活泼的金属（铁屑、锌粒、铝粉、铜屑等）、硼氢化钠和醛类等。废水中的有机汞先氧化为无机汞，再进行还原。采用金属还原除汞，通常在滤柱内进行。反应速度与接触面积、温度、pH 值、金属纯净度等因素有关。通常将金属破碎成 2～4 mm 的碎屑，并去掉表面污物。控制反应温度在 20～80℃。温度太高，虽反应速率快，但会有汞蒸气逸出。

思考与练习

1．什么是废水的化学处理？

2．中和处理适用于废水处理中的哪些情况？

3．什么叫过滤中和法？

4．常用的过滤中和法有哪几种形式？各自的优点和缺点是什么？

5．碱性废水的中和法处理通常采用哪几种形式？

6．混凝的主要对象是什么？

7．水的混凝机理有哪些？

8．混凝剂的种类有哪些？各具有什么特点？

9．什么叫助凝剂？按功能助凝剂可分为哪三种？

10．影响混凝的因素有哪些？

11．某污水处理厂混凝单元采用 25 mg/L 精制硫酸铝做混凝剂，硫酸铝的含量为 65%，原水总碱度为 0.2 mmoL/L，为保证混凝剂顺利水解，需投加 CaO，使投加混凝剂后碱度保持在 0.4 mmoL/L，试计算生石灰的投加量是多少 mg/L。

12．整个混凝沉淀过程包括哪几个部分？

13．混凝设备有哪些？

14．什么是化学沉淀法？

15．什么是化学氧化还原法？

16．什么是湿式氧化（WAO）？

17．什么是超临界水氧化技术？

18．臭氧氧化的特点是什么？

项目五

生化法处理污废水

知识点：活性污泥法的基本流程、活性污泥法降解有机物的规律、活性污泥法的运行方式及发展、生物膜的特点、生物膜对有机物的降解过程、生物滤池的工作原理、生物转盘的工作原理、生物接触氧化法的工作原理、厌氧生物处理的基本原理、影响厌氧处理的主要因素

能力点：能正确选用活性污泥法并能培养和驯化细菌、能根据实际选择曝气池和曝气设备、能发现和处理活性污泥法运行中出现的问题、能运行管理生物滤池、能运行管理生物转盘、能运行管理接触氧化池、能操作厌氧生物处理设施、能解决厌氧生物处理过程中出现的问题

任务 1 水处理微生物基础

5.1.1 水处理中的微生物

1. 水处理中微生物的分类和特点

微生物是一个统称，包括所有形体微小、借助显微镜才可以看见的微小生物。

（1）微生物的分类。

为了识别和研究微生物，按其客观存在的生物属性及它们的亲缘关系，有次序地分门别类排列成一个系统，从大到小，按界、门、纲、目、科、属、种等分类。把属性类似的微生物列为门，依此类推，直分到种。“种”是分类的最小单位。种内微生物之间的差别很小，有时为了区分小差别可用株表示，但“株”不是分类单位。在两个分类单位之间可加亚门、亚纲、亚科、亚属、亚种及变种等次要分类单位。最后对每一属或种给予严格的科学的名称。

我国王大耜教授对生物提出六界分类法，即病毒界、原核生物界、原核原生生物界、真菌界、动物界和植物界。

①病毒和类病毒。

病毒没有细胞结构，是明显区别于原核微生物与真核微生物的一类特殊的超微生物。类病毒是比病毒小的超微小生物。

②原核微生物。

原核微生物的核很原始，发育不全，只是 DNA 链高度折叠形成的一个核区，没有核膜，核质裸露，与细胞质没有明显界限，叫拟核或似核。原核微生物没有细胞器，只有由

细胞质膜内陷形成的不规则的泡沫结构体系，也不进行有丝分裂。原核微生物包括古菌（即古细菌）、真细菌、放线菌、蓝细菌、黏细菌、立克次氏体、支原体、衣原体和螺旋体。

③真核微生物。

真核微生物有发育完好的细胞核，核内有核仁和染色质。有核膜将细胞核和细胞质分开，使两者有明显的界限。有高度分化的细胞器，进行有丝分裂。真核微生物包括除蓝藻以外的藻类、酵母菌、霉菌、原生动物、微型后生动物等。

含各种新污染物的工业废水排入水体和土壤，诱导水体中的微生物变异。环境中多因素的长期诱导，使微生物发生变异，使微生物种群和群落的数量变得更加多样，并诱导变异产生更多能分解新产生有机物的微生物新品种。这样微生物资源更丰富，用途也更广泛。

（2）微生物的特点。

各种微生物有一些共同点，如下：

①个体极小。

微生物的个体极小，由几纳米（nm）到几微米（ μm），要通过光学显微镜才能看见。病毒小于 0.2 μm，在光学显微镜可视范围外，还需通过电子显微镜才可以看见。

②分布广，种类繁多。

因微生物极小，很轻，附着于尘土随风飞扬，飘洋过海，栖息在世界各处。同一种微生物世界各地都有。自然界物质丰富，品种多样，为微生物提供了丰富食物。微生物的营养类型和代谢途径也具有多样性，从无机营养到有机营养，能充分利用自然资源。呼吸类型呈多样性，在有氧环境、缺氧环境，甚至是无氧环境均有能生活的种类。环境的多样性如极端高温、高盐度和极端 pH 造就了微生物的种类繁多和数量庞大。

③繁殖快。

大多数微生物以裂殖方式繁殖后代，在适宜的环境条件下，十几分钟至 20 min 就可繁殖一代。在物种竞争上取得优势，这是生存竞争的保证。

④容易变异。

多数微生物为单细胞，结构简单，整个细胞直接与环境接触，易受环境因素影响，引起遗传物质 DNA 的改变而发生变异。或者变异为优良菌种，或使菌种退化。

2．微生物的生理

（1）微生物的酶。

微生物的营养和代谢需在酶的参与下才能正常进行。酶是动物、植物及微生物等生物体内合成的，催化生物化学反应，并传递电子、原子和化学基团的生物催化剂。微生物种类繁多，其酶的种类也多。

酶的组成有两类：①单成分酶，只含蛋白质。②全酶，由蛋白质和不含氮的小分子有机物组成，或由蛋白质和不含氮的小分子有机物加上金属离子组成。全酶中的各种成分缺一不可，否则全酶会丧失催化活性。

按照酶所催化的化学反应类型，把酶划分为 6 类，即催化大分子有机物水解成小分子的水解酶类、催化氧化还原反应的氧化还原酶类、催化同分异构分子内的基团重新排列的异构酶类、催化底物的基团转移到另一有机物上的转移酶类、催化有机物裂解为小分子有机物的裂解酶类和催化底物的合成反应的合成酶类。

按酶在细胞的不同部位，可把酶分为胞外酶、胞内酶和表面酶。

按酶作用底物的不同，可把酶分为淀粉酶、蛋白酶、脂肪酶、纤维素酶、核糖核酸酶。

以上三种分类和命名方法可有机地联系和统一起来。如，淀粉酶、蛋白酶、脂肪酶和纤维素酶均催化水解反应，属于水解酶类；而它们均位于细胞外，属胞外酶。除此之外的大多数酶类，如氧化还原酶、异构酶、转移酶、裂解酶和合成酶等，均位于细胞内，属胞内酶。

（2）微生物的营养。

微生物从外界环境中不断地摄取营养物质，经过一系列的生物化学反应，转变成细胞的组分，同时产生废物并排泄到体外，这个过程称为新陈代谢（简称代谢）。新陈代谢包括同化作用和异化作用，两者是相辅相成的：异化作用为同化作用提供物质基础和能量，同化作用为异化作用提供基质。

了解微生物的营养及其所需营养物的种类和数量，首先要了解微生物的化学组成、元素组成及生理特性。

①微生物的化学组成。

微生物机体质量的 70%～90%为水分，其余 10%～30%为干物质。微生物机体的干物质由有机物和无机物组成。有机物占干物质质量的 90%～97%，包括蛋白质、核酸、糖类及脂类。无机物占干物质质量的 3%～10%，包括 P、S、K、Na、Ca、Mg、Fe、Cl 和微量元素 Cu、Mn、Zn、B、Mo、Co、Ni 等。C、H、O、N 是所有生物体的有机元素。糖类和脂类由 C、H、O 组成，蛋白质由 C、H、O、N、S 组成，核酸由 C、H、O、N、P 组成。

根据微生物有机元素组成分析数据，可得出化学组成实验式。例如细菌和酵母菌为 $C_5H_8O_2N$，霉菌为 $C_{12}H_{18}O_7N$。微生物的化学组成实验式不是分子式，它只是用来说明组成有机体的各种元素之间有一定的比例关系。如，$C_5H_8O_2N$ 是表明细菌机体的 $n_C:n_H:n_O:n_N=5:8:2:1$，在培养微生物时可按此比例供给营养。

②微生物的营养物及营养类型。

微生物需要的营养物质有水、碳素营养源、氮素营养源、无机盐及生长因子。

- 水

水是微生物的组分，又是微生物代谢过程中必不可少的溶剂。它有助于营养物质的溶解和吸收，保证细胞内、外各种生物化学反应在溶液中正常进行。

- 碳源和能源

凡能供给微生物碳素营养的物质，称为碳源。碳源的主要作用是构成微生物细胞的含碳物质（碳架）和供给微生物生长、繁殖及运动所需要的能量。从简单的无机碳化合物到复杂的有机碳化合物，都可作为碳源。例如，糖类、脂肪、氨基酸、蛋白质、脂肪酸、丙酮酸、柠檬酸、淀粉、纤维素、半纤维素、果胶、木质素、醇类、醛类、烷烃类、芳香族化合物、氰化物、各种低浓度的染料等。少数微生物还能以 CO_2 或 CO_3^{2-}中的碳素为唯一的或主要的碳源。微生物最好的碳源是糖类，尤其是葡萄糖、蔗糖，它们最易被微生物吸收和利用。许多碳源可同时作能源。

微生物细胞中的碳素含量相当高，占干物质质量的 50%左右。可见，微生物对碳素的需求量最大。根据微生物对各种碳素营养物的同化能力的不同，可把微生物分为无机营养微生物、有机营养微生物和混合营养微生物。凡是有光合色素的微生物，例如藻类、光合细菌及原生动物中的植物性鞭毛虫，均属于无机营养微生物。大部分细菌、放线菌、酵母菌、霉菌、病毒等属于有机营养微生物。

无机营养微生物　无机营养也称为无机自养。这一类型的微生物具有完备的酶系统，合成有机物的能力强，CO_2、CO 和 CO_3^{2-}中的碳素为其唯一的碳源，能利用光能或化学能在细胞内合成复杂的有机物，以构成自身的细胞成分，而不需要外界供给现成的有机碳化合物。因此，这类微生物又称自养型微生物。根据能量来源不同，自养型微生物又分为光能自养型微生物和化能自养型微生物。

● 光能自养微生物。它们利用阳光（或灯光）作为能源，依靠体内的光合色素，利用 CO_2 和 H_2O 或 H_2S 合成有机物，构成自身细胞物质。

● 化能自养微生物。化能自养微生物不具有光合色素，不能进行光合作用。合成有机物所需的能量来自于它们氧化 S、H_2S、H_2、NH_3、Fe 等时，通过氧化磷酸化产生的 ATP。CO_2 是化能自养微生物的唯一碳源。化能自养微生物有亚硝化细菌、硝化细菌、好氧的硫细菌（硫化细菌和硫磺细菌）及铁细菌。

自养微生物有严格自养微生物和兼性自养微生物两种。

有机营养微生物　有机营养微生物也称为异养微生物。这类微生物具有的酶系统不如自养微生物完备，它们只能利用有机碳化合物作为碳素营养和能量来源。糖类、脂肪、蛋白质、有机酸、醇、醛、酮及碳氢化合物、芳香族化合物等都可作为异养微生物的碳素营养。异养微生物有腐生性和寄生性两种，前者占大多数。

异养微生物又分为光能异养微生物和化能异养微生物。光能异养微生物是以光为能源，以有机物为供氢体，还原 CO_2，合成有机物的一类厌氧微生物，也称为有机光合细菌。化能异养微生物是一群依靠氧化有机物产生化学能而获得能量的微生物。它们包括绝大多数的细菌、放线菌及全部的真菌。

混合营养微生物　混合营养微生物既可以利用无机碳（CO_2、CO_3^{2-}等）作为碳素营养，又可以利用有机碳化合物作为碳素营养，即为兼性自养微生物。

● 氮源

凡是能够供给微生物氮素营养的物质称为氮源。氮源有 N_2、NH_3、尿素、硫酸铵、硝酸铵、硝酸钾、硝酸钠、氨基酸和蛋白质等。氮源的作用是提供微生物合成蛋白质的原料。根据对氮源要求的不同，将微生物分为 4 类。

a. 固氮微生物。这类微生物能利用空气中的氮分子（N_2）合成自身的氨基酸和蛋白质。如固氮菌、根瘤菌和固氮蓝藻。

b. 利用无机氮作为氮源的微生物。能利用氨（NH_3）、铵盐（NH_4^+）、亚硝酸盐（NO_2^-）、硝酸盐（NO_3^-）的微生物有亚硝化细菌、硝化细菌、大肠杆菌、产气杆菌、枯草杆菌、铜绿色假单胞菌、放线菌、霉菌、酵母菌及藻类等。

c. 需要某种氨基酸作为氮源的微生物。这类微生物叫氨基酸异养微生物。如乳酸细菌、丙酸细菌等。它们不能利用简单的无机氮化物合成蛋白质，而必须供给某些现成的氨基酸才能生长繁殖。

d. 从分解蛋白质中取得铵盐或氨基酸的微生物。这类微生物如氨化细菌、霉菌、酵母菌及一些腐败细菌，它们都有分解蛋白质的能力，产生 NH_3、氨基酸和肽，进而合成细胞蛋白质。

● 无机盐

无机盐的生理功能包括：①构成细胞组分；②构成酶的组分和维持酶的活性；③调节渗透压、氢离子浓度、氧化还原电位等；④供给自养微生物能源。

微生物需要的无机盐有磷酸盐、硫酸盐、氯化物、碳酸盐、碳酸氢盐。这些无机盐中含有钾、钠、钙、镁、铁等元素，其中，微生物对磷和硫的需求量最大。此外，微生物还需要锌、锰、钴、钼、铜、硼、钒、镍等微量元素。

● 生长因子

微生物在具有上述各种营养物质后仍生长不好，则需供给生长因子。微生物需要的生长因子有 B 族维生素、维生素 C、氨基酸、嘌呤、嘧啶、生物素及烟酸等。多数异养微生物及自养微生物有合成生长因子的能力。

水、碳源、氮源、无机盐及生长因子为微生物共同需要的物质。不同的微生物对各营养元素的要求比例不同，这里主要指碳氮比（或碳氮磷比），根瘤菌要求碳氮比为 11.5∶1，固氮菌要求碳氮比为 27.6∶1，霉菌要求碳氮比为 9∶1，土壤中微生物混合群体要求碳氮比为 25∶1。污（废）水生物处理中好氧微生物群体（活性污泥）要求碳氮磷比为 C∶N∶P=100∶5∶1，厌氧消化中的厌氧微生物群体对碳氮磷比要求为 C∶N∶P=100∶6∶1。有机固体废物堆肥发酵要求的碳氮比为 30∶1，碳磷比为（75～100）∶1。为了保证污（废）水生物处理和有机固体废物生物处理的效果，要按碳氮磷比配给营养。城市生活污水能满足活性污泥的营养要求，有的工业废水缺少某种营养或量不足时，应供给或补足，多用粪便污水、尿素、磷酸氢二钾及其他易分解的物质。如果工业废水不缺营养，切勿添加上述物质，否则会导致反驯化。

3. 微生物的生长繁殖

微生物的生长可分为个体微生物生长和群体微生物生长。由于微生物个体很小，研究它们的生长有困难。所以，多数通过培养研究其群体生长。培养方法有分批培养和连续培养两种，这两种方法既可用于纯种培养也可用于混合菌种的培养。在污水生物处理中，这两种方法均有应用。

（1）分批培养。

分批培养是将一定量的微生物接种在一个封闭的、盛有一定量液体培养基的容器内，保持一定的温度、pH 值和溶解氧量，微生物在其中生长繁殖，结果出现微生物数量由少变多，达到高峰后又由多变少，甚至死亡的变化规律。这就是细菌的生长曲线。

以细菌纯种培养为例，将少量细菌接种到一种新鲜的、定量的液体培养基中进行分批培养，定时取样（例如，每 2 h 取样 1 次）计数。以细菌个数或细菌数的对数或细菌的干重为纵坐标，以培养时间为横坐标，连接坐标系上各点成一条曲线，即细菌的生长曲线。一般来讲，细菌质量的变化比个数的变化更能在本质上反映生长的过程，因为细菌个数的变化只反映了细菌分裂的数目，质量则包括细菌个数的增加和每个菌体细胞物质的增长。各种细菌的生长速率不一，每一种细菌都有各自的生长曲线，但曲线的形状基本相同。其他微生物也有形状类似的生长曲线。污（废）水生物处理中混合生长的活性污泥微生物也有类似的生长曲线。细菌的生长繁殖期可细分为 6 个时期：停滞期（适应期）、加速期、对数期、减速期、静止期及衰亡期。由于加速期和减速期历时都很短，可把加速期并入停滞期，把减速期并入静止期。因此，细菌的生长繁殖可粗分为 4 个时期，即停滞期（迟滞期或适应期）、对数期（又叫指数期）、静止期和衰亡期。

活性污泥中的微生物的生长规律和纯菌种一致，它们的生长曲线相似。一般将其划分为三个阶段：生长上升阶段、生长下降阶段和内源呼吸阶段。

活性污泥法中的序批式间歇曝气器（SBR）是将分批培养的原理应用于废水的生理处理。SBR 中活性污泥的生长规律与纯菌种类似。

（2）连续培养。

连续培养有恒浊连续培养和恒化连续培养两种。

① 恒浊连续培养是一种使培养液中细菌的浓度恒定，以浊度为控制指标的培养方式。按实验目的，首先确定培养液的浊度保持在某一恒定值上。调节进水（含一定浓度的培养基）流速，使浊度达到恒定（用自动控制的浊度计测定）。当浊度较大时，加大进水流速，以降低浊度；浊度较小时，降低流速，提高浊度。发酵工业采用此法可获得大量的菌体和有经济价值的代谢产物。

② 恒化连续培养是维持进水中的营养成分恒定（其中对细菌生长有限制作用的成分要保持低浓度水平），以恒定流速进水，以相同流速流出代谢产物，使细菌处于最高生长速率状态的培养方式。

在连续培养中，微生物的生长状态和规律与分批培养不同。它们往往处于相当分批培养中生长曲线的某一个生长阶段。

恒化连续培养法尤其适用于污（废）水生物处理。除了序批式间歇曝气器（SBR）法外，其余的污水生物处理法均采用恒化连续培养。

在废水生物处理的连续运行过程中，活性污泥中的微生物生长规律与分批培养时的规律不一样，它只能是分批培养生长曲线的某一生长阶段：或是加速期，或是对数期（生长上升阶段），或是减速期，或是静止期（生长下降阶段），或是衰亡期（内源呼吸阶段）。

4．微生物的呼吸

微生物呼吸作用的本质是氧化与还原的统一过程，这个过程中有能量的产生和能量的转移。微生物的呼吸类型有三类：发酵、好氧呼吸及无氧呼吸。这三者都是氧化还原反应，即在化学反应中一种物质失去电子被氧化，另一种物质得到电子被还原。微生物的产能代谢是通过上述三种氧化还原反应来实现的，微生物从中获得生命活动所需要的能量。

（1）发酵。

在无外在电子受体时，微生物氧化一些有机物。有机物仅发生部分氧化，以它的中间代谢产物（即分子内的低分子有机物）为最终电子受体，释放少量能量，其余的能量保留在最终产物中。作为发酵的底物必须具备两点：①不能被过分氧化，也不能被过分还原。假如被过分氧化，就不能产生足以维持生长的能量。假如被过分还原，就不能作为电子受体，因为电子受体会进一步被还原。②必须能转变成为一种可参与底物水平磷酸化的中间产物。据此，碳氢化合物及其他高度还原态的化合物不能作为发酵底物。

（2）好氧呼吸。

当存在外在的最终电子受体——分子氧（O_2）时，底物可全部被氧化成 CO_2 和 H_2O，并产生 ATP。这种有外在最终电子受体（O_2）存在时对能源物质的氧化称为好氧呼吸（或呼吸作用）。在好氧呼吸过程中，电子传递体系最终将电子转移给最终电子受体——O_2。O_2 得到电子被还原，与能源物质脱下的 H 结合生成 H_2O。

好氧呼吸能否进行，取决于O_2的体积分数能否达到0.2%。O_2的体积分数低于0.2%，好氧呼吸不能发生。

（3）无氧呼吸。

在电子传递体系中，最终电子受体不是氧气，而是氧气以外的无机化合物，如NO_2^-、NO_3^-、SO_4^{2-}、CO_3^{2-}及CO_2等。无氧呼吸的氧化底物一般为有机物，如葡萄糖、乙酸和乳酸等。它们被氧化为CO_2，有ATP生成。

5．微生物的生存因子

微生物除了需要营养外，还需要合适的环境因素，例如，温度、pH值、氧气、渗透压、氧化还原电位。

（1）温度。

任何微生物只能在一定的温度范围内生存，在适宜的温度范围内微生物能大量生长繁殖。如细菌可分为低温性细菌、中温性细菌、高温性细菌。

原生动物的最适温度一般为16～25℃，工业废水生物处理过程中的原生动物的最适温度为30℃左右，其最高温度在37～43℃，少数可在60℃中生存。大多数放线菌的最适温度为23～37℃，其高温类型在50～65℃生长良好，有的放线菌在20℃以下的温度中也可生长。霉菌与温度的关系和放线菌差不多。在实验室培养放线菌、霉菌和酵母菌多采用的温度在28～32℃。藻类的最适温度多数在28～30℃。

温度是微生物的重要环境因素，在适宜的温度范围内温度每提高10℃，酶促反应速度提高1～2倍，因而微生物的代谢速率和生长速率均可相应提高。培养微生物时要将它们置于最适宜的温度条件下，使微生物以最快的生长速率生长。过低或过高的温度会使代谢速率缓慢，生长速率也缓慢。过高的温度对微生物有致死作用。

（2）pH值。

微生物的生命活动、物质代谢与pH值有密切关系。不同的微生物要求不同的pH值。凡对pH值的变化适应性比较强的微生物，对pH要求不甚严格；而对pH值变化适应性不强的微生物，则对pH要求严格。各种工业废水的pH不同，通常在6～9，个别的偏低或偏高，可用本厂废酸或废碱性水加以调整，使曝气池pH维持在7左右。事实上，净化污（废）水的微生物适应pH的能力是比较强的，曝气池中维持pH在6.5～8.5均可。大多数细菌、藻类、放线菌和原生动物等在这种pH值下均能生长繁殖，尤其是形成菌胶团的细菌能互相凝聚形成良好的絮状物，取得良好的净化效果。

过高或过低的pH对微生物是不利的，污（废）水生物处理的pH值宜维持在6.5以上至8.5左右的环境，是因为在pH 6.5以下的酸性环境中不利于细菌和原生动物生长，尤其对菌胶团细菌不利。相反，对霉菌及酵母菌有利。如果活性污泥中有大量霉菌繁殖，由于霉菌不像细菌那样分泌黏性物质于细胞外，使活性污泥凝聚性能较差，其结构松散不易沉降，处理效果下降，甚至导致活性污泥丝状膨胀。

霉菌和酵母菌对有机物具有分解能力。pH值较低的工业废水可用霉菌和酵母菌处理，不需用碱调节pH值，以节省费用。它们引起的活性污泥丝状膨胀可以通过改革工艺来解决，如采用生物滤池和生物转盘等。

（3）氧化还原电位。

氧化还原电位简写为Eh，其单位为伏（V）或毫伏（mV）。氧化环境具有正电位，还原环境具有负电位。在自然界中，氧化还原电位上限是+820 mV，此时环境中存在高浓度氧（O_2），而且没有利用 O_2 的系统存在。其下限是–400 mV，是充满氢（H_2）的环境。

各种微生物要求的氧化还原电位是不同的，一般好氧微生物要求 Eh 为+300～+400 mV，Eh 在+100 mV 以上好氧微生物生长。兼性厌氧微生物在 Eh 为+100 mV 以上时进行好氧呼吸，Eh 为+100 mV 以下时进行无氧呼吸。专性厌氧细菌要求 Eh 为–200～–250 mV，专性厌氧的产甲烷菌要求 Eh 更低，为–300～–400 mV。好氧活性污泥法系统中 Eh 在+200～+600 mV 是正常的。

氧化还原电位受氧分压的影响，氧分压高，氧化还原电位高；氧分压低，氧化还原电位低。在培养微生物过程中，由于微生物生长繁殖消耗了大量氧气，分解有机物产生氢气，使得氧化还原电位降低，在微生物对数生长期中下降到最低点。

环境中的 pH 值对氧化还原电位有影响，pH 值低时，氧化还原电位高；pH 值高时，氧化还原电位低。

氧化还原电位可用一些还原剂加以控制，使生物学体系中的氧化还原电位维持在低水平上。还原剂有抗坏血酸（维生素 C）、二硫苏糖醇、硫化氢及金属铁等。铁可将 Eh 值维持在–400 mV。微生物在代谢过程中产生 H_2S，可将 Eh 值降至–300 mV。

（4）溶解氧。

根据微生物的呼吸与分子氧的关系，微生物被分为好氧微生物、兼性厌氧（或叫兼性好氧）微生物及厌氧微生物。氧与这三种类型微生物的关系各不一样。

①氧与好氧微生物的关系。

必须在有氧存在的条件下才能生长的微生物，叫好氧微生物。大多数细菌、放线菌、霉菌、原生动物、微型后生动物等都属于好氧性的。蓝绿细菌和藻类等白天从阳光中获得能量，夜间和阴天则通过好氧呼吸获得能量。

氧对好氧微生物有两个作用：1）在微生物好氧呼吸中，氧作为最终电子受体；2）在甾醇类和不饱和脂肪酸的生物合成中需要氧。只有溶于水的氧（称溶解氧）微生物才能利用。氧在水中的溶解度与水温、大气压有关。在冬季水温低，污（废）水好氧生物处理中溶解氧能保证供应；夏季水温高，氧不易溶于水，常造成供氧不足。

好氧微生物中有一些是微量好氧的，它们在溶解氧 0.5 mg/L 左右生长最好。微量好氧微生物有贝日阿托氏菌、发硫菌、游动性纤毛虫，例如扭头虫、棘尾虫、草履虫及微型后生动物的线虫等。

②氧与兼性厌氧微生物的关系。

兼性厌氧微生物具有脱氢酶也具有氧化酶，所以，既能在无氧条件下，又可在有氧条件下生存。然而，在两种不同条件下，所表现的生理状态是不同的。在好氧生长时，氧化酶活性强，细胞色素及电子传递体系的其他组分正常存在。在无氧条件下，细胞色素和电子传递体系的其他组分减少或全部丧失，氧化酶不活动，一旦通入氧气，这些组分的合成很快恢复。

兼性厌氧微生物除酵母菌外，还有肠道细菌、硝酸盐还原菌、人和动物的致病菌、某些原生动物、微型后生动物及个别真菌等。兼性厌氧微生物在许多方面起积极作用，在污（废）水好氧生物处理中，在正常供氧条件下，好氧微生物和兼性厌氧微生物两者共同起积极作用；在供氧不足时，好氧微生物不起作用而兼性厌氧微生物仍起积极作用，只是分解有机物没有在有氧条件下彻底。兼性厌氧微生物在污水、污泥厌氧消化中也是起积极作用的，它将各种有机物转化为有机酸和醇等。

③氧与厌氧微生物的关系。

只有在无氧条件下才能生存的微生物，称作厌氧微生物。它们进行发酵或无氧呼吸。厌氧微生物又分为两种：一种是要在绝对无氧条件下才生存，一遇氧就死亡的，称作专性厌氧微生物。另一种是氧的存在与否对它们均无影响，存在氧时它们产能代谢不利用氧也不中毒。放线菌中有些种属于厌氧微生物。

厌氧微生物的栖息处为湖泊、河流和海洋沉积处，泥炭、沼泽、积水的土壤、灭菌不彻底的罐头食品中，油矿凹处及污水、污泥厌氧处理系统中。

微生物的影响因子还有其他如太阳辐射、水的活度与渗透压、有毒物质等。

5.1.2　生物处理的类型及特点

1. 生物处理的类型

污水的生物处理可以从不同角度进行分类。根据微生物生长对氧环境的要求不同，生物处理方法主要可分为好氧生物处理和厌氧生物处理两大类型；按照微生物的生长方式，可分为悬浮生长型和固着生长型两类；此外，按照系统的运行方式可分为连续式和间歇式；按照主体设备中的水流状态，可分为推流式和完全混合式等类型。

2. 生物处理的特点

优点：①去除污水中溶解的和胶体的有机物质的效率较高；②分解污水中有机物比用化学法经济；③污泥的沉降性能较好，对进一步脱水有利；④出水水质一般较好（除非原水中含难降解物质），能达到排放要求。

缺点：①运行较复杂，有时会产生污泥膨胀和污泥上浮现象，影响处理效率，因此需要一定的运行经验；②对原水水质有一定的要求，否则会影响微生物的生长；③在气候寒冷地区如不采取特殊措施将难以适用；④一般占地面积较大。

3. 好、厌氧生物处理的区别

好、厌氧生物处理的区别主要有以下几个方面：

①起作用的微生物群体不同。好氧处理是由好氧微生物和兼性微生物起作用，厌氧处理先是厌氧菌和兼性菌起作用，后是另一类厌氧菌起作用。

②产物不同。好氧处理中，有机物被转化为 CO_2、H_2O、NH_3 或 NO_3^-、NO_2^-、PO_4^{3-}、SO_4^{2-}等，且基本无害，处理后污水无异臭。厌氧处理中，有机物被转化为 CH_4、NH_3、胺化物或氮气、H_2S 等，产物复杂，出水有异臭。

③反应速率不同。好氧处理由于有氧作为受氢体，有机物分解比较彻底，释放的能量多，故有机物转化速率快，处理设备内停留时间短，设备体积小。厌氧处理有机物氧化不彻底，释放的能量少，所以有机物转化速率慢，需要时间长，设备体积庞大。

④对环境要求条件不同。好氧处理要求充分供氧，对环境条件要求不太严格。厌氧处理要求绝对厌氧的环境，对环境条件（如 pH、温度）要求严格。

任务2 活性污泥法

5.2.1 活性污泥法的基本原理

1. 活性污泥及其组成

如果向一定量的生活污水中不断鼓入空气，维持水中有足够的溶解氧，那么，经过一段时间后，水中就会出现一种褐色的絮凝体。把絮凝体放在显微镜下观察，可以看到里面充满着各种各样的微生物，这种污泥絮体就叫活性污泥。

根据废水水质的不同，活性污泥的颜色也不同，有褐色、黄色、灰色和铁红色等。它和矾花一样，轻轻搅动，易于呈悬浮状；静置片刻，也易沉下。活性污泥无臭味，具有微微的土腥味。

通过生物学和化学分析，活性污泥由活性微生物 M_a，微生物内源呼吸残余物 M_e，吸附在活性污泥上的惰性的不可降解的有机物和虽可降解但尚未降解的有机物 M_i 以及惰性无机物 M_{ii} 组成。活性污泥具有很大的比表面积，对水中的有机物具有很强的吸附凝聚和氧化分解能力，同时，在适当的条件下，具有良好的自身凝聚和沉降性能。活性污泥法就是利用活性污泥净化废水中有机污染物的一种方法。

2. 活性污泥法的基本流程

活性污泥法的基本流程如图5-1所示。

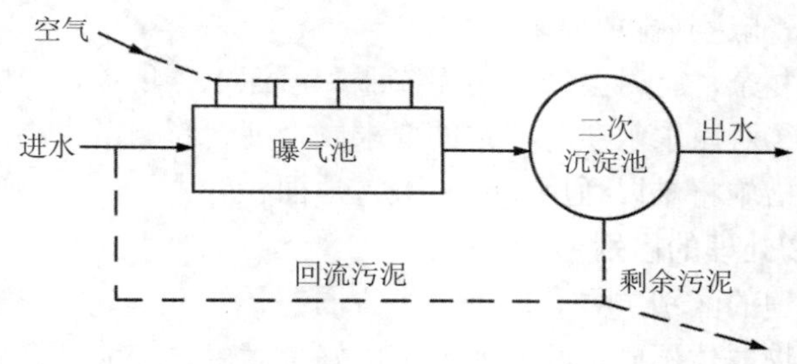

图5-1 活性污泥法基本流程

活性污泥法的主要构筑物是曝气池和二次沉淀池。有机废水经初次沉淀池（无悬浮物时可不设）预处理后，进入曝气池，在曝气池中要不断进行曝气，以满足曝气池内的微生物降解有机物所需要的溶解氧。曝气池中的混合液不断排出，进入二次沉淀池，经固液分离后，处理后的水不断从二沉池排出。沉降下来的活性污泥一部分要不断回流到曝气池，以保持曝气池内有足够的微生物量，用来氧化分解废水中的有机物。同时将增殖的多余活性污泥不断地从二沉池中通过剩余污泥排放系统排出。

3. 活性污泥法基本原理

（1）活性污泥法净化污水过程可以分以下几个阶段：

①吸附阶段。

由于活性污泥具有巨大的比表面积且表面有多糖类黏性物质，在污水与活性污泥混合接触后很短的时间（10～40 min）内，污水中的有机污染物（主要是悬浮态和胶体态的有机污染物）就会被活性污泥所吸附。

通过吸附作用，有机物只是从水中转移到污泥上，其性质并未立即发生变化。活性污泥的吸附能力随着吸附量的增加而减弱。

在吸附阶段，同时也进行有机物的氧化及细胞合成，但吸附作用是主要的。

②氧化及合成阶段。

在有充足的溶解氧条件下，活性污泥微生物将吸附的有机物中的一部分进行氧化分解，其最终产物是 CO_2 和 H_2O 等稳定物质，并获得合成新细胞所需要的能量；而另一部分有机物则用于合成新的细胞物质。在新细胞合成与微生物增长过程中，微生物所需能量除从氧化分解一部分有机物中获得外，还有一部分微生物细胞物质也在进行氧化分解，并供应能量。在这一阶段，活性污泥微生物还要继续吸附污水中残存的有机物。

这一阶段进行得很缓慢，所需时间也比第一阶段长得多。实际上曝气池大部分容积是在进行有机物的氧化分解和微生物细胞的合成。氧化和合成的速度取决于有机物的浓度。

③絮凝体的形成与凝聚沉淀阶段。

絮凝体是活性污泥的基本结构，它能防止微型动物对游离细菌的吞噬，并承受曝气等外界不利因素的影响，更有利于与处理水的分离。水中能形成絮凝体的微生物很多，动物菌属（*Zoogloea*）、大肠埃希菌（*E.cole*）、产碱杆菌属（*Alcaligens*）、假单胞菌属（*Pseudomoas*）、芽胞杆菌（*Bacillus*）、黄杆菌属（*Flavobaterium*）等，都具有凝聚性能，可形成大块菌胶团。凝聚的原因主要是细菌体内积累的聚β-羟基丁酸释放到液相，促使细菌间互相凝聚，结成绒粒；微生物摄食过程释放的黏性物质促进凝聚；在不同的条件下，细菌内部的能量不同，当外界营养不足时，细菌内部能量降低，表面电荷减少，细菌颗粒间的结合力大于排斥力，形成绒粒；而当营养充足时，细菌内部能量大，表面电荷增大，形成的绒粒重新分散。

沉淀是混合液中固相活性污泥颗粒同污水分离的过程。固液分离的好坏，直接影响出水水质，如果处理水夹带生物体，出水 COD 和 SS 将增大，所以，活性污泥法的处理效率，同其他生物处理方法一样，应包括二次沉淀池的效率，即用曝气池及二沉池的总效率表示。除了重力沉淀外，也可用气浮法进行固液分离。

（2）活性污泥性能指标。

为了增大活性污泥与废水的接触面积，提高处理效果，活性污泥应具有颗粒松散、易于吸附氧化有机物的能力。但在二次沉淀池，又希望活性污泥能迅速沉降，与水分离，因此也要求活性污泥具有良好的凝聚、沉降性能。活性污泥的这些性能主要用以下指标表示：

①污泥浓度。

污泥浓度是指曝气池中单位体积混合液所含悬浮固体的质量（用 MLSS 表示），单位为 mg/L 或 g/L。污泥浓度的大小间接反映了曝气池混合液中所含微生物的量。因此，为了保证曝气池的处理效果，必须在池内维持一定量的污泥浓度。

污泥浓度也可用曝气池混合液中挥发性悬浮固体（MLVSS）的质量表示，它比 MLSS 更能反映活性污泥的活性。对某一废水和处理系统，在正常运行条件下，MLVSS 与 MLSS 的比值较固定，比如对于城市生活污水常在 0.75～0.85。因此，无论用哪一个污泥浓度表示均具有同样的价值。

②污泥沉降比（SV）。

污泥沉降比是指曝气池中混合液沉淀 30 min 后，沉淀污泥体积占混合液总体积的百分数。由于各种活性污泥经 30 min 沉淀后，一般可接近最大的密度，因此用 30 min 作为测定 SV 的标准时间。

SV 测定方法简便、迅速，而且可直观反映活性污泥的沉降性能。混合液经 30 min 沉淀后，如上清液浑浊则说明污泥的凝聚、沉降性能差，这是曝气池运行不正常的表现，这时就应及时查明原因，采取措施。如果活性污泥的凝聚、沉降性能良好，SV 的大小可直接反映曝气池正常运行时活性污泥微生物量。当 SV 超过正常运行的范围时，就应该进行排泥，以免曝气池内由于污泥过多、耗氧速度快而造成池内缺氧，影响处理效果。

总之，因为污泥沉降比的测定简便，而且可直接指导生产运行，因此在废水处理站一般 2～4 h 测一次。SV 已成为控制活性污泥法运行的重要指标之一。

（3）活性污泥增长规律。

活性污泥的主体是微生物，品种很多，它们之间存在相对平衡关系。各种微生物之间生长规律虽然不同，各自的生长顶点也常相互错开，但是存在一个总的生长规律，如图 5-2 所示。

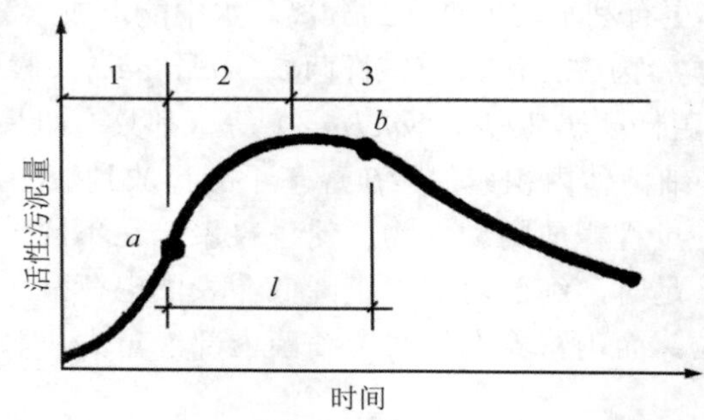

图 5-2　活性污泥的增长曲线

1. 生长率上升阶段；2. 生长率下降阶段；3. 内源代谢阶段

控制活性污泥增长的决定因素是废水中可降解的有机物量和微生物的量的比值，即 F（有机物量）与 M（微生物量）的比值（F/M）。

①生长率上升阶段。

生长率上升阶段中的活性微生物是在营养较丰富的条件下（F/M 很大），微生物的生长繁殖不受营养的限制，此时微生物降解有机物的速率最大，合成的速率也最大，菌体数量以几何级数的速率增加，菌体数量的对数值与降解时间呈直线关系。此时，污泥增长速率的大小取决于微生物本身的世代时间和利用底物的能力，与有机物的浓度无关。这一阶段，活性污泥具有很高的能量水平，活性很高，微生物处于分散状态，污泥的凝聚性和沉降性很差，出水水质也差。此时，由于急剧代谢的作用，需氧量很大。

②生长率下降阶段。

随着微生物对有机物的不断降解和新细胞的不断合成，微生物的营养不再过剩（F/M 逐渐减少），而且成了微生物进一步生长的限制因素，微生物增长速率逐渐下降，活性减弱，具有的能量水平较低。因此，污泥可以形成污泥絮体，污泥的沉降性能提高，这时废水中的有机物已基本去除，出水水质较好。这是一般活性污泥法所采用的工作阶段。

③内源代谢阶段。

随着有机物浓度的继续降低，当营养近乎耗尽，*F/M* 值达到最低并维持一常数时，污泥即进入内源代谢阶段。在此阶段，废水中细菌已不能从其周围获得营养物维持其生命，于是开始代谢自身细胞内的营养物质，生物量逐步减少。此时，由于能量水平低，活性低，絮凝体形成速率增高，吸附有机物的能力显著提高，而且污泥无机化程度高，沉降性能良好。

（4）影响活性污泥法处理效果的因素。

在活性污泥法的运行中，为了取得良好的处理效果，我们必须注意控制以下环境因素：

①溶解氧。

活性污泥法是好氧生物处理法。若供氧不足会出现厌氧状态，影响好氧微生物的正常代谢过程，使处理效果明显下降，同时缺氧会引起丝状菌大量繁殖而产生污泥膨胀；若溶解氧过多，当营养缺乏时，会造成污泥自身氧化，影响处理效果。一般曝气池混合液内的溶解氧以维持在 2～4 mg/L 为宜，出水不低于 1 mg/L。

②营养物质。

微生物的代谢需要一定比例的营养物质。除以 BOD_5 表示的碳源外，还需要氮、磷和其他微量元素，其所需营养比例为 BOD_5∶N∶P=100∶5∶1。生活污水中含有微生物所需要的各种元素，而有些工业废水则缺乏某些营养物质，如氮、磷等，这时则需要投加适量的氮、磷或生活污水，以获得良好的处理效果。

③pH 值。

好氧生物处理系统在中性环境中运行效果最好，一般控制 pH 值在 6.5～8.5 范围内。若 pH＞9 或 pH＜6.5 时，微生物的生长受到抑制。pH 低于 6.5 时，真菌在争夺食料中比细菌占优势，形成的活性污泥絮体沉降性能不好。

④温度。

好氧生物处理一般在 15～40℃内运行，温度低于 10℃或高于 40℃，去除 BOD 的效率大大降低。最佳控制温度是 20～30℃。

⑤有毒物质。

有毒物质是指废水中对微生物生长繁殖具有抑制或杀害作用的化学物质，主要包括重金属离子、氰、H_2S 等无机物质和某些有机毒物。毒物的毒害作用与 pH 值、水温、溶解氧、有无其他毒物及微生物的数量和是否驯化等有很大的关系。

（5）污水的可生化性评价。

污水的可生化性就是通过实验去判断某种污水或某物质用生物处理的可能性。污水可生化性的表示方法有：

①BOD_5/COD 值法。利用此法评价污水的可生化性时，其评价的数值参考范围如表 5-1 所示。

表 5-1　工业废水可生化性评价 BOD_5/COD 值范围

BOD_5/COD	＞0.45	＞0.3	＜0.3	＜0.25
可生化性评价	生化性较好	可以生化	较难生化	不宜生化

该法简单易行，但较为笼统，遇到具体问题，应进行分析。

②生物相对耗氧速率表示法。

微生物与基质接触时，其耗氧速率的变化特性反映了有机物被氧化分解和无机物对生物污泥毒害的规律。表示耗氧速率随时间而变化的曲线，或耗氧量随时间而变化的曲线，简称为耗氧曲线。对于内源呼吸期，生物污泥的耗氧曲线称为内源呼吸耗氧曲线。对于投入基质后的耗氧曲线，称为基质耗氧曲线。

具体做法为：利用实验条件下，投加所试验基质的生物活性污泥耗氧曲线和同一条件下生物污泥内源呼吸耗氧曲线进行对比，用以评价基质的可生化性。为简便起见，常采用相对的耗氧速率 R（%）的概念，R 按下式计算：

$$R=\frac{V_s}{V_o}\times 100\% \tag{5-1}$$

式中，V_s——投加基质后的耗氧速率，mg（O_2）/[g（MLSS）•h]；

V_o——内源呼吸耗氧速率，mg（O_2）/[g（MLSS）•h]。

V_s 与 V_o 一般采用某一测定时间区间的平均值，所选用的时间区间与测定目的有关。随着基质的不同，可能出现的几种耗氧速率的类型如图 5-3 所示。

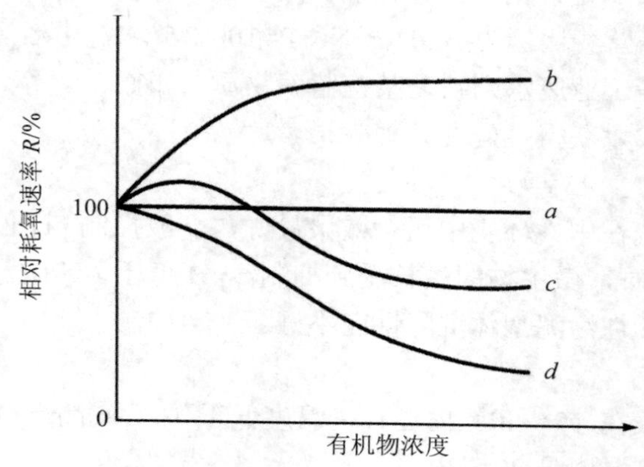

图 5-3　相对耗氧曲线的一般类型

a 为第一类相对耗氧曲线，相应于不能被微生物利用但无毒的物质，如某些矿物油。

b 为第二类相对耗氧曲线，相应于可被利用而又无毒的物质，如葡萄糖、牛奶废水等。

c 为第三类相对耗氧曲线，相应于在某种浓度以下可被微生物利用，但在某种浓度以上相对微生物有毒害的物质，如苯、酚、甲醛等。第二类与第三类的区别，在于第二类在相当高浓度下仍不产生抑制作用。

d 为第四类相对耗氧曲线，相应于不能被微生物利用而且有毒的物质，如氧化汞之类的金属盐。

对于上述四种物质，可生化性的研究内容也有差别。第一类物质在确定其无毒，又不能被利用之后，已无甚可研究了；第二类物质在确定其可被微生物分解之后，着手于研究物质的分解速率；第三类物质除了要进一步确定分解速率外，还需要确定产生抑制的浓度（也称为极限允许浓度），研究驯化对增强抵抗抑制能力的影响；第四类物质着重研究抑制生物处理的极限允许浓度。

5.2.2　曝气方法与曝气池的构造

1．曝气方法

（1）曝气作用。

如前所述，活性污泥法的正常运行，除需要良好的活性污泥外，还必须为活性污泥微生物氧化分解有机物提供充足的溶解氧，通常溶解氧是通过空气中的氧被强制地溶解到曝气池的混合液中而实现的。曝气除了起供氧作用外，还起搅拌混合作用，使活性污泥在曝气池中保持悬浮状态，使废水中的有机物、活性污泥和溶解氧三者能均匀混合。

（2）对曝气设备的要求及衡量曝气设备性能的指标。

对曝气设备的要求：①供氧能力强；②搅拌均匀；③构造简单；④能耗少；⑤价格低廉；⑥性能稳定，故障少；⑦不产生噪声及其他公害；⑧对某些工业污水耐腐蚀性强。

衡量曝气设备效能的指标有动力效率（E_P）和氧的转移效率（E_A）或充氧能力。动力效率是指消耗1度电所能转移到液体中的氧量（kg/kW•h）；氧的转移效率是指鼓风曝气转移到液体中的氧量占所供给氧量的百分数（%）；充氧能力是指机械曝气在单位时间内转移到液体中的氧量（kg/h）。良好的曝气设备应具有较高的动力效率和氧转移率（或充氧能力）。

（3）曝气方法。

曝气方法可分为三种：一是鼓风曝气；二是机械曝气；三是鼓风-机械曝气。现在常用的是前两种曝气方法。

①鼓风曝气法（压缩空气曝气法）。

鼓风曝气是用鼓风机（或空压机）将一定压力的空气直接充入曝气池混合液中。鼓风曝气系统由鼓风机（空压机）、风管和曝气装置组成。

中小型污水处理厂常采用罗茨鼓风机，国产罗茨鼓风机单机风量在 80 m^3/min 以下，风压有 3 m、5 m、7 m、9 m、11 m（水柱），常采用 5 m 风压的风机。罗茨鼓风机运行时噪声太大，故必须采用消声及隔声设施。对于大中型污水处理厂可采用离心式鼓风机，离心式鼓风机运行时噪声相对较小，而且效率较高。具体可参考有关手册进行选择。为了净化空气，进气管上常装设空气过滤器，在寒冷地区，还在进气管前设空气预热器。

风管是指从鼓风机出口至充氧装置的管道，起输送和配气作用，一般用焊接钢管。从鼓风机出口到曝气池的干管风速采用 10～15 m/h 的经济流速，而通向扩散器的支管流速可采用 4～5 m/h。风管的直径、流量和流速之间的关系可用诺模图查得。风管的阻力损失包括沿程阻力损失和局部阻力损失。

曝气装置即空气扩散器。其作用是将空气分散成空气泡，增大气液接触界面，把空气中的氧溶解于水中。按产生的气泡直径大小可分为小、中和大气泡曝气设备三种。按曝气设备布置的水深，又可分为浅层、中层和深层曝气设备三种。下面介绍几种常用的扩散装置。

- 小气泡曝气设备

小气泡曝气设备释放的气泡直径小于 1.5 mm，动力效率一般可达 2 kg/kW•h，氧的转移效率一般大于 10%。常见的有扩散板、扩散管和扩散盘，其中扩散管和扩散盘是国内外使用较广的两种装置。

扩散管是由多孔陶质扩散管组成，其内径 44～75 mm，壁厚 14～6 mm，长 600 mm，每 10 根为一组，如图 5-4 所示，通气率为 12～15 m^3/（根•h）。

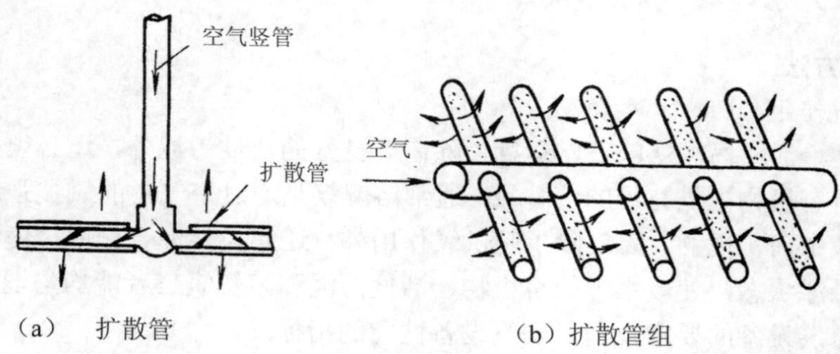

图 5-4 扩散管

图 5-5、图 5-6 所示是两种膜片微孔曝气器，这两种曝气器的气体扩散装置采用微孔合成橡胶膜片，膜片上开有 150～200 μm 的 5 000 个同心圆布置的自闭式孔眼。当充气时空气通过布气管道，并通过底座上的孔眼进入膜片和底座之间，在空气的压力作用下，使膜片微微鼓起，孔眼张开，达到布气扩散的目的。当供气停止时，由于膜片与底座之间的压力下降及膜片本身的弹性作用，使孔眼渐渐自动闭合，压力全部消失后，由于水压作用，将膜片压实于底座之上。因此，曝气池中的混合液不可能产生倒灌，也不会玷污孔眼。另外，当孔眼开启时，其尺寸稍大于微孔曝气孔眼，空气中所含少量尘埃也不会造成曝气器的堵塞，因此，不需要空气净化设备。

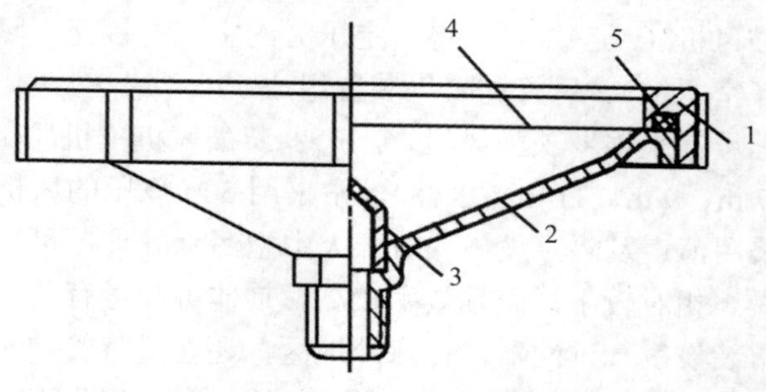

图 5-5 网状膜曝气器

1. 螺盖；2. 本体；3. 分配器；4. 网膜；5. 密封垫

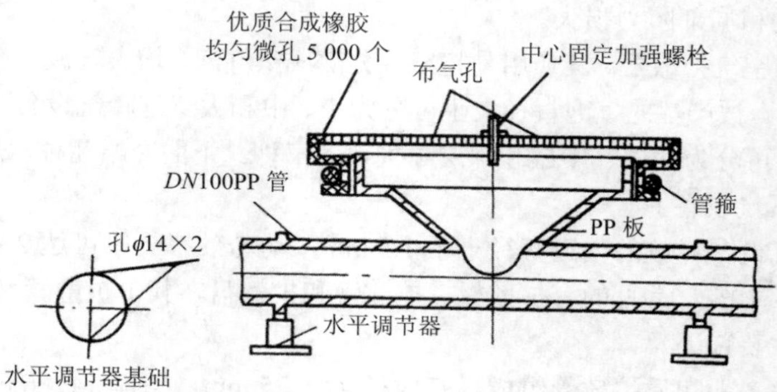

图 5-6 膜片微孔曝气器

● 中气泡曝气设备

中气泡曝气设备释放的气泡直径为 1.5～3 mm。应用较为广泛的中气泡曝气装置是穿孔管，由管径 25～50 mm 的钢管或塑料管制成，在管下侧与垂直面呈 45°角处，开直径为 35 mm 的小孔，间距为 10～15 mm。为了避免孔眼的堵塞，穿孔管孔眼出口流速一般应≥10 m/s。穿孔管可按图 5-7 布置。

近年来，为了降低空气压力，采用穿孔管时用如图 5-8 所示的布置方式。穿孔管布置成栅状，悬挂于池子的一侧，距水面只有 0.6～1 m，因为水深较浅，所需空气压力也可以减小，采用普通轴流风机即可满足风压要求，这样的曝气方式常称为低压曝气或浅层曝气。

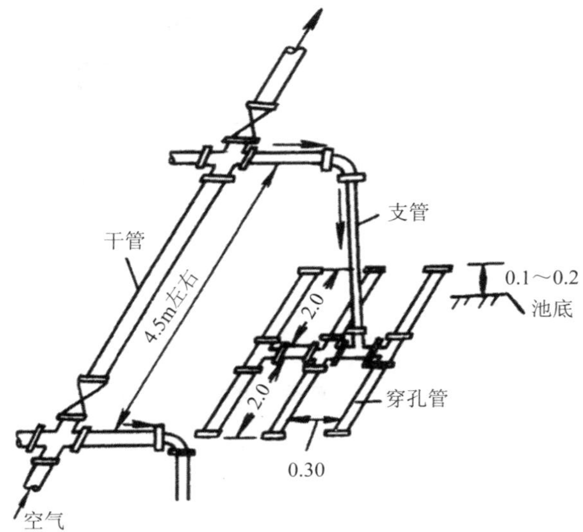

图 5-7　穿孔管

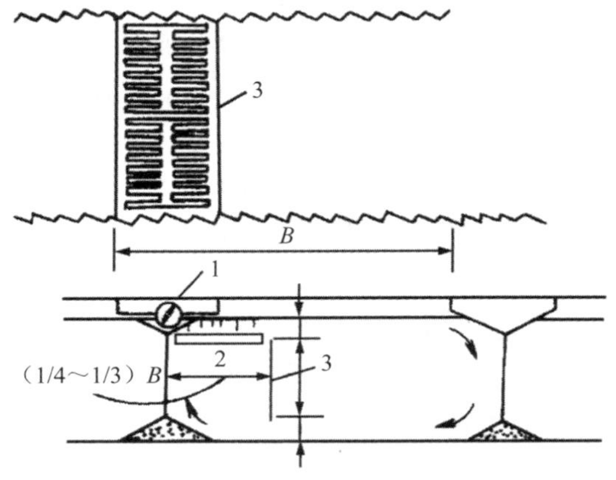

图 5-8　浅层曝气

1. 空气管；2. 穿孔管；3. 导流板；B. 池子宽度

穿孔管构造简单，不易堵塞，阻力小；但氧的利用率低，只有6%～8%，动力效率亦低，为1～1.5 kg（O_2）/（kW•h）。

● 大气泡曝气设备

大气泡曝气设备常用竖管。竖管布置在曝气池一侧，空气直接从管端放出。图5-9是我国某处理厂所用的竖管曝气装置。支管出口高出池底15 cm，支管直径20 mm。这种设备构造简单，阻力损失小，使用时不易阻塞，但空气利用率低，空气分布也不够均匀。竖管曝气由于放气口大，形成的气泡也大，所以常称大气泡曝气。大气泡的作用主要是由于大气泡的上升剧烈翻动水面，而使液体从大气中溶入氧气。

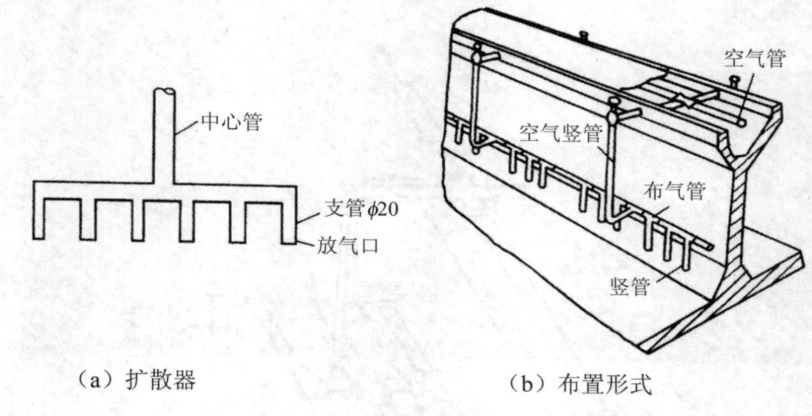

（a）扩散器　　（b）布置形式

图5-9　竖管曝气装置及其布置

● 水力剪切扩散装置

水力剪切扩散装置有倒盆式、射流式和撞击式三种（图5-10）。倒盆式扩散器是由塑料及橡皮板组成，空气从橡皮板四周喷出，旋转上升。由于旋流造成的剪切作用和紊流作用，使气泡尺寸变得较小（2 mm左右），液膜更新较快，效果较好。当水深为5 m时，氧利用率可达10%，4 m时为8.5%，每支扩散器的通气量为12 m^3/h。但阻力大，动力效率为2.6 kg O_2/（kW•h）。该曝气器在停气时，橡皮板与倒盆紧密贴合，无堵塞问题。

射流式扩散装置是利用水泵打入的泥水混合液在射流器的喉管处形成高速射流，与吸入或压入的空气强烈混合搅拌，将气泡粉碎为100 μm左右，使氧迅速转移至混合液中。其氧利用率可提高到25%以上。

● 固定螺旋扩散器

固定螺旋扩散器为一种新型的空气扩散装置。由ϕ300或400 mm，高1 500 mm的圆筒组成，内部装着按180°扭曲的固定螺旋元件5～6个，相邻两个元件的螺旋方向相反，一顺时针旋，另一逆时针旋。空气由底部进入曝气筒，形成气水混合液在筒内反复与器壁及螺旋板碰撞、分割、迂回上升。由于空气喷出口径大，故不会堵塞。这种曝气器的氧利用率较高，一般可达10%，每个曝气器的作用直径为1～2 m，动力效率为2.2～2.6 kg O_2/（kW•h）。固定螺旋扩散器构造如图5-11所示，可均匀布置在池内。

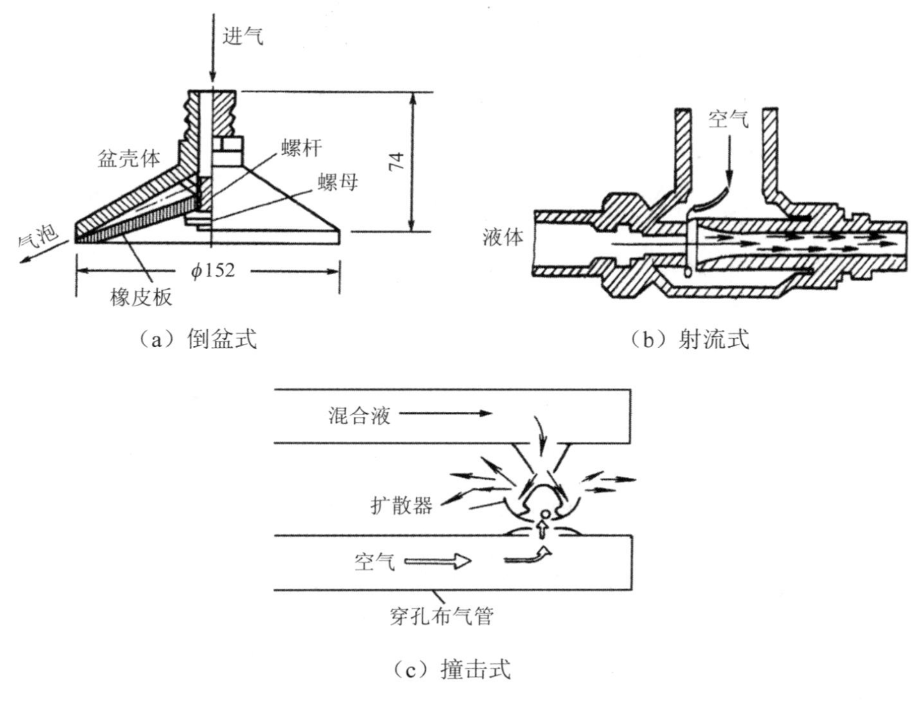

（a）倒盆式

（b）射流式

（c）撞击式

图 5-10　水力剪切扩散器

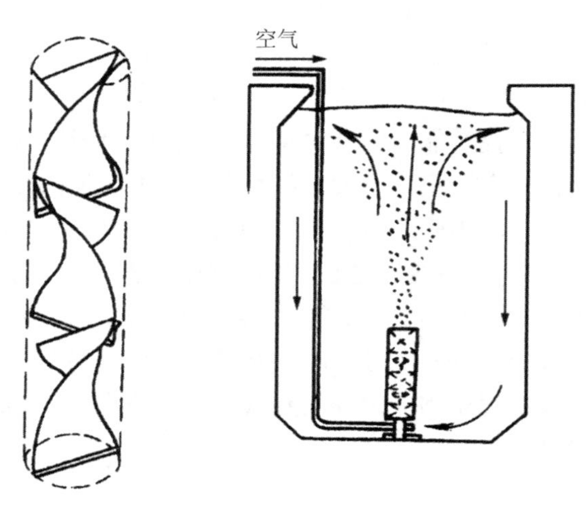

（a）内部构造　（b）工作状态时的示意图

图 5-11　固定螺旋扩散器

近年来，我国对曝气装置的研究取得很多成果，并获得很好的应用效果。

②机械曝气法。

鼓风曝气是水下曝气，机械曝气则是表面曝气。机械曝气是以装在曝气池水面的表面曝气机的快速转动，进行表面充氧。按转轴的方向不同，表面曝气机分为竖式和卧式两类。

● 竖式曝气机

竖式曝气机的转动轴与水面垂直，装有叶轮，常用的有平板叶轮、倒伞型叶轮和泵型叶轮，见图 5-12。其中泵型表曝机已有系列产品。

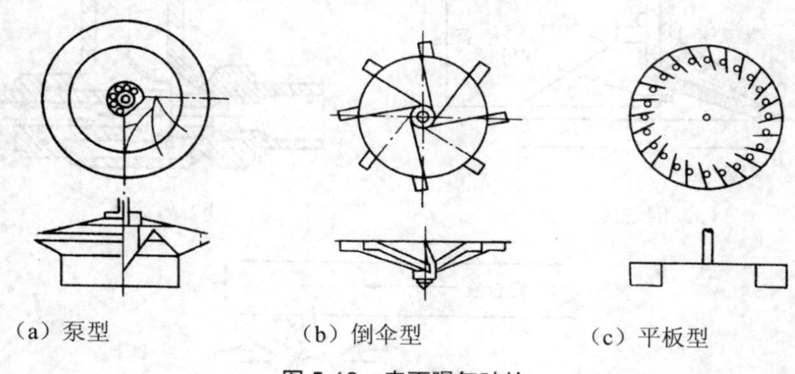

（a）泵型　　（b）倒伞型　　（c）平板型

图 5-12　表面曝气叶轮

表面曝气叶轮的供氧是通过下述三种途径来实现的：①由于叶轮的提升和输水作用，使曝气池内液体不断循环流动，更新气液接触面，不断从大气中吸氧。②叶轮旋转时，在周边处形成水跃，使液面剧烈搅动，从大气中将氧卷入水中。③叶轮旋转时叶片后侧出现负压区而吸入空气。

除了供氧之外，曝气叶轮也具有足够的提升能力，一方面保证液面更新，另一方面也使气体和液体获得充分混合，防止池内活性污泥沉积。

实测表明，泵型叶轮的提升能力和充氧能力比相同直径的平板叶轮大，倒伞型叶轮的动力效率较平板叶轮高，但充氧能力较差。

曝气叶轮的充氧能力和提升能力同叶轮转速、浸没深度及曝气池型等因素有关。在适宜的浸深和转速下，叶轮的充氧能力最大，并可保证池内污泥浓度和溶解氧浓度均匀。一般生产上曝气叶轮转速为 30～100 r/min，叶轮周边线速度为 2～5 m/s。线速过大，会打碎活性污泥颗粒，影响沉淀效率，但线速过小，将影响充氧量。叶轮的浸没深度一般在 40 mm 左右，并且可调。若浸没深度过小，充氧能力将因提升力减小而减小，底部液体不能供氧，将出现污泥沉积和缺氧；当浸没深度过大时，充氧能力也将显著减小，叶轮仅起搅拌机的作用。一般表面曝气吸氧率为 15%～25%，充氧动力效率为 2.5～3.5 kg O_2/（kW•h）。

● 卧式表面曝气装置

卧式表面机械曝气设备，目前主要应用的是转刷曝气器，如图 5-13 所示。转刷曝气器主要用于氧化沟，它具有负荷调节方便、维护管理容易、动力效率高等优点。转刷曝气器由水平转轴和固定在轴上的叶片组成，转轴带动叶片转动，搅动水面溅成水花，并使液面剧烈波动，促进氧的溶解；同时推动混合液在池内流动，促进溶解氧的扩散。

对于较小的曝气池，采用机械曝气装置减少曝气费用，并省去鼓风机曝气所需的管道系统和鼓风机等设备，维护管理也较方便。但是这类装置转速高，所需动力随池子的加大而迅速增大，所以池子不宜太大，而且需要较大的表面积以便能从空气中吸氧。此外，曝气池中如有大量泡沫产生，则可能严重降低叶轮的充氧能力。鼓风曝气供应空气的伸缩性较大，曝气效果也较好，一般用于较大的曝气池。

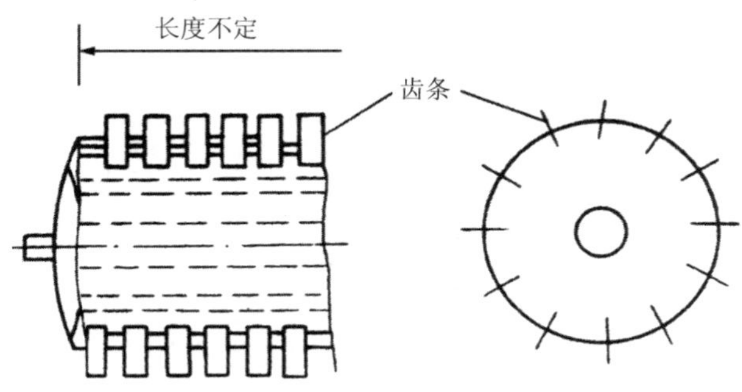

图 5-13　卧式曝气刷

2．曝气池

活性污泥处理污水的主要构筑物是曝气池，曝气池实质上是一个生化反应器。随着活性污泥法应用的不断发展和改进，曝气池的型式与构造也不断变化，概括起来可以分为以下几类：

按混合液在曝气池中的流态可分为推流式、完全混合式和循环混合式三种；按采用的曝气方法可分为鼓风曝气式、机械曝气式和两种曝气方法联合使用的联合式三种；按平面几何形状可分为长方廊道形、圆形、方形和环形跑道形四种；按曝气池与二次沉淀池的关系可分为分建式和合建式两种。

（1）推流式曝气池。

推流式曝气池（见图 5-14）为长方廊道形池子，常采用鼓风曝气，空气扩散装置设在池子的一侧，使水在池子中呈螺旋状前进。废水和回流污泥一起从池子一端进入，混合液从另一端流出。该池首端微生物的营养丰富，末端营养很少，使微生物的生长环境沿池长不断变化；氧的利用速率也是首端高，末端低，而运行时往往是平均供氧，因而当进水 BOD 较高时，会造成曝气池首端供氧不足，而末端供氧过剩。另外，对进水水量与水质的波动适应性较差；但水在池内不会产生短流，处理效果好。

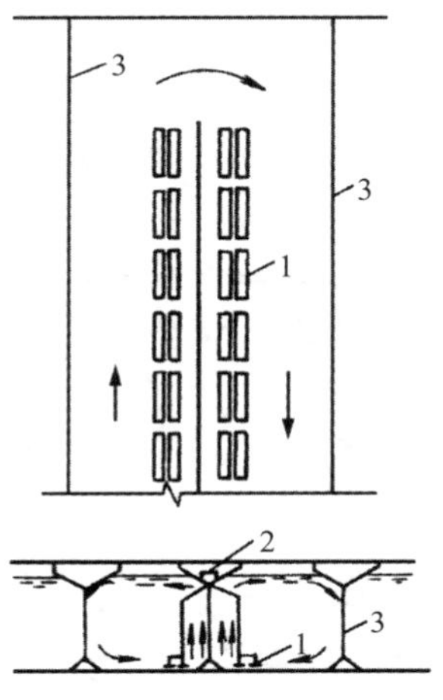

图 5-14　推流式曝气池

1. 扩散器；2. 空气管；3. 隔墙

曝气池的数目随污水厂的水量而定，在结构上可以分成若干单元，每个单元包括几个池子，每个池子常由1～4个折流的廊道组成，如图5-15所示。

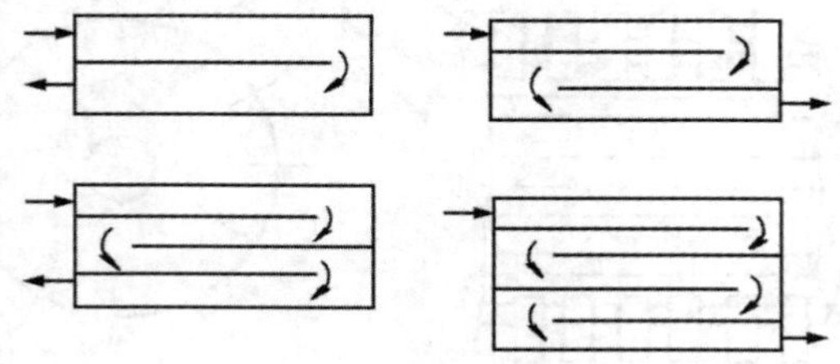

图5-15 曝气池廊道

推流式曝气池池长有时可达 100 m。为防止短流，廊道长宽比应大于 4.5，甚至大于10。为了使水流更好地旋转前进，宽深比一般在1.5～2。池深一般为3～5 m。曝气池进水一般采用淹没式，以免废水进入曝气池后沿水面扩散，造成短流，影响处理效果。曝气池出水可采用溢流堰或出水孔。通过出水孔的水流速度一般较小（0.1～0.2 m/s），以免污泥受到破坏。

（2）完全混合式曝气池。

完全混合式曝气池多用于圆形、方形或多边形池子，一般采用叶轮式机械曝气。图5-16所示是国内采用较多的一种合建式表面曝气的完全混合曝气池。它由曝气区、导流区、沉淀区和回流区四部分组成。在曝气区，从池子下部中心进入的污水和用污泥水回流缝回流的污泥，通过叶轮搅拌迅速均匀混合，然后进入导流区，流入沉淀区，澄清水经周边溢流堰排出，沉淀下来的污泥则沿曝气区底部四周的回流缝流入曝气池。导流区的作用是使污泥凝聚并使气水分离，为沉淀创造条件。在导流区中常设径向障板（整流板），以阻止在惯性作用下从窗孔流入导流区和沉淀区的液流绕池子轴线旋转，有利于气水和泥水的分离。曝气区下端设池裙，以避免死角，设顺流圈以增加阻力，减少混合液和气泡甩入沉淀区的可能。为了控制回流污泥量，曝气区出流窗孔设有活门，以调节窗孔的大小。由于曝气和沉淀两部分合建在一起，这类池子称“合建式完全混合曝气池”或“曝气沉淀池”。它布置紧凑，流程短，有利于新鲜污泥及时回流，节省污泥回流设备，因此在小型污水处理厂，特别是在工业废水处理中得到广泛应用。

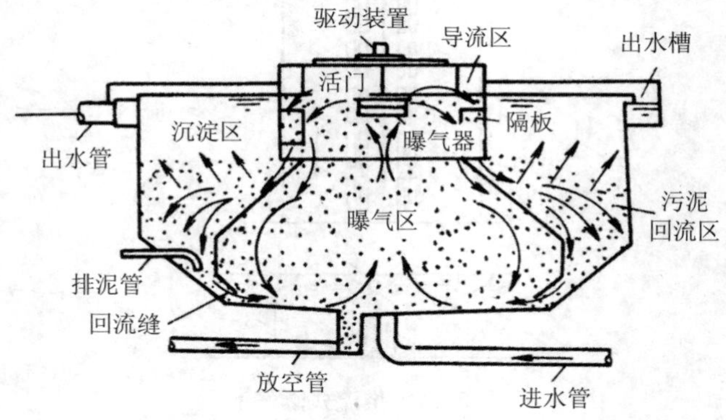

图5-16 圆形曝气沉淀池

它的平面常是方形或长方形，沉淀区仅在曝气区的一边设置，因而曝气时间与沉淀时间的比值，比圆形曝气沉淀池的大些，适合于曝气时间较长的污水处理。为加强液体上下翻动，有时设置中心导流筒。

除合建式外，还有分建式，即曝气池和沉淀池分开修建。

完全混合式曝气沉淀池，除上述叶轮供氧的圆形或方形池子外，还有如图 5-17 所示的长方形曝气沉淀池。

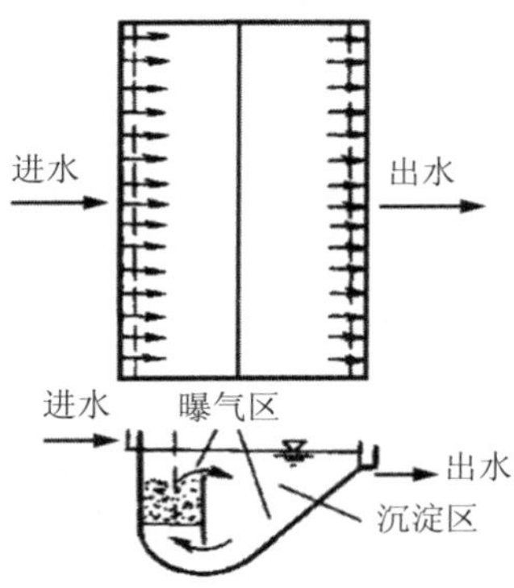

图 5-17　长方形曝气沉淀池

完全混合长方形曝气沉淀池也有分建式的，如图 5-18 所示。

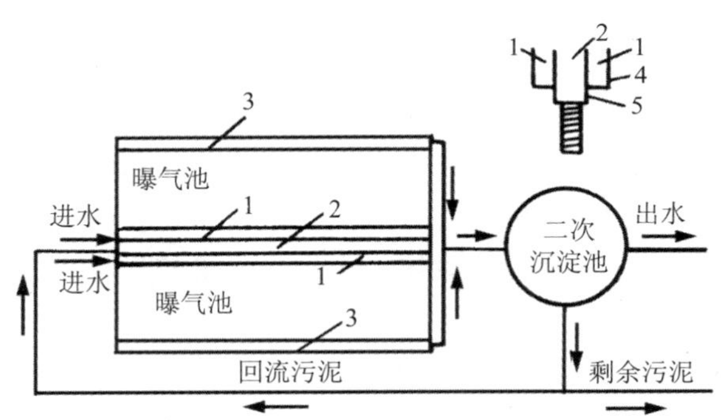

图 5-18　分建式完全混合系统

1. 进水槽；2. 进泥槽；3. 出流槽；4. 进水孔；5. 进泥孔（进水孔和进泥孔沿池长分布）

为了达到完全混合的目的，污水和回流污泥沿曝气池池长均匀引入，并均匀地排出混合液。

完全混合活性污泥法抗冲击负荷能力强，运行费用较低，占地较小，费用较省。但构造复杂，污泥易膨胀，设备维修工作量大。适用于污水浓度高的中小型污水厂。

（3）循环混合式曝气池（氧化沟）。

循环混合式曝气池多采用转刷供氧，其平面形状如环形跑道。循环混合式曝气池也称为氧化沟（渠），是一种简易的活性污泥系统，属于延时曝气法。其基本形状如图 5-19 所示。

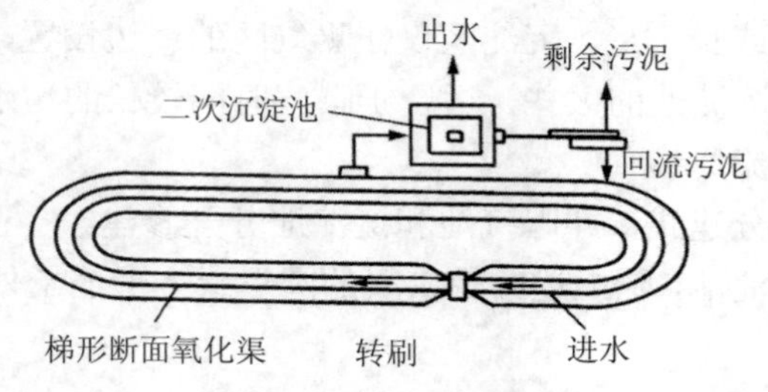

图 5-19 氧化沟的典型布置

像跑道一样，转刷设置在氧化沟的直段上，转刷旋转时混合液在池内循环流动，流速保持在 0.3 m/s 以上，使活性污泥呈悬浮状态。氧化沟的流型为环状循环混合式，污水从环的一端流出。一般混合液的环流量为进水量的数百倍以上，接近于完全混合，具备完全混合曝气池的若干特点。氧化沟的断面可做成梯形或矩形。氧化沟的有效深度常为 0.9～1.5 m，有的深达 2.5 m。沟宽与转刷长度相适应。

氧化沟可分为间歇运行和连续运行两种方式。间歇运行适用于处理量少的污水，可省掉二次沉淀池。当停止曝气时，氧化沟作沉淀池使用，剩余污泥通过氧化沟中污泥收集器排除。连续运行适用于水量稍大的污水处理，需另设二次沉淀池和污泥回流系统。

氧化沟法有较高的脱氮效果，系统简单管理方便，产泥少且稳定性好。但曝气池占地面积大，投资高，运行费用较高。适用于悬浮性 BOD 低、有脱氮要求的中小型污水厂。

5.2.3 活性污泥法的运行及操作

1. 活性污泥法的运行方式

活性污泥法在应用和发展过程中，为了提高处理能力，适应不同的处理要求，降低基建和运行费用，简化运行管理，在推流式和完全混合式两类系统的基础上派生出了各种不同的运行方式。下面介绍几种常用的运行方式。

（1）普通活性污泥法。普通活性污泥法是活性污泥法的最早应用形式，又称传统活性污泥法，其工艺流程如图 5-1 所示。曝气池采用长方形，污水和回流污泥从曝气池首端流入呈推流式至曝气池末端流出。空气沿池长均匀分布，污水在曝气池内完成被吸附和氧化两个阶段，并得到净化。曝气池混合液在二沉池内沉淀的污泥一部分回流至曝气池，一部分作为剩余污泥排出。操作时，曝气时间一般取 4～8 h，MLSS 为 2～3 g/L，污泥回流率一般为 25%～50%，剩余污泥量为总污泥量的 10%左右。

此法的特点是：曝气池进口处有机物浓度高，沿池长逐渐降低，需氧量也是沿池长逐渐降低（图 5-20）。当进水有机物浓度较低，回流污泥量大时，进口端污泥增长可能处于稳定期；当进水有机物浓度较高，则进口端污泥增长可能处于对数增长期。通过较长时间的曝气，曝气池出口处微生物的生长已进入内源呼吸期，这时污水中有机物极少，活性污泥容易在沉淀池中混凝、沉淀。同时污泥中微生物处于缺乏营养的饥饿状态，充分恢复了活性，回流入曝气池后，对有机物有很强的吸附和氧化能力。所以普通活性污泥法对有机物（BOD_5）和悬浮物去除率高，可达到 90%～95%，出水水质好，特别适用于处理水质比较稳定的污水。它的主要缺点是：①不能适应冲击负荷。当进水浓度突然增高，特别是对污泥中微生物具有抑制和毒害作用的物质浓度突然增高时，调节缓冲余地甚小，使活性污泥的正常生理活动遭到冲击，甚至破坏。因此其适应水质变化能力很差。②供应的氧气不能被充分利用。污水进口的池子前端 BOD_5 高，生化反应快，需氧量高。随着污水沿池长流动，污水中有机物逐渐去除，需氧量逐渐降低，结果造成池前段供氧不足，后段氧量过剩。同时，为保证池前段不致缺氧，还需控制污水进水的有机负荷量不宜过高。③曝气池容积负荷不高。由于池后段浓度低，反应速率低，单位池容积的处理能力小，占地大，若人为提高池后段的容积负荷，将导致进口处过负荷或缺氧。④排出的剩余污泥在曝气中已完成了恢复活性的再生过程，造成动力浪费。因此，限制了此法在某些工业污水中的应用。

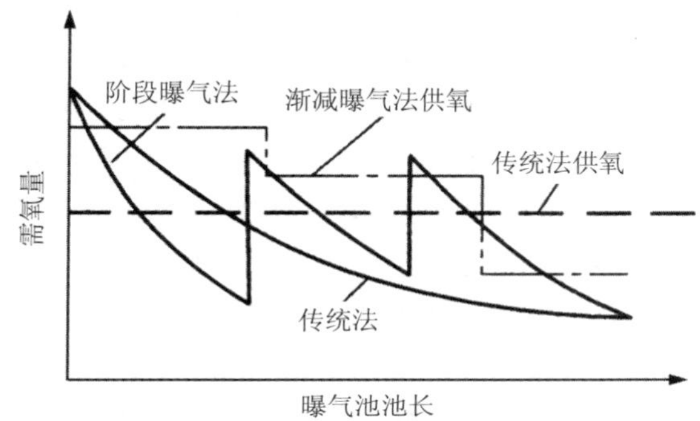

图 5-20 曝气池中需氧量与供氧量的关系

（2）渐减曝气法。此法是为改进传统活性污泥法中供氧不能充分被利用的缺点而提出来的。它的工艺流程与传统活性污泥法一样，只是供气沿池长递减，使供气量与需氧量相适应。具体措施是从池前端到末端，所安装的空气扩散设备由多到少（见图 5-21），使供气量沿池长逐渐减少。

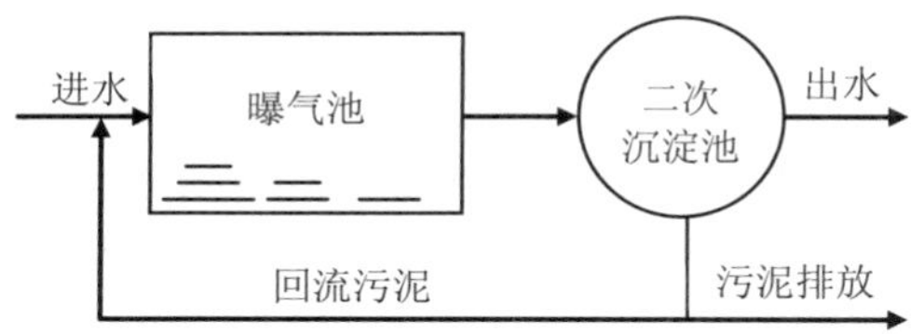

图 5-21 渐减曝气法工艺流程

（3）逐步曝气法。逐步曝气法又称阶段曝气法，是除传统活性污泥法以外使用较为广泛的一种活性污泥法。如图 5-22 所示。此法将污水进池方式改为沿池长分几个进口入池（一般为 3～4 个），使有机物沿池长分配比较均匀，避免了传统曝气法池前段供氧不足、池后段氧量过剩的缺点。另外，由于分散进水，污水在池内稀释程度较高，污泥浓度也沿池长而降低，可减轻二次沉淀池的负荷，有利于泥水分离。实践证明，逐步曝气法可以提高空气利用率和曝气池工作能力，并且能够根据需要改变各进水口的进水量，运行上有较大的灵活性。逐步曝气法适用于大型曝气池及浓度较高的污水。

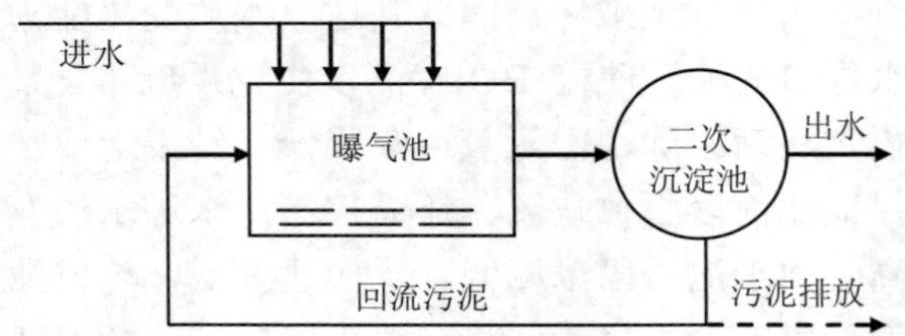

图 5-22 逐步曝气法工艺流程

（4）吸附再生曝气法。吸附再生曝气法又称生物吸附法或接触稳定法。此法充分利用了活性污泥在净化水质第一阶段的吸附作用，在较短时间内（30～60 min），通过吸附去除污水中悬浮的和胶态的有机物，再通过液固分离，污水得到净化。这是对传统法的一种重要改进，其流程示意如图 5-23 所示。在吸附池内，有机物被污泥吸附后，污泥和污水一起流入沉淀池，将回流污泥引入再生池进行氧化分解，并采取不投食料的空曝方式（曝气时间为 2～3 h），使微生物处于高度饥饿状态，从而使污泥具有很高的活性。然后将恢复活性后的污泥引入吸附池，吸附污水中的有机物，如图 5-23（a）所示。污水中有机物的被吸附和污泥的再生也可以在一个池内的两个部分进行，如图 5-23（b）所示。此时，池前部为再生段，后部为吸附段，污水由吸附段进入池内。与传统法一样，吸附再生法也采用推流式池型。

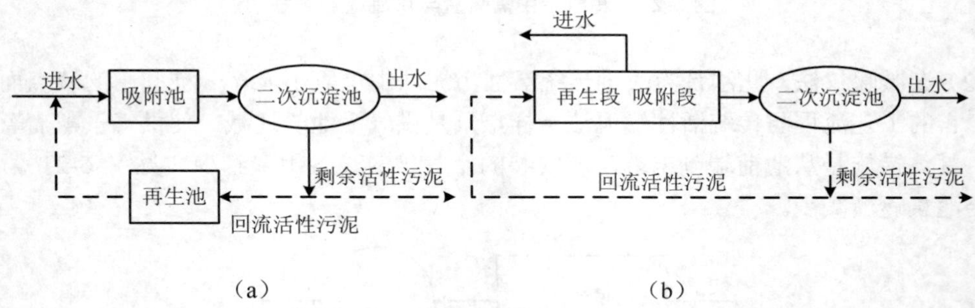

图 5-23 吸附再生曝气法流程示意

吸附再生曝气法的优点是：

①由于污水的吸附时间比较短，且再生池和吸附池内污泥浓度高，因而吸附和再生两个池子的总容积比传统活性污泥法一个池子的容积要小，可减少 50%左右。此外，空气用量也有所减少。这是因为传统活性污泥法中，剩余活性污泥是经曝气再生后排出的，而吸附再生曝气法中所排出的剩余活性污泥不再曝气。另外，由于曝气池容积缩小，搅拌用的空气量也相应地减少。

②吸附再生曝气法回流污泥量比传统活性污泥法多，一般为进水量的 50%～100%，具有一定的调节平衡作用，对负荷变化的适应性较强。由于大量污泥集中于再生池，一旦吸附池中污泥受到破坏，可以迅速地由再生池污泥替换，不影响正常运行。

③吸附再生曝气法可不设初次沉淀池，降低了建设费用。

④“空曝”可抑制丝状细菌繁殖，防止污泥膨胀。

吸附再生曝气法的缺点是：

①处理效果不及传统活性污泥法高，BOD_5去除率一般只能达到85%～90%。

②回流污泥量大，增加了回流污泥泵的能耗。

③剩余污泥松散，含水率高，处置较困难。

吸附再生曝气法适用于处理含大量悬浮状和胶体状有机物的污水，如焦化厂多采用此方法处理含酚污水，酚的去除率可达99%以上。

（5）完全混合曝气法。完全混合曝气法简称完全混合污泥法，是目前采用较多的新型活性污泥法。它与传统曝气法的主要区别在于混合液在池内呈充分混合循环流动，因而污水与回流污泥进入曝气池后立即与池内原有混合液充分混合，进行吸附和代谢活动。完全混合法的流程示意如图5-24所示。其池型有曝气池与沉淀池合建和分建两种形式。

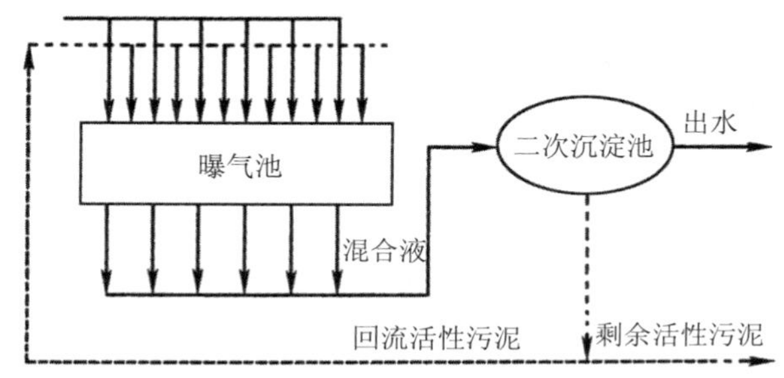

图5-24　完全混合曝气法基本流程

完全混合曝气法的优点是：

①曝气池内液体充分混合，池内各点水质几乎完全相同，需氧量是均匀的。由于污水和回流污泥进入曝气池内同原有的大量浓度低、水质均匀的混合液混合，得到很好的稀释，因而进水水质的变化对活性污泥的影响降到很小的程度，可以最大限度地承受水质变化，从而克服了传统活性污泥法不适应冲击负荷的缺点。

②能够处理高浓度有机污水而不需要稀释，只要随浓度的高低在一定污泥负荷范围内适当延长曝气时间即可。

③由于池内各点水质均匀，微生物群的性质和数量基本上也相同，这就使整个池子的工作可控制在同一条件下进行。这一点是其他运行方式不具备的。

完全混合曝气法的缺点是：

①由于连续进水，有少量进水发生短流，使出水水质受到影响。

②曝气池内活性污泥不能达到内源呼吸阶段，因而出水水质不如传统曝气法。

③易发生污泥膨胀。

（6）延时曝气法。延时曝气法又称完全氧化法，是完全混合曝气法的另一种运行方式，其流程如图5-25所示。

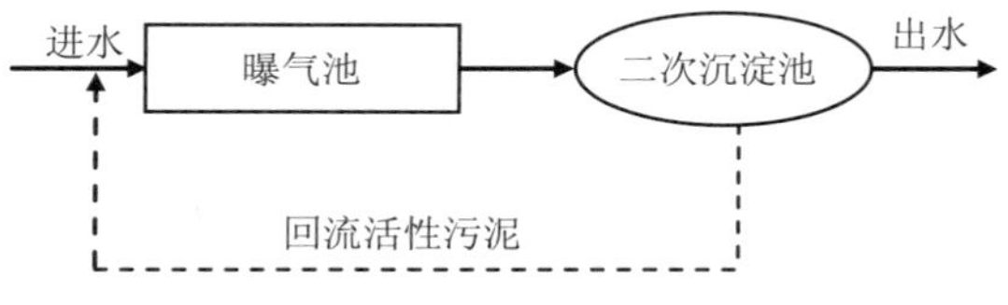

图5-25　延时曝气法基本流程

其特点是负荷率低，曝气时间长（为 1～3 d），所需要的池容积大。工作时活性污泥长期处于内源呼吸阶段，不但去除了水中污染物，而且氧化了合成的细胞物质，实际上它是污水处理和污泥好氧处理的综合。此法剩余污泥量理论上接近于零，但仍有一部分细胞物质不能被氧化，或随出水排走，或需另行处理。由于污泥氧化比较彻底，故其脱水迅速且无臭气，出水稳定性也较高。延时曝气法的细胞物质氧化时释放出的氮、磷，有利于缺少氮、磷的工业废水的处理。另外，延时曝气池容积大，进水水量和水质的变化以及低温对污泥的影响小。但污泥龄长，基建费和动力费都较高，占地面积也较大。所以它只适用于要求较高而又不便于污泥处理的小型城镇污水和工业废水的处理。延时曝气法一般采用完全混合式的流型。氧化沟也属此类。

活性污泥法的运行方式还有高负荷的高速曝气法等，但国内很少采用。

2．活性污泥法的运行与控制

（1）活性污泥的培养和驯化。

经过工程验收之后，活性污泥系统运行的下一步便是好氧污泥的培养。

①培菌。

活性污泥的培养是指一定环境条件下在曝气池中形成处理废水所需浓度和种类的微生物（污泥）。

城市污水厂的培菌一般采用闷曝法。在温暖季节向曝气池充满生活污水，为提高初期营养物浓度，可投加一些浓质粪便或米泔水等，使 BOD_5 浓度为 300～400 mg/L，开启曝气系统，在不进水曝气数小时后，停止曝气并沉淀换水。经过数日曝气、沉淀换水之后 2～5 d 即可连续进水，并开启曝气池和二沉池，污泥回流系统连续运行，7～10 d 可见活性污泥出现，则可加大进水量，提高负荷，使曝气池污泥浓度和运行负荷达到设计值，即使污水经处理后达标排放所需的污泥浓度和运行负荷。培菌初期，由于污泥尚未大量形成，污水浓度较低，且污泥活性较低，故系统的运行负荷和曝气量须低于正常运行期的参数。

工业废水活性污泥处理系统的培菌较困难，往往需投加菌种（类似污水处理厂的干污泥），具体采用如下方法。

- 采用数级扩大培菌

在营养合适时，微生物生长繁殖速度很快，但初期需适应水质特点。依照发酵工业中菌种—种子罐—发酵罐扩大培养的方法，寻找合适的容器，分级扩大培菌。先在小的处理设施或构筑物中培养出足够活性的污泥，作为菌种引入到下一级构筑物，由于有了足够活性和数量的种泥，大型构筑物中活性污泥会很快生长，达到所需的污泥浓度。

- 干污泥培菌

取水质特征相同、已正常运行于处理系统中并脱水后的干污泥作为菌种进行培菌。加入曝气池干污泥后，注入少量水捣碎，然后再加浓生活污水和一定量的工业废水，逐渐降低生活污水的比例，相应增大工业废水的比例直至完全工业废水进行培菌，也可采用低负荷适当水量连续进水来培菌。微生物污泥会迅速增长达到所需的浓度。

- 工业废水直接培菌法

某些企业的污（废）水营养全面，浓度适中，且本身含丰富的种群，如食品加工厂、肉类加工厂、豆制品厂等，一般采用直接培菌法，即按城市污水的方法进行。

以上几种方法只适合于城市污水或水质接近生活污水的工业废水，对于有毒或难生物降解的工业废水，必须进行接种，且要采用间接驯化法，即先以生活污水培养种泥，再用生活污水与工业废水混合培驯，最后全用工业废水驯化的方法。

②驯化。

对于有毒或难生物降解的有机工业废水，在污水培养的后期，将生活污水量和外加营养量逐渐减少，工业废水量逐渐增加，最后全部为工业废水。此过程称为驯化。

通过驯化过程能使可利用废水有机污染物的微生物数量逐渐增加，不能利用的则逐渐死亡、淘汰，最终使污泥达到正常的浓度、负荷，并有好的处理效果。有机物一般都能被微生物代谢吸收，简单有机物可被细菌直接吸收利用，而复杂的大分子有机物或有毒性的有机物，必须首先被细菌分泌出的“诱导酶”分解转化成简单的有机物才能被吸收，凡能分泌出这种“诱导酶”的细菌，能适应工业废水的水质特征而生存下来，这种细菌的富集、迅速繁殖，就是污泥的驯化。

在污泥驯化过程中，应使工业废水比例逐渐增加，生活污水比例逐渐减少。每变化一次配比，污泥的浓度和处理效果的下降不应超过10%，并且经7～10 d运行后，能恢复到最佳值。

经多次调整水量配比，直到驯化结束达到处理效果，对于可生化性较好、有毒成分较少、营养较全的工业废水，可同时进行培养和驯化，即培菌一开始就加入一定比例的工业废水。否则，须把培养和驯化完全分开。

③工业废水营养。

城市污水中生活污水所占比例较大，一般为45%～60%，而且各种有害物质和难降解物质的浓度得到稀释，因此城市污水中微生物代谢所需要的营养成分都具有，不仅全面而且均衡。某些工业废水，污染物成分单一，如甲醇溶剂生产废水、农药生产废水、造纸废水等，营养不全会影响微生物的生长繁殖。

- 补充营养的种类

一般情况下，可生物降解的有机污水所缺的营养物质为N和P，而某些情况下，N的含量会很高，超过所需比例，如化肥厂的生产废水。因此，很多工业废水处理系统需投加的补充营养物为含P化合物。

能够补充N源的物质有氨水、尿素、硝胺、硫铵。

能够补充P源的物质有过磷酸钙、磷酸氢二钠。

实际生产中，可选用氨水或尿素补充N源，选用Na_2HPO_4补充P源，这样可以降低运行成本。最好能引入含N、P量高的工业废水，或高浓度生活污水。

- 补充营养的投加量

经验法：若工业废水中所提供的营养缺少某一类，或C、N、P比例离平衡要求相差太远，则可按C∶N∶P=100∶5∶1～150∶5∶1的比例计算出所需营养的投加量，在补充营养后使处理系统正常运行，然后逐步减少补加的N、P数量，直至处理效果转差，则此时可知需控制的营养比例。

- 测试法

该法是测出处理系统污泥的净产量及其中N或P的含量，来控制补充营养的投加量。但由于污泥中N、P含量的测定不易准确，该方法有一定困难。

（2）活性污泥的观察和述评。

活性污泥法处理污水效果的好坏取决于微生物的活性。因此，运行过程中应注意观察和检测污泥的性状和微生物的组成与活性等。如污泥的沉降性能应每班观察，污泥的生物相特征亦应根据需要每3～5 d观测一次。

①活性污泥性状的观测。

- 污泥的色、嗅

正常运行的城市污水厂或与城市污水类似的工业废水处理站，活性污泥一般呈黄（或棕）褐色，新鲜的活性污泥略带泥土味。

当曝气池充氧不足时，污泥会发黑、发臭；当曝气池充氧过度或负荷过低时，污泥色泽会较淡。

- 观察曝气池

应注意观察曝气池液面翻腾情况，防止有成团气泡上升或液面翻腾很不均匀的情况。

应注意观察曝气池泡沫的变化。若泡沫量增加很多，或泡沫出现颜色，则反映出进水水质变化或运行状态变化。

- 观察二沉池

经常观察二沉池泥面的高低、上清液透明程度及液面浮泥的情况。污水厂正常运行时二沉池上清液的厚度应该为0.5～0.7 m。如果泥面上升，则说明污泥沉降性能差。上清液混浊，则说明负荷过高，污水净化效果差；若上清液透明，但带出一些细小污泥絮粒，说明污水净化效果较好，但污泥解絮。

池中不连续性大块污泥上浮，则说明池底局部厌氧，导致污泥腐败。若大范围污泥成层上浮，可能是污泥中毒。

- 污泥性能指标测试与分析

活性污泥处理系统，应及时检测污泥的浓度、沉降比和体积指数，并加以分析，判断运行情况。

污泥浓度（MLSS） 处理系统应维持正常的污泥浓度，以保证运行负荷的正常或污泥性能的正常。如传统活化污泥法曝气池污泥浓度MLSS一般为2 000～3 000 mg/L，而不设初沉池的氧化沟处理厂，MLSS则为3 000～5 000 mg/L。

污泥沉降比（SV） 通常所测SV为静沉30 min的结果，SV值越小，污泥沉降性能越好。或者，测定5 min的污泥沉降体积，来判断污泥的沉降性能，因为5 min时，沉降性能不同的污泥，其体积差异最大，且可节省测试时间。必要时，可测定污泥在低转速条件下的沉淀效果，并测定污泥界面沉降速率，其结果更准确地反映了沉淀池中的实际状况。

SV的值与污泥种类、絮凝性能和污泥浓度有关。例如，初沉池SV比二沉池的要小；富含丝状菌的污泥SV很大；污泥自身过度氧化，细菌胞壁外层黏液降低时，絮凝性能变差，SV值很高。

另外，SV值对于同一类污泥，浓度越高，SV值越大。

污泥体积指数（SVI） 在SVI的含义中，排除了污泥浓度对沉降体积的影响。SVI值能更好地反映污泥的絮凝沉降性能和污泥活性。一般认为，SVI值处于80～150时，污泥状况良好。对于无机污泥，SV值正常，而SVI值可能很低；对于有较好食物竞争能力的丝状菌，虽代谢活性较好，但不能絮凝沉淀，SVI就很高。

SVI 值与污泥负荷有关，当污泥负荷过低（如小于 0.05）或过高（如大于 0.5），其活性污泥代谢性能变差，SVI 值亦不正常。

②活性污泥生物相的观察。

活性污泥处理系统生物相的观察，是普遍采用的运行状态的观察方式。通过生物相观察，了解活性污泥中微生物的种类、数量优势度等，及时掌握生物相的变化，运行系统的状况和处理效果，及时发现异常现象或存在的问题，对运行管理予以指导。

活性污泥微生物一般由细菌（菌胶团）、真菌、原生动物和后生动物等组成，其中以细菌为主，且种类繁多。当水质条件和环境条件变化时，在生物相上也会有所表现。

活性污泥絮粒以菌胶团为骨架，穿插生长着一些丝状菌，但其数量远小于细菌数量。微型动物中以固着类纤毛虫为主，如钟虫、盖纤虫、累枝虫等，也会见到少量游动纤毛虫，如草履虫、肾形虫，而后生动物如轮虫很少出现。一般来讲，城市污水处理厂活性污泥中，微生物相当丰富，各种各样微生物都会有，而工业废水处理站活性污泥中因为水质的原因，可能就不会有某些微生物。

对微生物相观察应注重如下几方面。

- 生物种类的变化

污泥中微生物种类会随水质变化，随运行阶段而变化。培菌阶段，随着活性污泥的逐渐生成，出水由浊变清，污泥中微生物的种类发生有规律的演替。运行中，污泥中微生物种类的正常变化，可以推测运行状况的变化。如污泥结构松散时，常可见游动纤毛虫的大量增加。出水混浊效果较差时，变形虫及鞭毛虫类原生动物的数量会大大增加。

工业废水因水质特征的差异，各处理站的生物相亦会有很大差异。实际运行中，应通过长期观察，找出废水水质变化与生物相变化之间的相应关系。如某种原生动物数量会随着进水水质和运行效果好坏的变化而变化。

- 微生物活动的状态

当水质发生变化时，微生物的活动状态会发生一些变化，甚至微生物的形体亦随废水变化而发生变化。以钟虫为例，可观察其纤毛摆动的快慢，体内是否积累较多的食物泡，伸缩泡的大小与收缩以及繁殖等。微型动物对溶解氧的变化比较敏感，当水中溶解氧过高或过低时，能见钟虫“头”端突出一空泡。进水中难代谢物质过多或温度过低时，可见钟虫体内积累不消化颗粒并呈不活跃状态，最后会导致虫体中毒死亡。pH 值突变时，虫体上纤毛停止摆动。当遇到水质变化时，虫体外围可能包以较厚的胞囊，以便度过不利条件。

- 微生物数量的变化

城市污水处理厂活性污泥中微生物种类很多，但某些微生物数量的变化会反映出水质的变化。如丝状菌在正常运行时亦有少量存在，但丝状菌大量出现，见到的结果会是细菌减少、污泥膨胀和出水水质变差。

活性污泥中鞭毛虫的出现预示污泥开始增长繁殖，而鞭毛虫数量很多时，又反映出处理效果的降低。

钟虫的大量出现一般表示活性污泥已生长成熟，此时处理效果很好，同时可能会有极少量的轮虫出现。若轮虫大量出现，则预示污泥的老化或过度氧化，随后会发生污泥解体、出水水质变差。

活性污泥中微生物的观察，一般通过光学显微镜来完成，用低倍数的观察污泥絮粒的状态，高倍数的观察微型动物的状态，油镜观察细菌的情况。由于工业废水处理站活性污泥可能没有微型动物，故其生物相观察需要长期、仔细的工作。运行管理中对生物相的观察，已日益受到重视。

③活性污泥系统的运行控制。

- 运行管理

运行过程中，环境条件和污水水质、水量均有一定的变化，为了保持最佳的处理效果，积累经验，应经常对处理状况进行检测，并不断调整工艺运行条件，以充分发挥系统的能力和效益，需要检测的项目及其频率如下。

反映处理效果的项目 进出水的 COD_{Cr}、BOD_5、SS 和其他有毒有害物质浓度。检测频率为每日 1～3 次。

反映污泥状态的项目 DO、SV 与 MLSS，一般为每日检测 1～3 次；MLVSS 与 SVI，每日检测 1 次；生物相，每 2～4 d 1 次。

反映处理流量的项目 进水量、回流污泥量和剩余污泥量，每日测定 1～3 次或由检测记录仪表自动连续记录。

反映设备运行状况的项目 如污水泵、风机（或曝气机）等主要工艺设备的运行参数（如流量、风量及风压、电耗等）。

反映水质营养和环境条件的项目 N、P、pH 值和水温等，每 3～7 d 检测一次。

- 运行控制方法

污泥负荷法 一般情况下，污水生物处理系统运行控制应以此法来完成，尤其是系统运行的初期和水质水量变化较大的生物处理系统。但该法操作较复杂一些，对于水质水量变化较小的系统或城市污水厂的稳定运行阶段，可以采用更简单一些的控制方法。

一般情况下，传统活性污泥法的污泥负荷 N_s 控制范围为 0.2～0.3 kg（BOD）/ [kg（MLVSS）·d]，对于一些难生物降解的工业废水，N_s 可能会控制得更低些。

良好絮凝和代谢性能的活性污泥微生物对营养物的需求，一般有一定的合适范围。营养过高时，微生物生长繁殖速率加快，尽管代谢能力强，但细菌能量高，趋于游离生长，导致污泥絮体解絮。但是营养过少时，外界营养不足，细菌会进行内源呼吸，自身代谢过度，菌体外黏液质减少，菌胶团必然解体，最终导致细菌代谢能力减弱。

污泥负荷过高时，曝气系统很难使曝气池 DO 维持正常，泡沫会增多，且出水浑浊，处理效果差。污泥负荷过低时，曝气池较易维持所需 DO，污泥沉降快，出水较清，但上清液中含有较多细小颗粒，悬浮物被带出。

MLSS 法 按照曝气池 MLSS 高低情况，调整系统排泥量来控制最佳的 MLSS。采用 MLSS 控制法，适合于水质、水量比较稳定的生物处理系统，因为对于一个现成的处理系统，当处理水量、水质和曝气池容积一定时，污泥负荷主要决定于污泥浓度 MLSS。具体操作时，应仔细分析不同季节水质、水量条件下的最优运行参数，找出最优 MLSS，然后通过调控使 MLSS 保持最佳。

对于城市污水处理系统，维持好的处理效果，MLSS 维持在 3 000 mg/L 左右的浓度即可。而对于工业废水，尤其是难生物降解的废水，曝气池中活性污泥浓度可能会高些。

SV 法 对于水质、水量稳定的生物处理系统，活性污泥的 SV 值可以代表污泥的絮凝和代谢活性，反映系统的处理效果。运行时可以分析出不同季节条件下的最优 SV 值，每

日每班测出 SV 值，然后调整回流污泥量、排泥量、曝气量等参数，使 SV 值维持最佳。

这种方法简单，但对水质、水量变化大的系统，或污泥性能发生较大变化时，SV 值变化范围增大，准确性降低。早期的城市污水处理厂按此法来调控，目前仍有少数污水处理厂（站）沿用。

污泥龄法　该方法要求按照系统最佳的污泥停留时间（污泥龄）来调整排泥量，使处理系统维持最佳运行效果。

但由于具体使用时，须计算出各种细菌的平均世代时间或污泥平均停留时间，而各种细菌的世代时间又有较大差异，很难准确确定。宏观上主要根据污泥龄（θ）与污泥负荷 N_s 的关系及污泥龄计算式来确定θ，并通过排泥量来控制最佳的θ。其实，按θ控制的运行方法实质上与按 N_s 控制的运行方法是一致的。

3．活性污泥法运行中常见的异常现象及防治措施

（1）污泥不增长或减少的现象。主要发生在活性培养和驯化阶段，污泥量长期不增加或增加后又很快减少了，主要原因如下：

①污泥所需养料不足或严重不平衡；

②污泥絮凝性差随出水流失；

③过度曝气污泥自身氧化。

解决的办法如下：

①提高沉淀效率，防止污泥流失，如污泥直接在曝气池中静止沉淀，或投加少量絮凝剂。

②投入足够的营养量，或提高进水量，或外加营养（补充 C、N 或 P），或加入高浓度易代谢废水。

③合理控制曝气量，应根据污泥量、曝气池溶解氧浓度来调整。

（2）溶解氧过高或过低。除设计的原因以外，曝气池 DO 过高，可能是因为污泥中毒，或培驯初期污泥浓度和污泥负荷过低；曝气池 DO 过低，可能是因为排泥量少，曝气池污泥浓度过高，或污泥负荷过高，需氧量大。遇到以上情况，应根据实际予以调整，如调整进水水质、排泥量、曝气量等。

（3）污泥解体。水质浑浊、絮体解散、处理效率降低即是污泥解体现象，运行中出现这种情况，可能有以下两方面原因：

①污泥中毒，微生物代谢功能受到损害或消失，污泥失去净化活性和絮凝活性。多数情况下为污水事故性排放所造成，应在生产中予以克服，或局部进行预处理。

②正常运行时，处理水量或污水浓度长期偏低，而曝气量仍为正常值，出现过度曝气，引起污泥过度自身氧化，微生物量减少而失去菌胶团，絮凝性能下降，吸附能力降低。絮凝体缩小质密，一部分则成为不易沉淀的羽毛状污泥，造成污泥解体，处理水水质混浊，SVI 值降低等。进一步污泥可能会部分或完全失去活性。此时，应调整曝气量，或只运行部分曝气池。

（4）污泥上浮。在二次沉淀池中，有时会产生污泥不沉淀随水流失、影响出水水质的现象，即污泥上浮。其产生原因及解决办法如下：

①污泥腐化。如果操作不当，曝气量过小，污泥缺氧，或污泥产泥量大而排泥量小，污泥贮存时间较长，二沉池中污泥均会发生厌氧代谢，产生大量气体，促使污泥上升。这

时应加大曝气量，或加大排泥量。也有可能是二沉池中存有死角，导致该处污泥厌氧分解，腐化上浮。

②污泥膨胀。若二沉池中活性污泥不易沉淀（絮凝沉降性能变差），SVI 值增高，污泥结构松散和体积膨胀，含水率上升，上清液稀少（但较清澈），出水水质变差，这种现象就是“污泥膨胀”。污泥膨胀的主要原因有丝状菌大量繁殖和菌胶团结合水过度。

对于丝状菌污泥膨胀，应在微生物相观察的基础上，分析丝状菌大量繁殖的原因。丝状菌的特点是：适合于高 C、N 比、高水温、较低 pH 值废水，适合在稳定的低 DO、低营养高负荷条件下运行。实际运行时应针对以上原因，采取解决办法。常采用的解决丝状菌膨胀的办法如下：

投加漂白粉，投加量为 MLSS 的 0.5%～0.8%；投加液氯，使余氯保持 0.5～1.0 mg/L；调整 pH 值，使 pH 值维持在 8.5～9.0 一段时间。改变曝气池流态，由于完全混合型的曝气池池内污泥负荷、营养、DO 等均匀一致，运行条件稳定，往往还处于高负荷运行，因此推流式更适合于丝状菌的繁殖。在推流式曝气池前端设置厌氧区，当 DO 及基质浓度交替变化，丝状菌难以大量繁殖。

一般来说，在有丝状菌膨胀时合理改变曝气池中的营养及环境条件，在菌胶团细菌和丝状菌竞争生存的污泥体之中，更有利于菌胶团细菌的繁殖。

结合水异常增多引起的污泥增多，多数情况下是因为排泥不畅，储泥时间太长。此时应加强排泥，也可以适当投加液氯或漂白粉。

③污泥脱氮。若曝气池中曝气时间过长，曝气池混合液会发生硝化作用，进入二沉池的污泥中硝酸盐或亚硝酸盐浓度高时，污泥会因缺氧而发生反硝化作用，产生氮气而使污泥上浮。

解决的办法有：减少曝气量或缩短曝气时间，以减弱硝化作用；提高污泥回流量或污泥排放量，以减少二沉池中污泥停留时间；进入二次沉淀池的混合液中 DO 不能太低。

（5）泡沫问题。曝气池中大量泡沫的产生主要是由于废水中存在着大量合成洗涤剂或其他起泡物质而引起的。泡沫可给操作带来一定困难，影响劳动环境，带走一定污泥；采用机械曝气时，泡沫还将影响叶轮的充氧能力。控制泡沫的方法如下：

①用自来水或处理过的废水喷洒。此法有相当好的效果，但影响操作环境。

②投加除沫剂，如机油、煤油等，效果都不差，用油量为 0.5～1.5 mg/L，过多使用油类除沫剂将污染水质。故有些情况下，投加粉煤灰或砂土等，但效果不是太好。

③曝气池进水方式由一点进水改为多点进水，提高混合液污泥浓度，降低发泡剂浓度，减少局部区域的泡沫量。

④风机机械消泡，影响劳动环境。

⑤增加曝气池内活性污泥浓度，消泡效果也比较好，但运行时可能没有足够的回流污泥来提高曝气池的污泥浓度。

5.2.4 活性污泥法的发展

活性污泥法是污水生物处理的主要方法。为了进一步提高活性污泥法的处理效果，简化设备构造和方便运转，丰富净化功能，活性污泥法技术在近年来有了不少改进，出现了一些新型的处理设备和技术。

1. 纯氧曝气法

纯氧曝气法是活性污泥法的重要改进，简单地说，就是用氧气代替空气的活性污泥法，其目的是通过提高供氧能力，增加混合液污泥浓度，加强代谢过程，达到提高污水处理的效能。纯氧曝气能使曝气池内溶解氧维持在6～10 mg/L，在这种高浓度的溶解氧状态下能产生密实易沉的活性污泥，即使BOD污泥负荷达1.0 kg（BOD）/[kg（MLSS）•d]也不会发生污泥膨胀现象，所以能承受较高负荷。由于污泥密度大，SVI值较小，沉淀性能好，易于沉淀浓缩。在曝气池内，污泥浓度可达5～7 g/L，从而增大了容积负荷（2～6倍），缩短了曝气时间。此外，还具有可能缩小二次沉淀池容积，不需浓缩池，剩余污泥量少，剩余污泥浓度高，容易脱水，尾气排放量少（只有空气法的1%～2%），减少二次污染，占地少等优点。因此在国内外，纯氧曝气法得到了越来越多的应用。国内较大型石化污水处理装置都采用了纯氧曝气法。

纯氧曝气法的构造形式有多种，目前应用较多的是多段加盖式和推流式等。多段加盖式是工业化最早的形式，也是当前普遍采用的纯氧曝气法的主要形式，常又称之为“碳联法”。依其曝气方式可分为两种。

（1）联合曝气法。见图5-26。

本法一般可分为三段或四段，也有采用五段或六段等。每段均为加盖密闭的完全混合池，各段之间串联，因此就从整体来看，又是推流式的。每段池中设有带中空轴的水下叶轮，以打碎氧气泡，并搅拌和提升混合液。另在池盖上设空压机，将池中液面上与池盖下的混合气体压入中空轴，通过轮下的喷嘴装置，进入液体中循环。

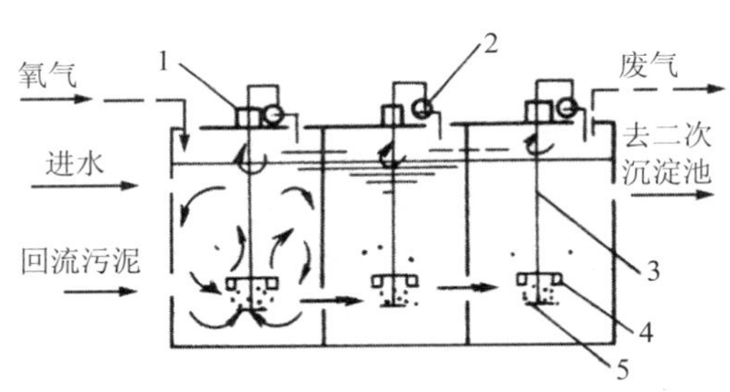

图5-26 多段加盖式氧化法（联合曝气）

1. 搅拌机；2. 循环气体用空压机；3. 中空轴；4. 搅拌叶轮；5. 喷气器

池中氧气（夹带污水中释放出的气体）由第一段流向末端，与污水流向相同，且供氧量也大体与沿程污水的需氧量相适应。进氧压力只需比常压略高即可，定为250～1 000 Pa，以保证外面空气不致渗入，池中废气得以排出。到末端的排气口处时，由于氧的消耗及处理过程中产生二氧化碳等气体，混合气体的流量减小为进气流量的10%～20%，其中含氧纯度降低到50%左右，因此，氧的利用率可达90%以上。

一般第一阶段的空压机转速可以调节，进氧的阀门可根据检测废气中含氧浓度的大小来关闭或开启，以调节供氧量的大小。

（2）表面曝气法。本法将曝气装置改用表面曝气器，或表面曝气器下再加一辅助叶轮，如图5-27所示，其他与上述联合式相同。此法设备较简单，应用较广。

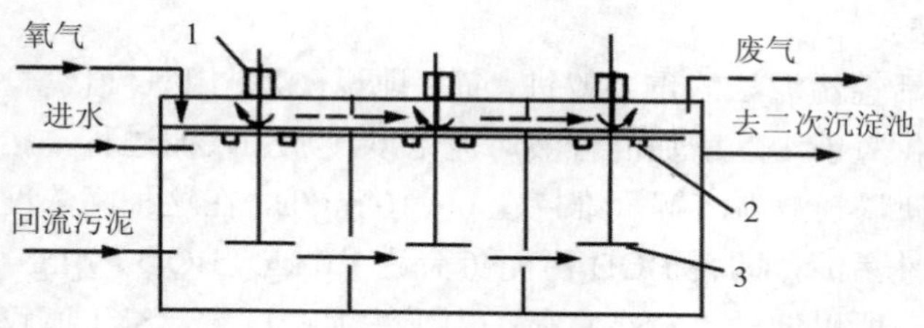

图 5-27 多段加盖式氧化法（表面曝气）

1. 电机；2. 表面曝气器；3. 辅助叶轮

根据亨利定律，气体在水中的溶解与水压有关，深水曝气可使氧的转移率和水中溶解氧浓度大幅度提高，动力效率提高，较少了动力消耗，使处理成本降低。由于溶解氧浓度高，可缩短曝气时间，提高容积负荷率，减少剩余污泥量等。常规曝气池的水深由于受到曝气装置和鼓风机械等设备的限制，一般深 2～5 m，很少达到 6～7 m。凡曝气池水深达 7 m 以上者，均属于深水曝气范围。

2. 粉末活性炭-活性污泥法

该方法是一种以活性污泥形式的活性炭吸附结合生物氧化的综合处理法。其特点是向曝气池内投加粉末活性炭，使混合液内的活性炭保持一定浓度。这种措施能够提高活性污泥法的净化功能，改善出水水质，提高对有毒物质和重金属等冲击负荷承受能力；并且有较好的脱色、除臭、消泡效果，能改善污泥的凝聚沉淀性能，提高二次沉淀池和污泥脱水设备的效力，避免产生污泥膨胀等。投入活性炭后，使活性污泥法具有上述效果的原因，大致可归纳为以下几种：

①活性炭的巨大比表面积和富集作用，将有机物和溶解氧浓缩在其周围，为微生物的代谢活动创造了良好的条件，加快了 BOD 的去除进程。

②活性炭吸附了难以降解的物质，延长了微生物与这些物质的接触时间，提供了更大的生物降解机会。

③具有高度微粒密度的活性炭作为生物絮凝的载体和加重剂，能够大大地改善活性污泥的凝聚沉淀性能。

3. 两级活性污泥法

两级活性污泥法简称 A-B 法（吸附+传统活性污泥法）。第一级（A 级）为高负荷的吸附级，污泥负荷＞2 kg BOD/（kgMLSS•d）；第二级（B 级）为常负荷吸附级，污泥负荷为 0.15～0.3 kg BOD/（kg MLSS•d）。A、B 二级串联运行，独立回流形成两种各自与其水质和运行条件相对应的完全不同的微生物群落。A 级负荷高，停留时间短（0.5 h），污泥龄短（0.3～0.5 d），限制了高级微生物的生长，因此，在 A 级内仅有活性高的细菌。B 级相反，一方面，A 级的调节和缓冲作用使 B 级进水相当稳定；另一方面，B 级负荷比较低，因此，许多原生动物可以在 B 级内良好地生长繁殖。A-B 法的优点如下。

①A 级细菌具有极高的繁殖和变异能力，A 级能很好地忍受水质、水量、pH 值的冲击和毒物影响，使 B 级进水非常稳定。

②A 级内半小时的曝气时间能去除 60%左右的 BOD，并且这个去除主要是通过絮凝、吸附、沉淀等物理-化学过程实现的，能量消耗低。加上 B 级 2 h，总的曝气时间仅为 2.5 h，

因此设备体积小，可节省基建费用 15%～20%，节省能耗 20%～25%。

③出水水质好。

④运行稳定可靠，A 级 SVI＜60，B 级 SVI＜100。A-B 法的缺点是多一个回流系统，设备较复杂。

4．活性污泥法脱氮

脱氮的方法较多，目前普遍采用的是生物脱氮。活性污泥法脱氮是生物脱氮的一种，生物脱氮包括硝化和反硝化两个反应过程。硝化是污水中的氨氮在好氧条件下，通过好氧细菌（亚硝酸菌和硝酸菌）的作用，被氧化成亚硝酸盐和硝酸盐的反应过程。首先，由亚硝酸菌将氨氮转化为亚硝酸盐，再由硝酸菌将亚硝酸盐转化为硝酸盐。反硝化即脱氮，是在缺氧条件下，通过脱氮菌的作用，将亚硝酸盐和硝酸盐还原成氮气的反应过程。

实验表明，对污水首先通过 5～6 h 的强烈曝气，可以完成硝化阶段；然后再使污水处于 4～5 h 无氧状态，脱氮率可以达 80%以上。

活性污泥法属于生物脱氮中的一类。一般活性污泥法都是以降解为主要功能的，基本上没有脱氮效果。但是，将活性污泥法曝气池作进一步改进，使之具备好氧和缺氧条件，即可达到脱氮目的。活性污泥法脱氮系统流程很多，目前广泛采用的流程如图 5-28 所示。

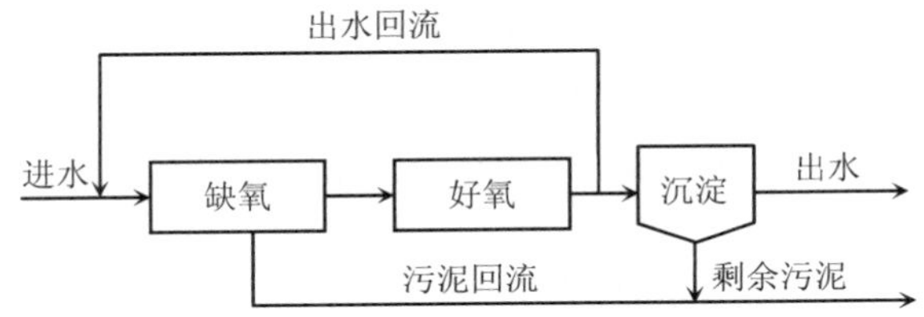

图 5-28 活性污泥法脱氮系统流程

这种流程的特点是前置反硝化流程，硝化后部分水回流到前面的反硝化池，以提供硝酸盐。由于这种脱氮系统的工艺流程是让污水依次经历缺氧反硝化、好氧去碳和硝化的阶段，故又称为缺氧—好氧脱氮系统，简称 A/O 系统。A/O 系统中，硝化段的溶解氧一般为 2～4 mg/L，反硝化段的溶解氧应小于 0.5 mg/L。目前，应用于实际的还有一种流程，如图 5-29 所示。

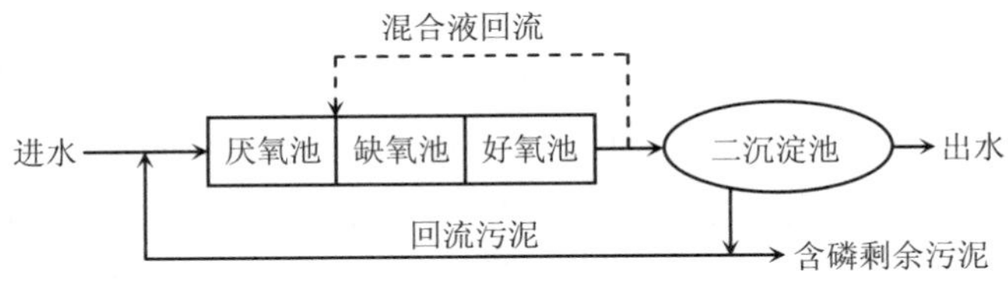

图 5-29 A^2/O 脱氮系统流程

即在反硝化（缺氧）池前，再加一个厌氧池。这种脱氮系统的工艺流程是让污水依次经过厌氧、缺氧、好氧三个阶段，故称为厌氧—缺氧—好氧脱氮系统，简称 A/A/O（或 A^2/O）系统，该系统是以去除有机碳氮和磷为主的污水处理工艺。

污水通过厌氧池，碳将得到一定程度的去除。随后进入下一级的缺氧池，这里不供氧，但有好氧池出水回流供给硝酸氮和溶解氧，以进行反硝化脱氮。接着再进入好氧池，以进行去碳和硝化过程。在好氧池中，好氧微生物进行去碳、硝化的同时，还能大量去除磷酸，所以具有一定的除磷效果。

5. 间歇曝气活性污泥（SBR）工艺

（1）SBR 法简介。

间歇曝气式活性污泥法又称序批式活性污泥法，以下简称 SBR 法，其主要特征是反应池一批一批地处理废水，采用间歇式运行的方式，每一个反应池都兼有曝气池和二沉池的作用，因此不再设置二沉池和污泥回流设备，而且一般也可以不建水质或水量调节池。SBR 法一般由多个反应器组成，废水按序列依此进入每个反应器，无论时间上还是空间上，生化反应工序都是按序排列、间歇运行的。间歇曝气式活性污泥法曝气池的运行周期由进水、曝气反应、沉淀、排放、闲置待机五个工序组成，而且这五个工序都是在曝气池内进行，其工作原理见图 5-30。

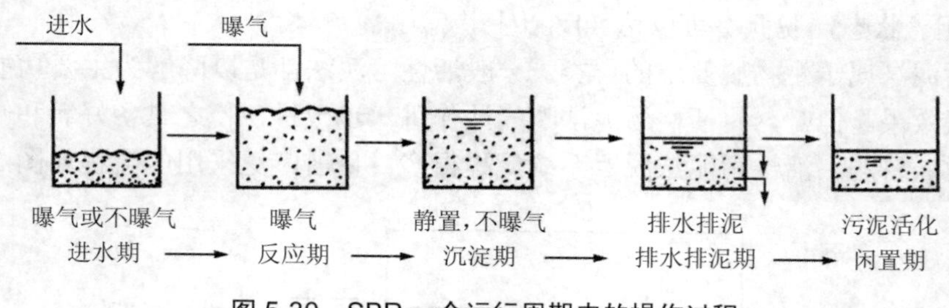

图 5-30 SBR 一个运行周期内的操作过程

SBR 法运行时，五个工序的运行时间、反应器内混合液的体积以及运行状态等都可以根据废水性质、出水质量与运行功能要求灵活掌握。曝气方式可以采用鼓风曝气或机械曝气。

①进水工序。

进水工序为进水期，是指从开始进水至到达反应池最大容积期间的所有操作。SBR 工艺可以实现在此期间根据不同微生物的生长特点、废水的特性和要达到的处理目的，采用曝气（氧化反应）、搅拌（厌氧反应）和限制曝气三种方式进水。SBR 工艺通过控制进水阶段的环境，就实现了在反应池不变的情况下完成多种处理功能的目的；而连续流工艺由于各构筑物和水泵的大小规格一定，要想改变反应时间和反应条件是很困难的。

②曝气反应工序。

反应工序为反应期，是指反应池进水过程完成、其中水量达到最大后，开始完成有机物生物降解或除磷脱氮的过程。根据反应的目的，可以对反应池进行曝气或搅拌，实现好氧反应或缺氧反应。通过曝气好氧反应，可以实现硝化作用，再通过搅拌产生缺氧或厌氧反应，实现脱氮的目的。有时为了使沉淀效果较好，在反应工序的后期还可以通过进行短时间内曝气，脱除附着在污泥上的氮气。

③沉淀工序。

沉淀工序为沉淀期，停止曝气或搅拌，实现固液分离，反应池的作用相当于二沉池。此时反应池内也不再进水，处于完全静止状态，其沉淀效果比连续流法要好得多。沉淀时间可根据污泥沉降性能和污泥面的高度而更改，一般在 0.5～1.0 h，有时可能达到 2 h。

④排放工序。

排放工序为排水排泥期，是为了将澄清液从反应池中排放出来，使反应池恢复到循环开始时的最低水位（一般该水位离污泥层还有一定的保护高度）。反应池底部沉降下来的污泥大部分作为下一个周期的回流污泥，剩余污泥在排水工序或待机工序过程中排出系统。SBR 系统一般采用滗水器排水。

⑤闲置待机工序。

沉淀滗水之后到下个周期开始的一段时间称为闲置待机。闲置待机的目的是完成一个周期向下一个周期的过渡，它不是一个必需的环节，在水量较大时可以省略。闲置待机的时间长短往往与原水流量有关。在此期间，可以根据工艺情况和处理目的，进行曝气、混合和排除剩余污泥等操作。

（2）SBR 法与传统连续流活性污泥法的比较。

传统的连续流活性污泥法是通过空间上的移动来实现这一过程的，即废水首先进入曝气池反应，然后进入沉淀池对混合液进行泥水分离后上清液外排。SBR 法则是通过在时间上的交替实现这一过程的，它在流程上只有一个池子，传统工艺的曝气池和二沉池的功能都在这一个池子内进行，即该池兼有水质水量调节、微生物降解有机物和泥水分离等作用。因此，和传统的连续式活性污泥法相比，SBR 法的优点可以归纳如下：

①SBR 在一个反应池内完成所有的生物处理过程，在不同的时间里可实现有机物的氧化、硝化、脱氮、磷的吸收、磷的释放等过程。一般情况下可以不设调节池。而传统活性污泥法中即使小规模的废水处理也离不开调节池，还需要设置沉淀池，若要脱氮除磷还需要设几个独立的反应池，同时由于污泥与废水的回流、循环需要，还需要增加水泵等装置。

②活性污泥法处理废水反应时间约为数小时，是比较缓慢的反应。为了保证处理出水的 BOD_5 值达标，反应池必须要达到很高的反应效率。而在应用完全混合型的活性污泥法时，由于反应池内的 BOD_5 值通常保持在极低的水平，几乎没有浓度梯度，因此反应速度较小，需要大体积的曝气池。而在推流式曝气池中，进出水的浓度梯度较大，虽然可以增加全池的平均处理速度，但由于池内曝气强度是均匀一致的，因此无法做到能耗的最优化。SBR 反应池中浓度是随时间而变化的，接近于理想化的推流式反应池，因此为了获得同样的处理效率，SBR 法与传统活性污泥法相比，反应池容积小、能耗低。

③在负荷经常变化的情况下，传统活性污泥法因为尺寸一定，除了减少运行系列之外别无他法。SBR 法却能轻易地改变反应时间、沉淀时间以及一个处理周期的时间，相当于改变装置处理规模，因此能很好地适应进水负荷的变化。另外，当处理出水的水质标准要求提高时，想改变传统活性污泥法的运行方式是不容易的。但在采用 SBR 法时，只要反应时间有一定富余（池容足够大），就可以很方便地将新的反应过程综合进来实现新的功能，比如脱氮、除磷等。

④由于 SBR 法运行操作的高度灵活性，在大多数场合都能代替连续流活性污泥法，并实现与之相同或相近的功能。在反应阶段，随着时间的推移，反应池中的有机物被微生物降解，废水浓度越来越低，非常类似稳态推流式，只不过这是一种时间意义上的推流。如果进水期很长，反应池中废水的有机物可以被分解得很彻底，这种情况又接近于完全混合式。SBR 法系统可随时调整运行周期和反应曝气时间的长短，使处理出水达标后才排放。沉淀是在静止条件下进行的，没有进出水的干扰，泥水分离效果好，可以避免短路、异重流的影响；还可以根据泥水分离情况的好坏控制沉淀时间，使出水 SS 降到最少。

⑤连续流活性污泥法的出水是连续的，一旦水质超标，往往无法挽回（只能超标排入

环境）。而 SBR 法是将处理水间歇集中排放，在排放之前可以对排放水进行水质检测；当发现水质不合格时，可以停止排放，延长反应时间，一直到满足排放标准、确认水质合格之后再排放。

（3）SBR 法的特点。

①兼有推流式和完全混合式的特点，属于时间上的理想推流式反应器，从单元操作上其效率明显高于完全混合式的反应器。反应器内可以维持较高的污泥浓度，污泥有机负荷较低，因此具有很强的抗冲击负荷能力。特别适用于处理水质、水量变化较大的含有有毒物质或有机物浓度较高的工业废水。

②泥龄很长，有利于污泥中多种微生物的生长和繁殖。通过适当调节运行方式，可以实现好氧、缺氧（或厌氧）状态交替存在的环境，能充分发挥各类微生物降解污染物的能力，取得单池脱氮和除磷的效果。

③废水进入反应池后，浓度随反应时间的延长而逐渐降低，即存在有机物的浓度梯度。浓度梯度的存在及好氧、缺氧（或厌氧）状态交替出现，这些因素都能起到生物选择器的作用，抑制丝状菌等专性好氧菌的过量繁殖，使 SVI 较低（一般在 100 左右）、污泥容易沉淀，因此一般不会出现污泥膨胀现象。

④沉淀过程不再进水进气，实现了理想的静态沉淀状态。

⑤SBR 法将曝气与沉淀两个工艺过程合并在一个构筑物内进行，不需要二沉池和污泥回流系统，甚至在大多数情况下可以不设均质调节池和初次沉淀池，处理构筑物相对较少，因此占地面积可缩小 1/3～1/2，基建投资可节约 20%～40%，运行成本低。

⑥系统控制设备如电动阀、液位传感器、流量计等自动控制水平较高，各操作阶段和各运行参数都可通过计算机加以控制，简化管理，甚至可以实现无人操作。

（4）SBR 法的脱氮除磷作用。

SBR 法具有良好的工艺性能和灵活的可操作性，通过调节曝气的强度和水流方式，可以在反应器内交替出现厌氧、缺氧和好氧状态或出现厌氧区、缺氧区和好氧区。通过改变运行方式，合理分配曝气阶段和非曝气阶段的时间，可以实现生物脱氮和除磷。即除磷脱氮的 SBR 法是将 SBR 运行方式和除磷脱氮工艺要求结合起来，用 SBR 的一个反应器实现本应由多个反应器来承担的任务，使除磷脱氮工艺流程更加紧凑、SBR 的功能更加强大。使用 SBR 反硝化时可以使用外加碳源，也可以使用内源碳。实现脱氮和除磷的 SBR 系统的运行方式见图 5-31。

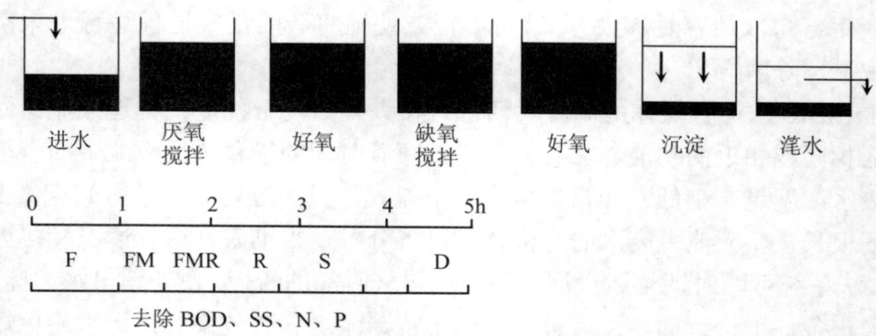

图 5-31 SBR 脱氮除磷时的运行模式示意

F. 进水；FM. 进水搅拌；FMR. 进水搅拌曝气；R. 曝气；S. 沉淀；D. 滗水

SBR 在经历 1 h 进水阶段后，即进入 0.5 h 的厌氧搅拌，使在上一个循环中吸收磷的污泥在这一阶段释放磷。然后开始 0.5 h 的进水曝气阶段，去除部分 BOD_5，再进入缺氧曝气阶段进行反硝化脱氮，最后依次进入曝气、沉淀和滗水阶段，完成一个周期。整个工艺流程类似于分段进水的厌氧/好氧/缺氧/好氧工艺，只不过由于所有反应在一个反应器内进行，不需要混合液回流或污泥回流。

（5）SBR 法的两用曝气器。

SBR 系统常用的曝气设备是微孔曝气器，近年来，开始广泛使用两用曝气器。两用曝气器是在水—气异相射流曝气器的基础上又增加了水—水同相射流的功能，因此具有好氧曝气和厌氧搅拌的双重功能。它由风机、水泵和喷嘴组成，喷嘴为两用双层喷嘴。充氧曝气时，水泵和风机同时工作，水和空气在两用喷嘴和混合室充分混合后由外层喷嘴喷出，释放微小气泡，达到曝气和混合的目的。在厌氧工序，只开动水泵而关闭风机，此时只有水由内层喷嘴喷出，进行水水射流，起到搅拌作用。

（6）新型 SBR 工艺。

经典 SBR 工艺采用的是多池系统，在处理连续来水时，进水在各个池子之间循环切换，每个池子在进水后按反应、沉淀、滗水、闲置等程序对废水进行处理，因此使得 SBR 系统的管理操作难度和占地都会加大。

为了克服 SBR 法固有的一些不足（比如单池不能连续进水等），人们在使用过程中不断改进，发展出了许多新型和改良的 SBR 工艺，比如 ICEAS 系统、CASS 系统、UNITANK 系统、MSBR 系统、DAT-IAT 系统等。这些新型 SBR 工艺仍然拥有经典 SBR 的部分主要特点，同时还具有自己独特的优势，但因为经过了改良，经典 SBR 法所拥有的部分显著特点又会不可避免地被舍弃掉。表 5-2 将几种新型 SBR 工艺和经典 SBR 的特点进行了对比。

表 5-2　新型 SBR 工艺和经典 SBR 的对比

经典 SBR	ICEAS	CASS	UNITANK	MSBR	DAT-IAT
间歇进水	连续进水	连续进水	连续进水	连续进水	连续进水
间歇出水	间歇出水	间歇出水	间歇出水	间歇出水	间歇出水
流态为理想推流	非理想推流	非理想推流	非理想推流	非理想推流	非理想推流
静态理想沉淀	非理想沉淀	非理想沉淀	非理想沉淀	非理想沉淀	非理想沉淀
较强生物选择性	较弱	较弱	较弱	较强	较弱
处理难降解废水能力强	能力较弱	能力较弱	能力非常弱	能力较强	能力较弱
能同时除磷、脱氮	除磷、脱氮	除磷、脱氮	除磷、脱氮	除磷、脱氮	除磷、脱氮
不需要污泥回流	不需要	需要	不需要	需要	需要

①ICEAS 工艺。

ICEAS 工艺的中文名称是间歇式循环延时曝气活性污泥法，连续进水、周期排水，是一种变型 SBR 工艺，其基本的工艺流程如图 5-32 所示。

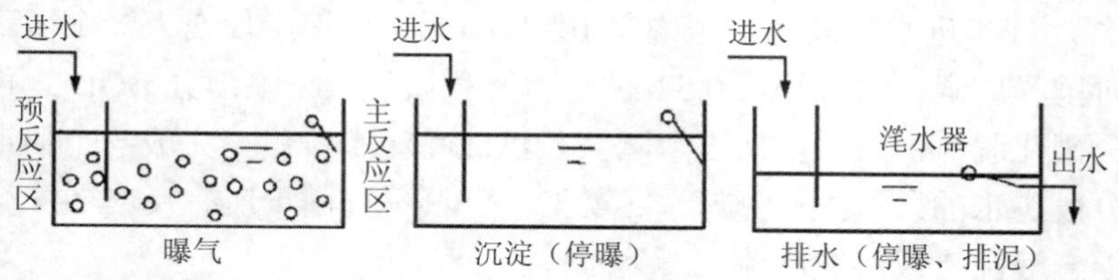

图 5-32 ICEAS 工艺操作过程示意

ICEAS 一般采用两个矩形池为一组的 SBR 反应器，每个池子分为预反应区和主反应区两部分。预反应区一般处于厌氧或缺氧状态，主反应区是曝气反应的主体，体积占总池容的 85%～90%。废水通过渠道或管道连续进入预反应区，进水渠道或管道上不设阀门，因此可以减少操作的复杂程度。预反应区一般不分格，进水连续流入主反应区，不但在反应阶段进水，在沉淀和滗水阶段也进水。ICEAS 的运行工序由曝气、沉淀和滗水组成，运行周期较短，一般为 4～6 h，进水曝气时间为整个运行周期的一半。

与传统的 SBR 相比，ICEAS 工艺的最大特点是在反应器的进水端增加了一个预反应区，运行方式变为连续进水（沉淀期和排水期仍保持进水）、间歇排水，没有明显的反应阶段和闲置阶段。ICEAS 工艺比传统的 SBR 系统设施简单、管理更方便，但由于进水贯穿于整个运行周期的每个阶段，沉淀器进水在主反应区底部造成水力紊动会影响泥水分离效果，因此进水量受到了一定限制，即水力停留时间较长。

②循环式活性污泥法 CAST。

CAST 工艺也称为 CASS 工艺或 CASP 工艺，是在 ICEAS 工艺的基础上发展而来的。与 ICEAS 工艺相比，预反应区容积较小，变成更加优化合理的生物选择器。CAST 工艺的最大特点是将主反应区中的部分剩余污泥回流到选择器中，沉淀阶段不进水，使排水的稳定性得到保证。通行的 CAST 按流程可分为三个部分：生物选择器、缺氧区和好氧区，这三个部分的容积比通常为 1∶5∶30。其基本的工艺流程如图 5-33 所示。

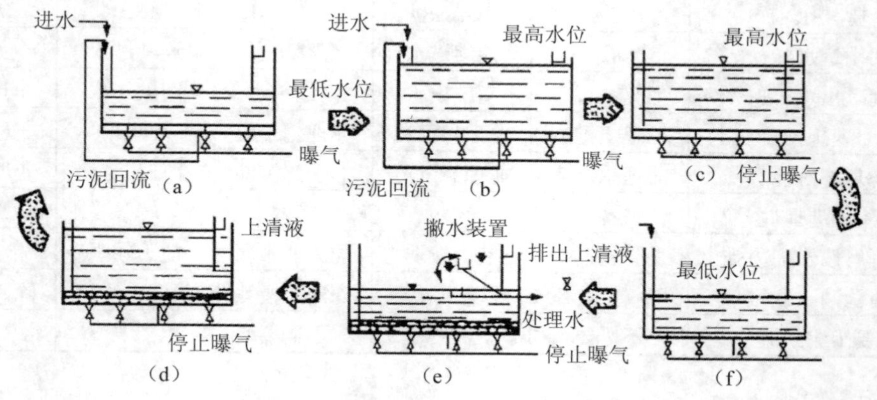

图 5-33 CAST 工艺操作过程示意

（a）进水，曝气阶段开始；（b）曝气阶段结束；（c）沉淀阶段开始；

（d）沉淀阶段结束，撇水阶段开始；（e）撇水阶段及排泥结束；

（f）进水、闲置阶段（视具体运行情况而定）

和 ICEAS 工艺一样，CAST 工艺也是连续进水，运行工序由曝气、沉淀、滗水组成。循环开始时，进水使反应池的水位由最低开始逐渐上升，同时开始曝气，到最高水位后再曝气混合一段时间后停止曝气，使混合液在一个静止的环境中进行沉淀分离。沉淀阶段结束后，由一个移动式撇水堰排出已经处理过的上清液，使水位降低到反应池所设定的最低水位，然后重复上述过程。

和 ICEAS 工艺一样，CAST 工艺设置生物选择器并增加了兼氧区，最大的区别是增加了污泥回流措施，保证了活性污泥不断在选择器内经历一个高负荷阶段，从而有利于系统中絮凝性细菌的生长，并可以提高污泥活性，使其快速地去除水中溶解性易降解有机基质，同时可以有效地抑制丝状菌的生长和繁殖。和经典 SBR 不同的是，CAST 工艺在进水阶段，不设单纯的充水过程或缺氧进水混合过程，而是在进水阶段即开始曝气。而且两个反应池并列运行的形式可以使沉淀阶段不进水，使污泥沉降时没有水力干扰，保证了系统的良好泥水分离效果。以上特点确保了 CAST 系统在任意进水条件下运行而不发生污泥膨胀。

③UNITANK 工艺。

典型的 UNITANK 工艺系统近似于三沟式氧化沟的运行方式，其主体构筑物为三格条形池结构，三池连通，每个池内均设有曝气和搅拌系统，废水可进入三池中的任意一个。外侧两池设出水堰或滗水器以及污泥排放装置，两池交替作为曝气池和沉淀池，而中间池则总是处于曝气状态。在一个周期内，原水连续不断地进入反应器，通过时间和空间的控制，分别形成好氧、缺氧和厌氧的状态。UNITANK 工艺除了保持传统 SBR 的特征以外，还具有滗水简单、池子结构简化、出水稳定、不需回流等特点，通过改变进水点的位置可以起到回流的作用和达到脱氮、除磷的目的。其基本的工艺流程如图 5-34 所示。

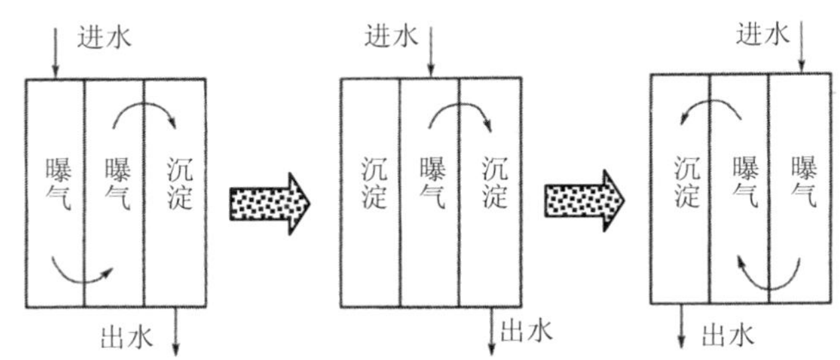

图 5-34 UNITANK 工艺操作过程示意

废水从左侧池流入后，该池作为曝气池，由于池中在上一个运行周期中作为沉淀池时积累了大量的经过再生、具有较高吸附活性的污泥，因而可以有效降解废水中的有机物；混合液进入中间反应池继续进行曝气，废水中有机物得到进一步降解，然后再进入右侧池进行沉淀，上清液即处理后出水由固定堰排出；同时在混合液从左到右的推流过程中，左侧池中的活性污泥会随水流进入中间池、再进入右侧池，使污泥在各池中重新分配。上述过程经过一定时间后，关闭左侧进水闸，开启中间进水闸，左侧池停止曝气，而废水从中间池继续流向右侧池，这一过程是过渡段，时间较短；然后关闭中间进水闸，开启右侧进水闸从右池进水，此时右侧池开始曝气，左侧池经过静止沉淀后排水，水流从右到左，完成一个循环。

由于进水侧边池的水位最高，由此产生的水位差才能促使水流从一侧流向中间池，再从另一侧池排出，因为两侧的出水堰高度相同，因此进水池的水位必定淹没了作为出水用的固定堰。当该池由曝气池过渡到沉淀池时，水位必定下降，为保证出水优良，必须将残留在出水槽中的混合液排除并用清水冲洗出水槽，一般需要设置专门的水池收集这部分混合液和冲洗水，再用小泵提升输送到中间曝气池。

如果在废水交替进入左侧和中间反应池的过程中在左侧反应池进行缺氧搅拌，可以将在前一个运行阶段中形成的硝态氮通过反硝化菌的作用实现脱氮，并释放上一阶段运行时沉淀的含磷污泥中的磷。中间反应池在曝气运行时，进行去除有机物、硝化和吸收磷，在进水并搅拌时进行反硝化脱氮，并自左而右推进污泥。右侧反应池作为沉淀池进行泥水分离，上清液溢流排出，部分含磷污泥作为剩余污泥排出。在进入第二个运行阶段前，废水只进入中间反应池，使左侧反应池中尽可能完成硝化反应。其后左侧反应池停止曝气，作为沉淀池，系统进入第二个运行阶段，废水由右向左流动，运行效果与从左向右时相同。

④DAT-IAT 工艺。

DAT-IAT 工艺是 SBR 工艺的一种变形，主体构筑物由需氧池（DAT）和间歇曝气池（IAT）组成。DAT 连续进水、连续曝气，DAT 出水进入 IAT 后完成曝气、沉淀、滗水和排出剩余污泥的过程。DAT-IAT 工艺流程如图 5-35 所示。

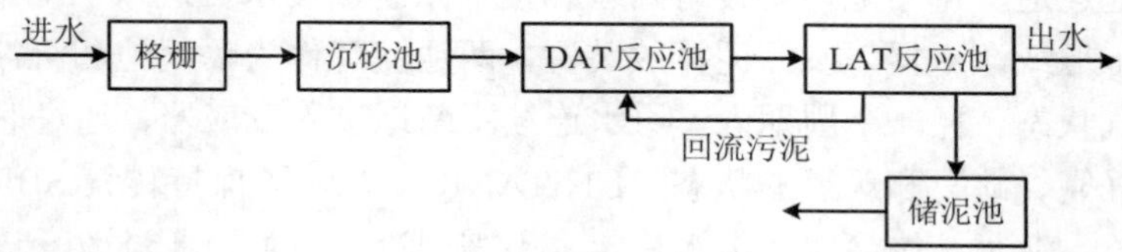

图 5-35 DAT-IAT 工艺流程示意

废水连续进入连续曝气的 DAT 池进行初步生物处理，曝气时间为每天 20 h 左右（具体时间视水质、水量情况而定），DAT 池的作用机理和操作与传统的活性污泥法曝气池基本相同。经 DAT 池初步处理的废水再通过双层导流设施进入 IAT 池，根据工艺需要进行曝气或搅拌，曝气以达到好氧反应去除 BOD_5 和硝化的目的，搅拌可以实现反硝化和含磷污泥释磷的目的，而后在反应的最后阶段进行曝气，以去除附着在污泥上的氮气和实现污泥的再吸磷。当 IAT 池停止曝气和搅拌后，活性污泥混合液进行泥水分离，上清液使用滗水器排出，在 IAT 池沉降的活性污泥部分作为该池下个周期的回流污泥，部分回流到 DAT 池作为 DAT 池下个周期的回流污泥，另有一部分作为剩余污泥排放。

待处理废水首先经过 DAT 进行生物处理后再进入 IAT，由于连续曝气起到了均衡有机负荷和水力负荷的作用，因此提高了整个工艺过程的稳定性。进水工序只发生在 DAT，而排水和沉淀工序只发生在 IAT，使整个生化系统的可调节性进一步加强，有利于去除难降解有机物。一部分剩余污泥从 IAT 回流到 DAT，可以使 DAT 产生生物选择器的作用，有利于避免污泥膨胀现象出现。与 CAST 和 ICEAS 相比，DAT 是一种更加灵活、完备的生物选择器，从而可以使 DAT 与 IAT 均能保持较长的污泥龄和很高的 MLSS 浓度，因此耐受有机负荷和有毒物质冲击的能力较强。

⑤MSBR 工艺。

MSBR 又称改良式序列间歇反应器，其结合了传统活性污泥法和 SBR 的优点，在恒水位下连续运行，采用单池多格方式，省去了多池工艺所需的连接管道、泵和阀门等设备或设施。由流程特点看，MSBR 实际相当于由 A^2/O 工艺与 SBR 工艺串联而成，因而同时具有很好的除磷和脱氮作用。MSBR 的基本流程示意见图 5-36。

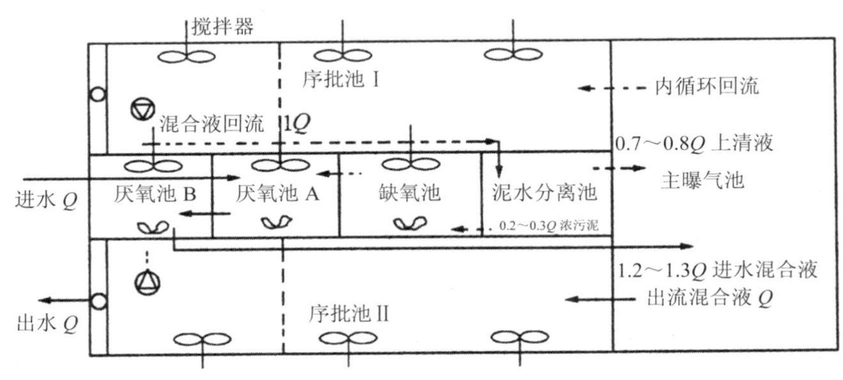

图 5-36　MSBR 流程示意

废水进入厌氧池，回流污泥中的聚磷菌在此进行充分放磷，然后混合液进入缺氧池进行反硝化，反硝化后的废水进入好氧池，有机物被好氧降解，活性污泥充分吸磷后再进入起沉淀作用的 SBR 池，澄清后废水排放。此时另一边的 SBR 在 1.5 倍的回流量下进行反硝化、硝化或静置预沉淀。回流污泥首先进入浓缩池进行浓缩，上清液直接进入好氧池，而浓缩污泥进入缺氧池，这样一方面可以进行反硝化，另一方面可以先消耗掉回流浓缩污泥中的溶解氧和硝酸盐，为随后进行的缺氧放磷提供更为有利的条件。在好氧池和缺氧池之间有 1.5 倍的回流量，以便进行充分的反硝化。

按照 SBR 池内搅拌、曝气、预沉的时间不同，可以将 MSBR 的一个运转周期分为 6 个时段，即三个时段组成半个周期，在一个周期的前后两周期内，除了两个 SBR 池的运转方式互相转变外，其余单元的运转方式保持固定不变。MSBR 的半个运转周期持续 120 min，相应搅拌、曝气和预沉的时间分别为 40 min、50 min 和 30 min。原废水连续进入厌氧单元后，依次流经缺氧单元和好氧曝气池，在第一个半周期内从 SBR_2 单元排水，同时 SBR_1 单元进行搅拌、曝气、预沉三个过程；在第二个半周期内从 SBR_1 单元排水，同时 SBR_2 单元进行搅拌、曝气、预沉三个过程。

MSBR 系统的回流由污泥回流和混合液回流两部分组成，而污泥回流又可分为浓缩污泥回流和上清液回流两部分。混合液回流较为简单，在各时段内均从好氧曝气池回流到缺氧池，再由缺氧池回流到曝气池。而污泥回流根据运行半周期的不同有所不同，在第一个半周期内从 SBR_1 回流污泥到浓缩池，在第二个半周期内从 SBR_2 回流污泥到浓缩池。

6．氧化沟

氧化沟又称氧化渠或循环曝气池，废水和活性污泥混合液在其中循环流动，因此实质上是传统活性污泥法的一种改型，一般不需要设置初沉池，并且经常采用延时曝气，其基本形式平面示意见图 5-37。

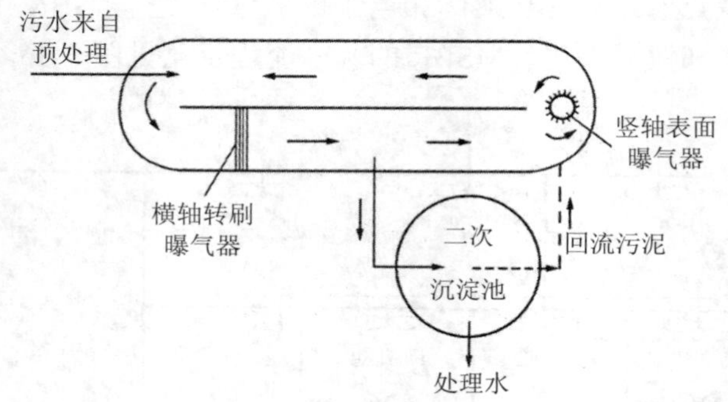

图 5-37 氧化沟系统平面示意

与传统活性污泥法相比，氧化沟池体狭长（可达数十米，甚至上百米），沟渠形状呈圆形或椭圆形，分单沟系统或多沟系统。泥龄可长达 15～30 d，是传统活性污泥法的 3～6 倍，污泥中可存活增殖世代时间较长的细菌（如硝化菌），其中可能产生硝化反应和反硝化反应。进水负荷较低，只有 0.05～0.15 kg BOD_5/（kg MISS•d），又类似延时曝气法。运行方式有间歇式和连续式两种，间歇式具有 SBR 法的特点，而连续式要设二沉池和污泥回流系统。

（1）氧化沟的结构。

氧化沟一般呈环状沟渠形，其平面可为圆形或椭圆形或与长方形的组合状。其主要构成如下：

①氧化沟沟体。

氧化沟的渠宽、有效水深等与氧化沟分组形式和曝气设备性能有关。除了奥贝尔氧化沟外，其他氧化沟直线段的长度最小为 12 m 或最少是水面处渠宽的 2 倍。当配备液下搅拌设备时，实际水深可以比单独使用曝气设备时加大。所有氧化沟的超高不应小于 0.5 m，当采用表面曝气机时，其设备平台宜高出水面 1～2 m，同时设置控制泡沫的喷嘴。

②曝气装置。

曝气装置是氧化沟中最主要的机械设备，对氧化沟处理效率、能耗及运行稳定性有关键性影响。除了供氧和促进有机物、微生物与氧接触的作用外，还有推动水流在沟内循环流动、保证沟中活性污泥呈悬浮状态的作用。常用的曝气设备有曝气转刷、曝气转盘、立式曝气、射流曝气、混合曝气等。

③进出水装置。

从平面上看，进水及回流污泥位置与曝气装置保持一定距离，促使形成缺氧区产生反硝化作用，并获得较好的沉降性能。出水位置应布置在进水区的另一侧，与进水点和回流污泥进口点保持足够的距离，以避免短流。当有两组以上氧化沟并联运行时，设进水配水井可以保证配水均匀；交替式氧化沟进水配水井内设有自动控制配水堰或配水闸，按设计好的程序变换氧化沟内的水流方向和流量。

氧化沟系统中的出水溢流堰具有排出处理后的废水和调节沟内水深的双重作用，因此溢流堰一般都是可升降的。通过调节出水溢流堰的高度，可以改变沟内水深，进而达到改变曝气器的浸没深度，使充氧量改变以适应不同的运行要求。为防止曝气器淹没过深，溢流堰的长度必须满足处理水量与回流量的最大值。

④导流装置。

为了保持氧化沟内具有污泥不沉积的流速，减少能量损失，必须有导流墙和导流板。一般为保持氧化沟内污泥呈悬浮状态而不致沉淀，沟内断面平均流速要在 0.3 m/s 以上，沟底流速不低于 0.1 m/s。一般在氧化沟转折处设置导流墙，使水流平稳转弯并维持一定流速。另外，距转刷之后一定距离内，在水面以下要设置导流板，使水流在横断面内分布均匀，增加水下流速。通常在曝气转刷上、下游设置导流板，使表面较高流速转入池底，提高传氧速率。

（2）氧化沟的脱氮除磷作用。

传统的氧化沟具有延时曝气活性污泥法的特点，一般可以使污泥中的氨氮达到95%～99%的硝化程度。通过调节曝气的强度和水流方式，可以使氧化沟内交替出现厌氧、缺氧和好氧状态或出现厌氧区、缺氧区和好氧区。在缺氧区，反硝化菌利用废水中的有机物为碳源，将硝酸盐氮还原成氮气，脱氮效果可达 80%。在厌氧区，污泥中的聚磷菌释放在好氧段吸收的磷，然后进入好氧区再次吸收废水中的磷，通过排放剩余污泥将废水中的磷除去。

除磷脱氮的氧化沟是将氧化沟运行方式和除磷脱氮工艺要求结合起来，使氧化沟在时间和空间上以 A/O 方式运行，用氧化沟来实现本应有多个反应器来承担的任务，使除磷脱氮工艺流程更加紧凑，氧化沟的功能更加强大。在氧化沟完成硝化和反硝化比较简单易行，即脱氮效果很好，但由于在氧化沟内很难出现绝对的厌氧状态，因此除磷效果不是十分显著。为了实现同时脱氮和除磷的目的，可以将厌氧池和氧化沟结合起来，形成类似于 A^2/O 的脱氮除磷工艺。这种典型工艺是卡鲁塞尔 A^2C 氧化沟和卡鲁塞尔五段 Bardenpho 式氧化沟，这两种工艺的流程示意见图 5-38 和图 5-39。

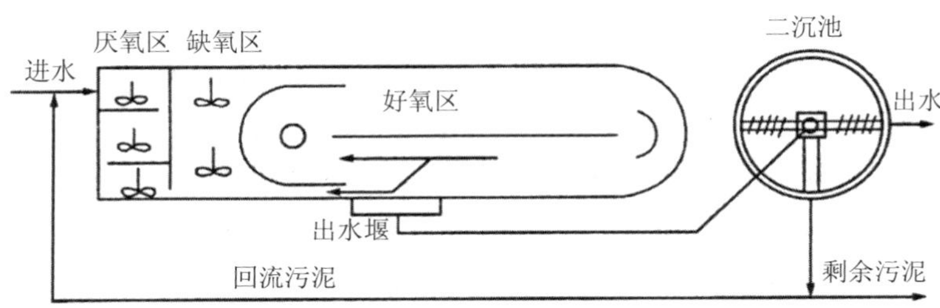

图 5-38　卡鲁塞尔 A^2C 氧化沟工艺流程示意

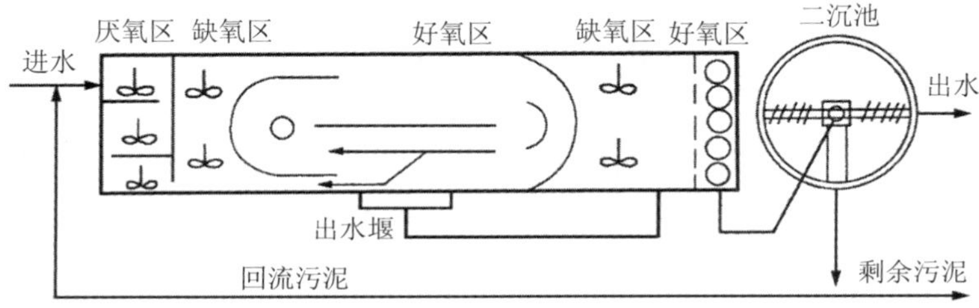

图 5-39　卡鲁塞尔五段 Bardenpho 工艺流程示意

（3）氧化沟的工艺特点。

氧化沟的水流混合特征基本上是完全混合式，同时又具有推流式的某些特征。其主要特点如下：

①进入氧化沟的水流按水量和沟的长度计，进水在沟中流动一周的时间为 5～20 min，而实际水力停留时间为 10～24 h，即相当于进水在整个停留时间内要在氧化沟内循环 30～280 次不等。因此，从整体来看，氧化沟是一个完全混合池，其中的废水水质几乎一样，原水一进入氧化沟，就会被几十甚至上百倍的循环流量所稀释。所以，氧化沟能够承受水质和水量的冲击负荷，适用于处理高浓度的有机废水。

②氧化沟的曝气装置不是沿池长均匀布置，而是只安装在某几处，在曝气器下游附近，水流搅动剧烈，混合液溶解氧浓度较高；但随着与曝气器距离的增加，水流搅动变缓，溶解氧浓度下降，还可能出现缺氧区。氧化沟采用多点而非全池曝气的特点使氧化沟内混合液具有推流特性，溶解氧浓度沿池长方向呈浓度梯度，依次形成好氧、缺氧和厌氧环境，因此通过合理的设计与控制，氧化沟工艺可以取得较好的除磷脱氮效果。

③氧化沟工艺可以将曝气池和二沉池合建成一体，而且池深较浅，转刷曝气设施容易制作。因此流程简单，施工方便。

④对水温、水质和水量的变化适应能力较强，通常不设初沉池和二次沉淀池，经过长时间曝气的污泥可直接浓缩和脱水。

⑤由于氧化沟的水力停留时间和泥龄接近延时曝气法，比其他活性污泥法长，悬浮有机物和溶解性有机物可以同时得到较彻底的去除。因此处理出水水质较好，剩余污泥量少。主要用于处理浓度较低的城市废水或用于工业废水二级处理后的深度处理。

⑥氧化沟的主要缺点是占地面积大。

（4）氧化沟的技术特点。

①构造形式的多样性。

传统氧化沟的曝气池呈封闭的沟渠形式，沟渠的形状和构造演变成了许多新型的氧化沟技术。沟渠可以是圆形或椭圆形，可以是单沟或多沟。多沟系统可以是一组同心的相互连通的沟渠（如 Orbal 式氧化沟），也可以是互相平行、尺寸相同的一组沟渠（如三沟式氧化沟），有与二沉池合建的，也有与二沉池分建的；合建式氧化沟又有体内式船形沉淀池和体外式侧沟沉淀池等。多种多样的构造型式，赋予了氧化沟灵活机动的运行方式，使其通过与其他处理单元组合，满足不同的出水水质要求。

②曝气设备的多样性。

从氧化沟技术发展的历史来看，氧化沟曝气设备的发展，在一定程度上反映了氧化沟工艺的发展，新的曝气设备的开发和应用，往往意味着一种新的氧化沟工艺的诞生。氧化沟常用的曝气设备有转刷、转盘及其他表面曝气机和射流曝气器等。氧化沟技术的发展与高效曝气设备的发展是密不可分的，不同的曝气设备演变出不同的氧化沟型式，如采用转刷的 Pasveer 氧化沟、采用表曝机的卡鲁塞尔氧化沟和采用射流曝气的 JAC 氧化沟等。

③曝气强度的可调节性。

氧化沟的曝气强度可以调节，其一是通过出水溢流堰调节堰的高度改变沟渠内的水深，即改变曝气装置的淹没深度，改变氧量适应运行的需要。淹没深度的变化对于曝气设备的推动力也会产生影响，从而对水流速度产生调节作用。其二是通过调节曝气器的转速进行调节，从而调整曝气强度和推动力。与其他活性污泥法不同的是，氧化沟的曝气装置只设在沟渠的一处或几处，数目多少与氧化沟型式、原水水量、水质等有关。

④具有推流式活性污泥法的某些特征。

每条氧化沟的流态具有推流性质，进水经过曝气后到流至出水堰的过程中可以形成沉降性能良好的生物絮凝体，这样不仅可以提高二沉池的泥水分离效果，还可以发挥较好的除磷作用。同时，通过对系统的合理控制，可以使氧化沟交替出现缺氧和好氧状态，进而实现反硝化脱氮的目的。

⑤使预处理、二沉池和污泥处理工艺简化。

氧化沟的水力停留时间和泥龄都比一般生物处理法要长，废水中悬浮状有机物可以和溶解状有机物同时得到较彻底的氧化，所以可以不设初沉池。由于氧化沟工艺的负荷较低，排出的剩余污泥量较少且性质稳定，因此不需要进行厌氧消化，只需要浓缩脱水。交替式氧化沟和一体式氧化沟可以不再单独设置二沉池，从而使处理流程更加简化。

（5）常用氧化沟的类型。

①卡鲁塞尔氧化沟。

卡鲁塞尔（Carrousel）氧化沟是应用立式低速表面曝气器供氧并推动水流前进的氧化沟型式，弥补了转刷式曝气氧化沟的技术弱点，渠道深度更大、效率更高。标准的卡鲁塞尔氧化沟构造见图 5-40。

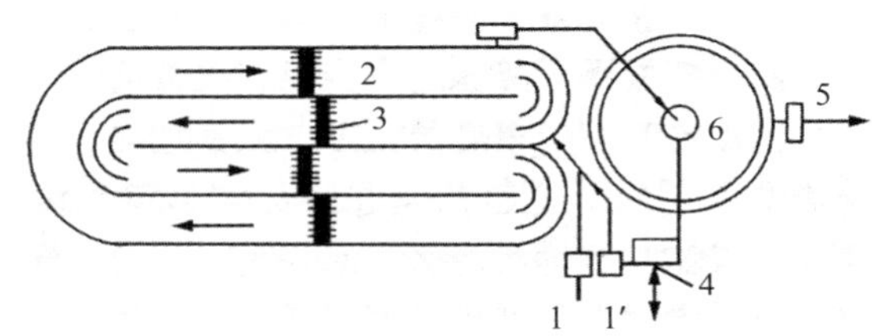

图 5-40　标准卡鲁塞尔氧化沟示意

1. 废水泵站；1′. 回流污泥泵站；2. 氧化沟；3. 转刷曝气器；
4. 剩余污泥排放；5. 处理水排放；6. 二次沉淀池

卡鲁塞尔氧化沟是一个多沟串联系统，进水与活性污泥混合后沿箭头方向在沟内不停地循环流动。表曝机与分隔墙的布局使混合液被表曝机从上游推流到下游，并在沟内维持足够的流动速度。在正常的设计流速下，沟内混合液的流量是进水量的 50～100 倍，混合液平均每 5～20 min 完成一次循环，具体的循环时间与氧化沟的长度、宽度、深度和进水水量等有关。这种流态可以防止短流，同时通过完全混合作用产生很强的耐冲击负荷能力。

卡鲁塞尔氧化沟在每组沟渠安装一个立式低速表面曝气机，安装位置在沟渠的一端，因此形成了靠近曝气机下游的富氧区和曝气机上游的及外环的缺氧区。这不仅有利于生物凝聚，使活性污泥易于沉淀，而且可以起到脱氮和除磷的效果。BOD_5 的去除率可以达到 95%～99%，脱氮效率约为 90%，除磷效率约为 50%，如果投加铁盐，除磷效率可达 95%。因此，卡鲁塞尔氧化沟工艺的特点可总结为四点：1）立式表面曝气机单机功率大（最大可达 150 kW）并可以及时调整，节能效果显著；2）立式表面曝气机的混合搅拌功能强大，有利于来水与活性污泥的混合，提高了氧化沟的耐冲击负荷能力；3）立式表面曝气机的溶氧效果好，平均传氧效率可达 2.1 kg O_2/（kW•h）以上；4）卡鲁塞尔氧化沟沟深可达 5 m 以上，使氧化沟占地面积减少，降低基建投资。

为满足日益严格的水质排放标准的要求，卡鲁塞尔氧化沟在标准池型的基础上，又开发了一些新的池型，这些新型的卡鲁塞尔氧化沟在提高处理效率、降低运行能耗、改善活性污泥性能等方面都比标准池型有了一定程度的提高，尤其加强了生物脱氮除磷功能。比如卡鲁塞尔 A^2C 工艺是在卡鲁塞尔氧化沟的上游加设了厌氧池，不仅提高活性污泥的沉降性能、有效抑制活性污泥膨胀，而且为生物除磷提供了先期彻底释放磷的场所，即为在好氧段的吸收磷创造了条件，通过及时排放剩余污泥可以使出水的总磷含量降到 2 mg/L 以下。

②奥贝尔氧化沟。

奥贝尔（Orbal）氧化沟是一种多级氧化沟，沟中安装有曝气转盘，来实现充氧和混合，水深为 2～3.6 m，沟底流速为 0.3～0.9 m/s。奥贝尔氧化沟的构造形式为独特的同心圆型的多沟槽系统，见图 5-41。进水先引入最外侧的沟中，并在其中不断循环的同时进入下一个沟，相当于一系列完全混合反应器串联在一起，最后从中心的沟中排出。圆形或椭圆形的平面结构，比其他渠道较长的氧化沟型式更能利用水流惯性，可节省能量，多渠串联的型式又可减少水流短路现象。每一圆形沟渠都表现出各自的特性，比如对氧的吸收率进水沟最高、出水沟最低，这样的结构使奥贝尔氧化沟具有推流式活性污泥法的特征。

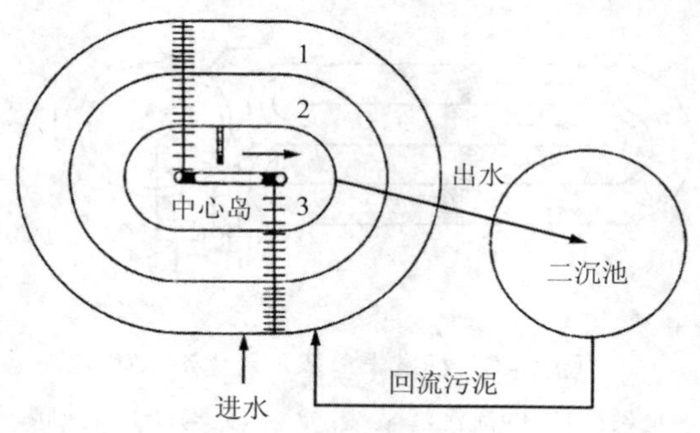

图 5-41　奥贝尔氧化沟示意

1、2、3. 同心圆形沟槽

常见的奥贝尔氧化沟为三沟型，由内至外的三沟容积分别为总容积的 60%～70%、20%～30%和 10%。尽管奥贝尔氧化沟进水很快在单个沟渠内通过扩散分布均匀，但也只是在其沟内实现完全混合，与第二沟内、第三沟内的水质、溶解氧、作用等性能具有明显的差异。进入第一沟的废水，经过转盘曝气器搅拌充氧后，混合液的溶解氧仍然接近于零。这是由于混合液对溶解氧的吸收利用速率高于供氧速率，而在奥贝尔氧化沟最后一沟中的溶解氧由于吸收率低而呈现较高的浓度。为节约能量，一般当第一沟的溶解氧浓度上升到超过 0.5 mg/L 时，应当稍微降低整个系统的充氧量；而当第三沟的溶解氧浓度低于 1.5 mg/L 时，应当稍微提高整个系统的充氧量。曝气转盘的浸没深度通常为 30～50 cm，其变化可以通过调整淹没式孔口或可调出水堰的淹没深度来实现。

奥贝尔氧化沟在时间和空间上的分阶段性，对于达到高效的硝化和反硝化十分有利。第一沟内的低溶解氧，因为存在容易利用的碳源，自然会出现反硝化作用，即硝酸盐被转化为氮气，同时微生物释放磷。而在其他沟特别是最后一沟内由于溶解氧较高，有机物可以被氧化得很彻底，氨氮也可以达到完全硝化，同时微生物吸收废水中的磷。

③交替式氧化沟。

常见交替式氧化沟有双沟（D）式和三沟（T）式两种，使用的曝气设施为曝气转刷。由于双沟式氧化沟的设备闲置率较高（超过 50%），三沟式氧化沟在实际中的应用量更多。三沟式氧化沟实际上是一个 A/O 活性污泥系统，具有生物脱氮功能。传统去除 BOD_5 三沟式氧化沟的运行方式见图 5-42。

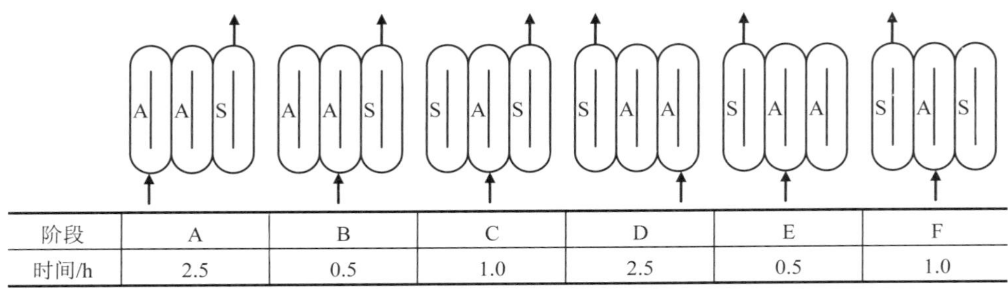

图 5-42　三沟式氧化沟运行示意

A. 曝气；S. 沉淀

三沟式氧化沟由三个相同的氧化沟组建在一起作为一个单元运行，三个氧化沟的邻沟之间相互双双连通，两侧氧化沟可起到曝气和沉淀的双重作用。每个沟都配有可供进水和环流混合的转刷，自控装置自动控制进水的分配和出水调节堰。三沟式氧化沟具有传统去除 BOD_5 和生物脱氮两种运行方式。传统去除 BOD_5 时曝气转刷只有曝气和停止两种状态，而在生物脱氮时，曝气转刷低速运转只起到搅拌保持沟内污泥呈悬浮状态的作用，通过改变转刷的转速实现好氧和缺氧的转变一般都是自动控制。表 5-3 列出了三沟式氧化沟脱氮时的运行方式。

表 5-3　三沟式氧化沟生物脱氮运行方式

运行阶段	A			B			C			D			E			F		
各沟状态	Ⅰ沟	Ⅱ沟	Ⅲ沟	Ⅰ沟	Ⅱ沟	Ⅲ沟	Ⅰ沟	Ⅱ沟	Ⅲ沟	Ⅰ沟	Ⅱ沟	Ⅲ沟	Ⅰ沟	Ⅱ沟	Ⅲ沟	Ⅰ沟	Ⅱ沟	Ⅲ沟
	反硝化	硝化	沉淀	硝化	硝化	沉淀	沉淀	硝化	沉淀	沉淀	硝化	反硝化	沉淀	硝化	硝化	沉淀	硝化	沉淀
延续时间/h	2.5			0.5			1.0			2.5			0.5			1.0		

阶段 A：废水进入第Ⅰ沟，转刷以低速运转仅使沟内污泥在悬浮状态下环流，所供氧量则不足以使沟内有机物氧化。此时，活性污泥中的微生物强制利用上一阶段产生的硝态氮作为氧源，有机物被氧化，硝态氮被还原成氮气溢出；同时，自动调节出水堰上升，废水与活性污泥一起进入第Ⅱ沟。第Ⅱ沟内的转刷高速运转，混合液在沟内保持恒定环流，转刷所供氧量足以氧化有机物并使氨氮转化为硝态氮，处理后的混合

液进入第Ⅲ沟。第Ⅲ沟转刷处于闲置状态，此时只作为沉淀池实现泥水分离，处理后的废水通过已降低的出水堰从第Ⅲ沟排出。

阶段B：废水流入从第Ⅰ沟转向第Ⅱ沟，第Ⅰ沟和第Ⅱ沟内的转刷均高速旋转。第Ⅰ沟从缺氧状态逐渐变为好氧状态。在第Ⅱ沟内处理后的混合液进入第Ⅲ沟，第Ⅲ沟仍作为沉淀池实现泥水分离，处理后的废水从第Ⅲ沟排出。

阶段C：进水仍进入第Ⅱ沟，第Ⅰ沟转刷停止运行，由运转转变为静止沉淀状态，开始泥水分离，到本阶段结束，分离过程也同时完成。处理后的废水仍然从第Ⅲ沟排出。

阶段D：进水从第Ⅱ沟转向第Ⅲ沟，第Ⅰ沟出水堰降低，第Ⅲ沟出水堰升高，出水从第Ⅰ沟引出。同时，第Ⅲ沟内转刷开始低速运转，混合液从第Ⅲ沟流向第Ⅱ沟；在第Ⅱ沟曝气后进入第Ⅰ沟，第Ⅰ沟成为沉淀池。阶段D和阶段A的工作状态类似，所不同的是第Ⅰ沟和第Ⅲ沟的作用正好相反，反硝化发生在第Ⅲ沟，出水从第Ⅰ沟排出。

阶段E：进水从第Ⅲ沟转向第Ⅱ沟，第Ⅲ沟内的转刷开始高速运转；第Ⅰ沟仍作为沉淀池，处理后的废水通过第Ⅰ沟出水堰排出。

阶段F：进水仍进入第Ⅱ沟，第Ⅲ沟转刷停止运行，由运转转变为静止沉淀状态，开始泥水分离，到本阶段结束，分离过程也同时完成。处理后的废水仍然从第Ⅰ沟排出。阶段E和阶段B的工作状态类似，所不同的是第Ⅱ沟和第Ⅲ沟的作用正好相反。

④一体式氧化沟。

一体式氧化沟又称合建式氧化沟，是指集曝气、沉淀、泥水分离和污泥回流等功能为一体、不需建造单独二沉池的氧化沟。最早的间歇运行氧化沟也是一体式氧化沟，但现在的一体式氧化沟指的是设有专门的固液分离装置和措施的氧化沟。一体式氧化沟常用的固液分离装置型式有内置式和外置式两种。

内置式固液分离装置设置在氧化沟的横断面上，利用了竖流沉淀和斜板沉淀的工作原理。氧化沟的混合液从其底部流过时，混合液向上流过分离器，固相污泥的上升速度小于上清液的上升速度，因而实现固液分离。固液分离器内相对静止的水流和氧化沟内的流动水流间产生的压力差所形成的抽吸作用，使沉淀下来的污泥自动回流到反应器中并和其他混合液再混合在一起，因此这种分离装置受沟内水流条件的影响较大。常用的内置式固液分离装置型式有船型（见图5-43）和BMTS型等。

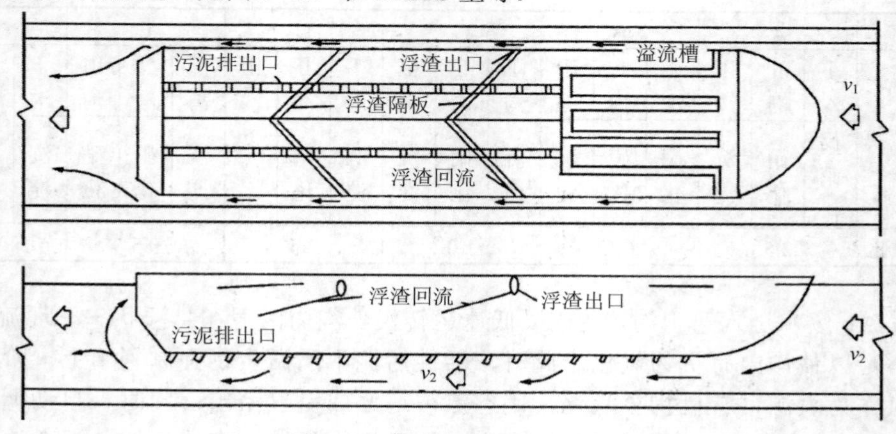

图5-43 船型一体式氧化沟示意

注：槽内流速 v_1 为船式沉淀池底部流速 v_2 的60%。

船型沉淀槽设在氧化沟的一侧，所占氧化沟的容积比为 8%～11%，但其宽度小于氧化沟的宽度，就像在氧化沟内放置的一条船，船型氧化沟也因此得名。混合液在其底部及两侧流过，在沉淀槽下游一端设有进水口，部分混合液由此进入沉淀槽，即沉淀槽内的混合液流动方向与氧化沟内的混合液流动方向相反。污泥在沉淀槽内下沉并由底部的污泥斗收集回流到氧化沟，澄清出水则由沉淀槽上游的溢流堰收集排出。船型固液分离装置底部采用一系列均匀排列的倒 V 形板，使混合液能够均匀进入而沉淀污泥能迅速回流，同时底部开孔很多使其中的水流上升速度很慢，对污泥缓冲层和污泥回流的影响很小。分离器内流态处于层流状态有利于大颗粒絮体的形成，这些大颗粒絮体在船型分离器的上部形成悬浮污泥层，将不断上涌的混合液中的污泥颗粒吸附和截留，从而提高出水水质。污泥层中过多的污泥絮体在重力作用和底部水流的抽吸作用下，又可以不断回流到氧化沟的水流中。

外置式固液分离装置对氧化沟断面和沟内混合液的正常流动几乎不产生影响，水力条件较好。比较典型的外置式固液分离装置是侧渠型固液分离装置，见图 5-44。

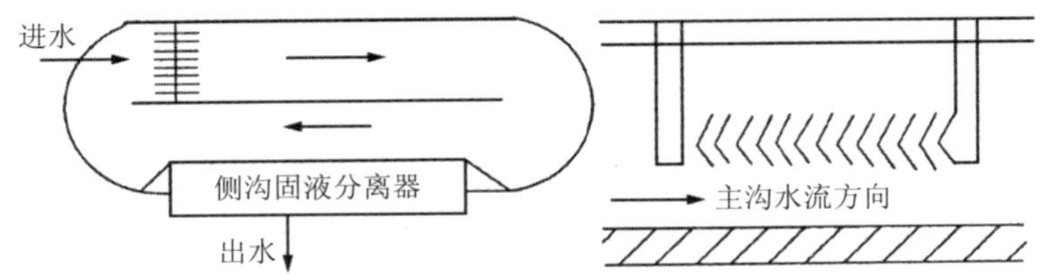

图 5-44　侧渠型一体化氧化沟示意

侧渠型固液分离装置设置在氧化沟一侧的中间位置并贯穿整个池深，循环混合液在分离器部位流过时，部分混合液会进入沉淀区底部，再向上通过倾斜挡板，上清液用淹没式穿孔管排出，沉淀污泥则沿挡板下滑，由混合液携带流走。这种分离器占据氧化沟的断面少，对氧化沟内混合液流动的影响小，固液分离装置自身的水力分离条件也较好，分离效果优于内置式固液分离装置。

外置式固液分离装置利用了平流沉淀的原理，其特殊的构造使得混合液在分离器内的上升流速逐渐减小，保持较平稳的层流状态，促使污泥互相发生絮凝并在重力作用下与水分离，絮凝的污泥形成了一道悬浮污泥层，可以将新进入分离器混合液中的污泥颗粒截留下来，实现泥水分离。这一过程和悬浮澄清池相似，但外置式固液分离装置内的污泥层不是长时间固定停留在分离器中，而是在重力作用下不断循环流动回流到氧化沟混合液中，即这种悬浮污泥层是不断自动更新的。新的混合液中的污泥不断加入污泥层，而同时又有部分污泥在不断回流到混合液中，污泥在分离器中的停留时间较短。由于具有这种独特的分离机理，外置式固液分离装置的沉淀分离效率优于普通型式的二沉池。

5.2.5　应用实例（某工厂啤酒废水处理工程）

1．概况

该厂建厂初期啤酒生产能力为 2 万 t，废水组成分为清洁废水、低浓度废水和高浓度废水。

清洁废水包括锅炉蒸汽冷凝水、制冷循环用外排水、给水厂反冲洗水等，约占总废水量的20%。

低浓度废水包括酿造车间和包装车间地面冲洗水，洗瓶机、灭菌机废水及生活污水。该废水COD浓度为100～700 mg/L，水量约占总水量的70%。

高浓度废水包括滤过洗槽废水，糖化锅、糊化锅冲洗水，贮酒罐前期冲洗水，滤过废藻土泥冲洗水，废酵母、酵母压缩机冲洗水，水量约占总水量的10%。

该厂日均排水量为2 100 m^3，生产旺季日排水量为2 700 m^3，吨啤酒排水量为10 m^3。COD_{Cr}为1 800～2 200 mg/L，平均为2 000 mg/L左右；BOD_5/COD_{Cr}为0.6～0.65；pH为5～13；SS为400～800 mg/L。

2．废水处理工艺特点

①由于该厂啤酒生产废水中COD_{Cr}值较高，要使废水经一步好氧处理达标，曝气池中的污泥浓度需保持较高，尤其是曝气池首端污水负荷高，更需保持污泥的高浓度。

②在调节池中鼓入空气，保证水质较均匀，污水的溶解氧值较高。

③曝气池设计成三段推流式，强化首端曝气，保证首端池中的DO在3～5 mg/L。

④二沉池返回的污泥全部进入首端。

⑤及时排泥，使曝气池运行在低的污泥龄下。

⑥污泥膨胀时，采用在回流污泥中加氯（投加量为10～15 mg/L）的方法控制。

⑦在曝气中设DO自动显示仪，控制曝气池的DO。

⑧污泥加药后直接去带式压滤机脱水，不设污泥浓缩池。

3．处理废水流程

废水处理采用高浓度活性污泥法，流程见图5-45。

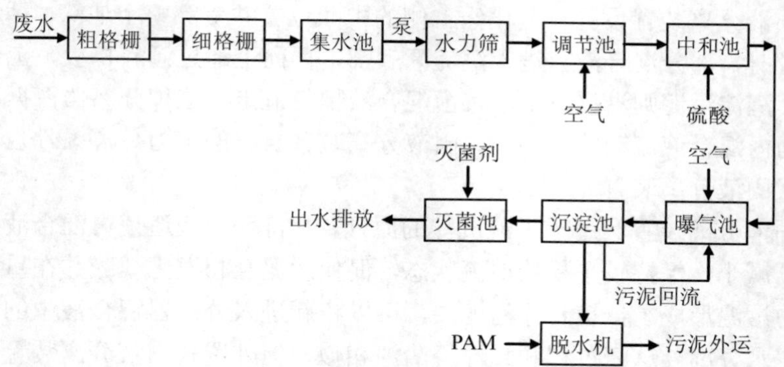

图5-45 某厂啤酒废水处理工艺流程

该流程实际运行过程中，将部分二沉池回流污泥回流到调节池中，曝气再生后再进曝气池，有利于抑制污泥膨胀和提高废水处理效率。

4．主要处理构筑物、设备及设计参数

（1）调节池。

由于啤酒生产中排放的水量、水质不均匀，波动大，考虑到后续处理工艺运行的稳定性，需对水量、水质进行调节。设调节池1座，尺寸为21 m×12 m×5.2 m，水力停留时间为14 h，钢筋混凝土结构。为保证调节池内废水水质比较均匀，在该池内设有双螺旋曝气头进行曝气。

（2）曝气池。

曝气池有 2 座，推流式，为钢筋混凝土结构，有效容积为 1 152 m^3，尺寸为 16 m×6 m×7.2 m。曝气池采用鼓风机供气，曝气装置为双螺旋曝气器，设计参数如下：容积负荷≤2.3 kgBOD/（m^3•d）；污泥负荷 0.3～0.4 kg BOD/（kg MLSS•d）；MLSS 浓度 4.5～8 g/L（一般为 6 g/L）；污泥回流为 100%～200%，通过污泥泵从二沉池中回流过来，由阀门及流量计控制污泥回流量；HRT 15 h（初期）。

（3）沉淀池。

沉淀池为圆形辐流式沉淀池 1 座，钢筋混凝土结构，直径为 16 m，有效水深为 3.5 m，表面负荷为 0.37 m^3/（m^2•h）（初期），沉淀池内设有中央驱动型刮泥机。

5．运行情况

经上述处理流程，自开工以来，处理效果稳定。正常情况下，废水能达标排放。

任务 3　生物膜法

生物膜法是利用固着生长在载体上的微生物来降解水中有机污染物的一种生物处理方法。从微生物对有机物降解过程的基本原理上分析，生物膜法与活性污泥法是相同的，两者的主要不同，在于活性污泥法是依靠曝气池中悬浮流动着的活性污泥来分解有机物，而生物膜法则主要依靠固着于载体表面的微生物膜来净化有机物。与活性污泥法相比，生物膜法具有以下特点。

①固着于固体表面上的生物膜对污水水质、水量的变化有较强的适应性，操作稳定性好。

②不会发生污泥膨胀，运转管理较方便。

③由于微生物固着于固体表面，即使增殖速度慢的微生物也能生长繁殖。而在活性污泥法中，世代时间比停留时间长的微生物被排出曝气池，因此，生物膜中的生物相更为丰富，且膜中生物种群沿水流方向具有一定分布。

④因高营养的微生物存在，有机物代谢时较多地转移为能量，合成新细胞，即剩余污泥量少。

⑤采用自然通风供氧。

⑥活性生物难以人为控制，因而在运行方面灵活性较差。

⑦由于载体材料的比表面小，故设备容积负荷有限，空间效率较低。国外的运行经验表明，在处理城市污水时，生物滤池处理厂的处理效率比活性污泥法处理厂略低。50%的活性污泥法处理厂 BOD_5 去除率高于 91%，50%的生物滤池处理厂 BOD_5 去除率为 83%，相应的出水 BOD_5 分别为 14 mg/L 和 28 mg/L。

利用生物膜净化污水的装置统称为生物膜反应器。根据污水与生物膜接触形式的不同，生物膜反应器可分为生物滤池、生物转盘和生物接触氧化池等。

5.3.1 生物膜法净化污水的原理

1. 生物膜的形成

污水通过滤池时，滤料截留了污水中的悬浮物质，并把污水中的胶体物质吸附在自己的表面上，它们中的有机物使微生物很快繁殖起来，这些微生物又进一步吸附了污水中呈悬浮、胶体和溶解状态的物质，填料表面逐渐形成了一层生物膜。生物膜主要由细菌的菌胶团和大量的真菌丝组成，其中还有许多原生动物和较高等动物生长。

在生物滤池表面的滤料中，常常存在着一些褐色及其他颜色的菌胶团，也有的滤池表层有大量的真菌丝存在，因此形成一层灰白色的黏膜。下层滤料生物膜呈黑色。

生物膜不仅具有很大的表面积，能够大量吸附污水中的有机物，而且具有很强的降解有机物的能力。当滤池通风良好，滤料空隙中有足够的氧时，生物膜就能分解氧化所吸附的有机物。在有机物被降解的同时，微生物不断进行自身的繁殖，即生物膜的厚度和数量不断增加。生物膜的厚度达到一定值时，由于氧传递不到较厚的生物膜中，使好氧菌死亡并发生厌氧作用，厌氧微生物开始生长。当厌氧层不断加厚，由于水力冲刷和生物膜自重的作用，再加上滤池中某些动物（如灰蝇等）的活动，生物膜将会从滤料表面脱落下来，随着污水流出池外，这种脱落现象既可以间歇地也可以连续地发生，这取决于滤池的水力负荷率的大小。由此可见，生物膜的形成是不断发展变化、不断新陈代谢的。去除有机物的活性生物膜，主要是表面的一层好氧膜，其厚度一般为 0.5～2.0 mm，视充氧条件而定。

2. 生物膜中的微生物

生物膜中的微生物与活性污泥大致相同，但又有其特点。生物膜中的细菌也很多，菌胶团仍是主要的，但与活性污泥不同的是，在生物膜中丝状菌很多，有时还起主要作用，因为它净化有机物的能力很强，而且又由于它而使生物膜形成了立体结构，密度疏松，增大了表面积。生物滤池污水是从上而下流动的，逐渐得到净化，由上至下水质不断发生变化，因此，对生物膜上微生物种群产生了很大影响。在上层以大多数摄取有机营养的异养型微生物为主。在下层则是以摄取无机营养的自养型微生物为主（特别是低负荷生物滤池）。

在生物滤池中真菌生长较普遍，在条件合适时，可能成为优势种。

生物膜中的原生物动物比活性污泥中的多，种类丰富，上、中、下三层各不相同，越是高等原生动物，越是在底层生长。原生动物的存在对提高出水水质有重要作用，这点与活性污泥法有相同之处。

灰蝇是生物滤池中特有的一种昆虫，是肉眼可见的较大的生物，其幼虫以生物膜为食。幼虫的活动能起疏松生物膜的作用，有一定有利影响。

3. 生物膜去除有机物的过程

图 5-46 可以帮助分析研究生物膜对污水的净化作用，这是把一小块滤料放大了的示意图。从图中可以看出，滤料表面的生物膜可分为厌氧层和好氧层，在好氧层表面是一层附着水层，这是由于生物膜的吸附作用形成的。因为附着水直接与微生物接触，其中有机物大多已被微生物所氧化，因此有机物浓度很低。在附着水外部，是流动水层，即是进入生物滤池的待处理污水，有机物浓度较高。生物膜去除有机物的过程包括：有机物从流动水中通过扩散作用转移到附着水中去，同时氧也通过流动水、附着水进入生物膜的好氧层中；

生物膜中的有机物进行好氧分解；代谢产物如 CO_2、H_2O 等无机物沿相反方向排至流动水层及空气中；内部厌氧层的厌氧菌用死亡的好氧菌及部分有机物进行厌氧代谢；代谢产物如有机酸等转移到好氧层或流动水层中。在生物滤池中，好氧代谢起主导作用，是有机物去除的主要过程。

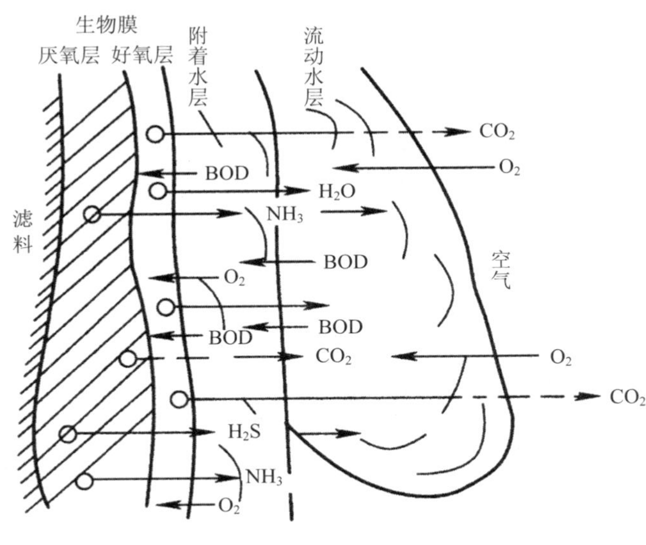

图 5-46　生物膜示意图

5.3.2　生物滤池

1. 生物滤池的一般构造

生物滤池在平面上一般呈方形、矩形或圆形，它的主要组成部分包括滤料、池壁、布水系统和排水系统，见图 5-47。

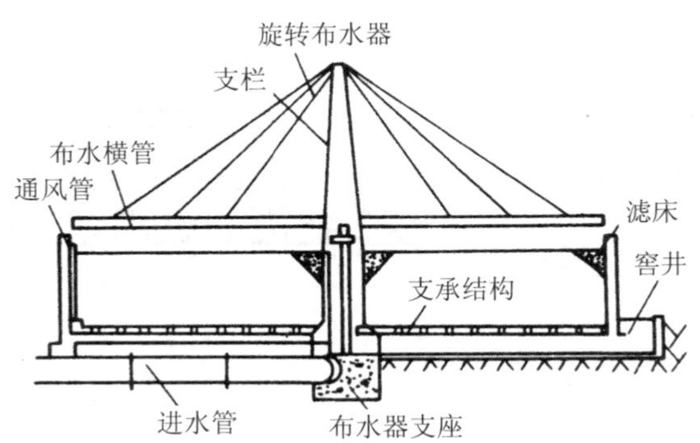

图 5-47　生物滤池的构造

生物滤池要求通风良好，布水均匀，单位体积滤料的表面积和空隙率都比较大，以利于生物膜、污水和空气之间的接触和通风。

（1）滤料。

滤料作为生物膜的载体，对生物滤池的工作影响较大。滤料表面积越大，生物膜数量越多。但是，单位体积滤料所具有的表面积越大，滤料粒径必然越小，空隙也越小，从而增大了通风阻力。相反，为了减小通风阻力，孔隙率要增大，滤料比表面积将要减小。

滤料粒径的选择应综合考虑有机负荷和水力负荷等因素，当有机物浓度高时，应采用较大的粒径。滤料应有足够的机械强度，能承受一定的压力；其密度应小，以减少支承结构的荷载；滤料既应能抵抗污水、空气、微生物的侵蚀，又不应含有影响微生物生命活动的杂质；滤料应能就地取材，价格便宜，加工容易。

生物滤池过去常用拳状滤料，如碎石、卵石、炉渣、焦炭等。近年来，生物滤池多采用塑料滤料，主要由聚氯乙烯、聚乙烯、聚苯乙烯、聚酰胺等加工成波纹板、蜂窝管、环状及空圆柱等复合式滤料。这些滤料的特点是比表面积大（达 100～340 m^2/m^3），孔隙度高，可达 90%以上，从而大大改善膜生长及通风条件，使处理能力大大提高。

（2）池壁。

生物滤池池壁只起围挡滤料的作用，一些滤池的池壁上带有许多孔洞，用以促进滤层的内部通风。一般池壁顶应高出滤层表面 0.4～0.5 m，以免因风而影响污水在池表面上的均匀分布。池壁下部通风孔总面积不应小于滤池表面积的 1%。

（3）排水及通风系统。

排水及通风系统用以排除处理水，支承滤料及保证通风。排水系统通常分为两层，包括滤料下的渗水装置和底板处的集水沟和排水沟。常见的渗水装置如图 5-48 所示。

其中有支承在钢筋混凝土梁或砖基上的穿孔混凝土板[图 5-48（a）]、砖砌的渗水装置[图 5-48（b）]、滤砖[图 5-48（c）]、半圆形开有孔槽的陶土管[图 5-48（d）]。渗水装置的排水面积应不小于滤池表面积的 20%，它同池底之间的间距应不小于 0.3 m。

（4）布水装置。

布水装置设在填料层的上方，用以均匀喷洒污水。早期使用的布水装置是间歇喷淋的，两次喷淋的间隔时间为 20～30 min，让生物膜充分通风。后来发展为连续喷淋，使生物膜表面形成一层流动的水膜，这种布水装置布水均匀，能保证生物膜得到连续的冲刷。目前广泛采用的连续式布水装置是旋转布水器。

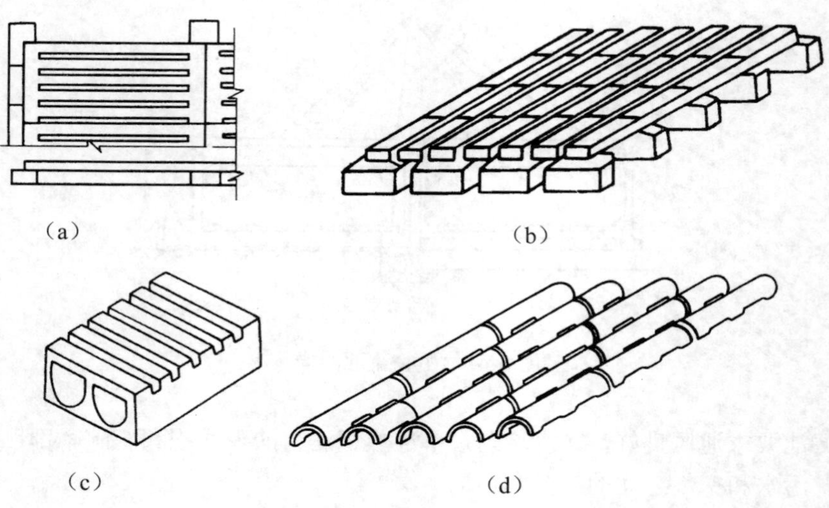

图 5-48　生物滤池的渗水装置

旋转布水器适用于圆形或多边形生物滤池，它主要由进水竖管和可转动的布水横管组成，固定的竖管通过轴承和配水短管联系，配水短管连接布水横管，并一起旋转。布水横管一般为 2～4 根，横管中心高出滤层表面 0.15～0.25 m，横管沿一侧的水平方向开设直径 10～15 mm 的布水孔。为使每孔的洒水服务面积相等，靠近池中心的孔间距应较大，靠近池边的孔间距应较小。当布水孔向外喷水时，在反作用力推动下布水横管旋转。为了使污水能均匀喷洒到滤料上，每根布水横管上的布水孔位置应错开，或者在布水孔外设可调节角度的挡水板，使污水从布水孔喷出后能成线状均匀地扫过滤料表面。

2．生物过滤法的基本流程与分类

生物滤池可根据设备形式不同分为普通生物滤池和塔式生物滤池。也可根据承受污水负荷大小分为低负荷生物滤池（普通生物滤池）和高负荷生物滤池。

（1）低负荷生物滤池（普通生物滤池）。

滤池的滤料一般采用碎石或炉渣等颗粒滤料，滤料的工作厚度为 1.3～1.8 m，粒径 25～40 mm，承托层厚 0.2 m，颗粒 70～100 mm，滤料的总厚度为 1.5～2.0 m。

低负荷生物滤池由于负荷率低，污水的处理程度较高。一般生活污水经滤池处理后出水 BOD_5 常小于 20～30 mg/L，并有溶解氧的硝酸盐存在于出水中，二次沉淀池的污泥呈黑色，氧化程度很高，污泥稳定性好。这说明在普通生物滤池中，不仅进行着有机物的吸附、氧化，而且也进行硝化作用。缺点是水力负荷、有机负荷率均很低，占地面积大，水流的冲刷能力小，容易引起滤层堵塞，影响滤池通风。有些滤池还出现因池面积小，容易引起滤层堵塞的现象。

（2）高负荷生物滤池。

高负荷生物滤池的构造基本上与低负荷生物滤池相同，但所采用的滤料粒径和厚度都较大，水力负荷率较高，一般为普通生物滤池的 10 倍，有机负荷率为 800～1 200 g（BOD_5）/（m^3 滤料•d）。因此，池子体积较小，占地面积省，但是出水的 BOD_5 一般要超过 30 mg/L，BOD_5 去除率一般为 75%～90%。一般出水中极少有或没有硝酸盐。

高负荷生物滤池大多采用旋转式布水系统。滤料的直径一般为 40～100 mm，滤料层较厚，一般为 2～4 m；当采用自然通风时，滤料层厚度一般不应大于 2 m，采用塑料和树脂制成的滤料时，可以增大滤料厚度，并可采用自然通风。

提高了有机负荷率后，微生物的代谢速度加快，即生物膜的增长速度加快。由于同时提高了水力负荷率，也使冲刷作用大大加强，因此不会造成滤池的堵塞，滤池中的生物膜不再像普通生物滤池那样，主要是由于生物膜老化及昆虫活动而呈周期性的脱落，而是主要由于污水的冲刷而表现为经常性的脱落。脱落的生物膜中，大多是新生物的细胞，没有得到彻底的氧化，因此，稳定性比普通生物滤池的生物膜差，产泥量大。

为了在提高有机负荷率的同时又能保证一定的出水水质，并防止滤池的堵塞，高负荷生物滤池的运行常采用回流式的运行方式，利用出水回流至滤池前与进水混合，这样既可提高水力负荷率，又可稀释进水的有机物浓度，可以保证出水水质，并可防止滤池堵塞。一般，当滤池进水 BOD_5＞200 mg/L 时，常需采用回流。回流的方式很多，典型的处理流程如图 5-49 所示。

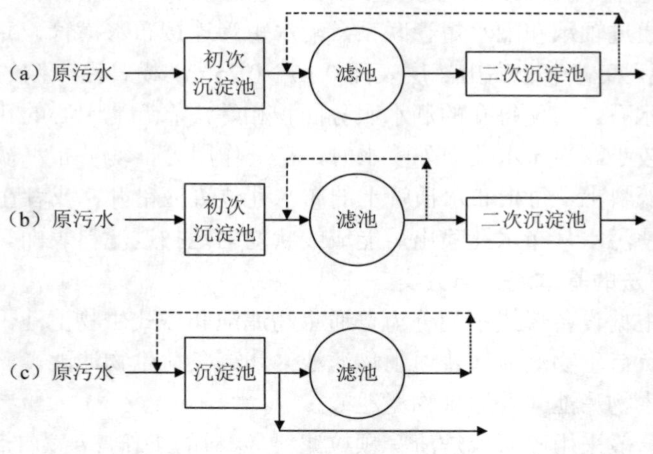

图 5-49 高负荷生物滤池典型流程

系统（a）：采用最广泛的高负荷生物滤池处理流程，处理水回流到滤池前，可避免加大初次沉淀池的容积。

系统（b）：滤池出水直接回流，这样有助于生物膜的再次接种，能够促进生物膜的更新。

系统（c）：不设二次沉淀池为其主要特征，滤池出水回流到沉淀池。这种流程能够提高初次沉淀池的沉淀效率和节省二次沉淀池。

当污水处理程度要求高，一级高负荷生物滤池不能满足要求时串联起来，称之为两级生物滤池。在两级生物滤池的第一级池中常常能进行硝化过程，有机物去除率可达 90%以上，出水中常会含有硝酸盐和溶解氧。

（3）塔式生物滤池。

塔式生物滤池的构造与一般生物滤池相似，主要不同在于采用轻质高孔隙率的塑料滤料及塔体结构。塔直径一般为 1～3.5 m，塔高为塔径的 6～8 倍。图 5-50 为塔式生物滤池的构造示意图。

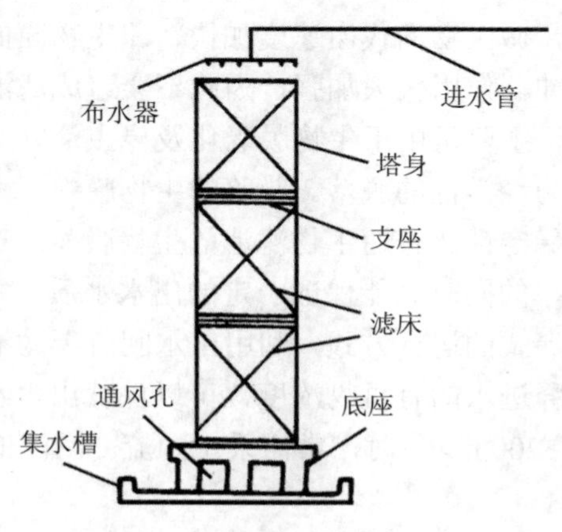

图 5-50 塔式生物滤池构造

塔式滤池也是一种高负荷滤池，但其负荷远比普通负荷生物滤池高。采用塑料滤料的塔式滤池的水力负荷可高达 80～200 m^3 污水/（m^2 滤料•d），有机物负荷率可高达 2 000～3 000 g BOD_5/（m^3 滤料•d）。由于负荷率高，污水在塔内停留时间很短，一般仅为几分钟；BOD_5 去除率很低，一般为 60%～85%。然而，塔式生物滤池对有机物负荷率和有毒物质的冲击适应性很强，常常被用于高浓度有机工业废水的预处理，并被广泛地用于石油化工、化纤、焦化、纺织、冶金和食品工业废水的处理中。

5.3.3　生物转盘

生物转盘又称浸没式生物滤池，是从传统生物滤池演变而来。生物膜的形成、生长以及其降解有机污染物的机理，与生物滤池基本相同。主要区别是它以一系列转动的盘片代替固定的滤料。生物转盘主要组成部分是旋转圆盘、转动横轴、动力及减速装置和氧化槽等，其结构见图 5-51。

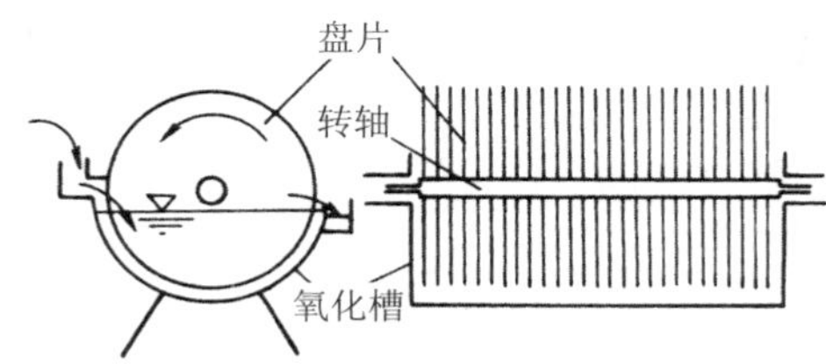

图 5-51　生物转盘结构

当圆盘片浸没于污水中时，污水中的有机物被盘片上的生物膜吸附，当圆盘片离开污水时，盘片表面形成一层薄薄的水膜。水膜从空气中吸氧，同时在生物酶的催化下，被吸附的有机物氧化降解。这样圆盘每转动一圈，即进行一次吸附—吸氧—氧化分解。圆盘不断地转动，使污水中有机物不断分解净化；同时，圆盘的搅动，把大气中的氧带入氧化槽，使污水中的 DO（溶解氧）不断增加，有利于基质的氧化降解过程。所以，生物转盘在运行过程中的吸附、吸氧、氧化分解等过程，实际上是同时进行的。

1．生物转盘的构造

生物转盘的主体部分由盘片、转轴和氧化槽等组成。盘片串起来成组，中心贯以转轴，轴的两端安设于固定在圆形氧化槽的支座上。转盘的表面积有 40%～50%浸没在氧化槽内的污水中。转轴一般高出水面 10～25 cm。

由电机、变速器和传动链条等组成的传动装置驱动转盘以一定的线速度在氧化槽内转动，并不断进行吸附、吸氧和氧化降解等过程。

转盘的直径一般为 2～3 m，国外有的达 4 m。盘片间距可采用 20～30 mm，当原污水浓度高时，则取上限值，防止生物膜堵塞。

氧化槽的断面为半圆形，槽的构造形式和建造方法随设备规模大小、修建场地条件的不同而异。氧化槽各部分尺寸和长度根据转盘直径和轴长决定，转盘边缘与槽面应有 13～19 mm 的距离。

2．生物转盘的技术条件

生物转盘的转动速度是重要的运行参数，必须选择适宜。转速过大，有损于设备的机械强度，耗电量大，而且由于转盘转速过大而引起较大的剪切力，易使生物膜过早地剥离。综合以上各因素，结合国内外生物转盘运行经验表明，转盘转速以 0.8～3.0 r/min，线速度以 10～20 m/min 为宜。

3．生物转盘的布置方式

生物转盘的布置方式，根据污水的水质、水量净化要求，以及设置转盘场地条件等因素决定。一般可分为单轴单级式、单轴多级式和多轴多级式，见图 5-52。级数多少主要根据净化要求达到的程度确定。

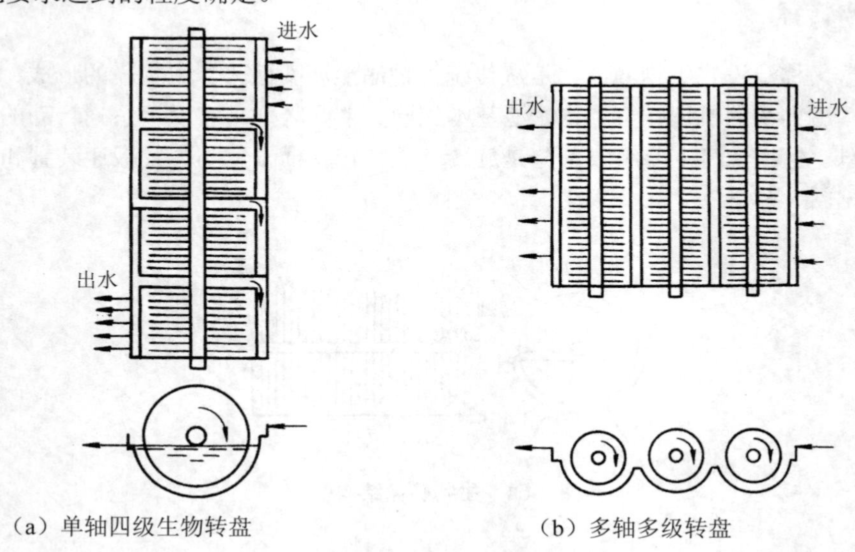

（a）单轴四级生物转盘　　（b）多轴多级转盘

图 5-52　生物转盘的布置形式

5.3.4　接触氧化法

1．生物接触氧化池

生物接触氧化池由池底、填料、布水装置和曝气系统等几部分组成。按不同的曝气方式，常有两种形式，即鼓风曝气生物接触氧化池和表面曝气生物接触氧化池，分别见图 5-53 和图 5-54。

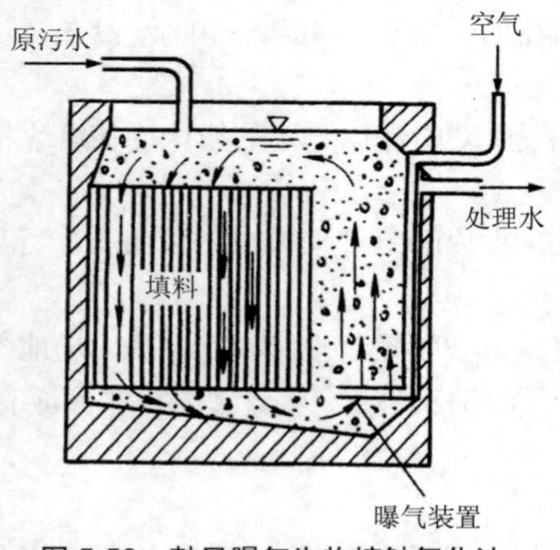

图 5-53　鼓风曝气生物接触氧化池

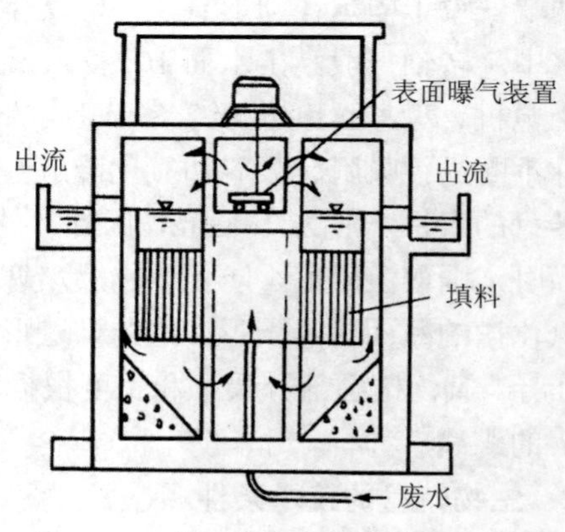

图 5-54　表面曝气生物接触氧化池

鼓风曝气生物接触氧化池按曝气装置位置的不同，又分为两种，即分流式接触氧化池和直流式接触氧化池。分流式接触氧化池，曝气器设在池子的一侧，填料设在另一侧，污水在氧化池内不断循环。由于水流的冲刷作用小，生物膜只能自行脱落，更新速度慢，且易于堵塞。直流式接触氧化池，在塑料填料下面直接布气，生物膜受气流和水流同时搅动，加速了生物膜的更新，不仅生物膜活性高，且不易堵塞。在我国多采用直流式。

接触氧化池生物膜中的微生物很丰富，除细菌外，球衣菌等丝状菌不断生长，并还繁殖着多种原生动物和后生动物，形成一个复杂的生态系统。生物量可达 100 g/m^2 填料表面以上，折算成 MLSS，达每升 10 g 以上。其生物量比活性污泥法多几倍，所以生物接触氧化法是一种高效能的污水处理方法。在去除有机物效率相同的条件下，接触氧化法的 BOD_5 负荷率约为 5 kg/（m^3•d），而活性污泥法约为 1 kg/（m^3•d）。

当进水浓度高，或对出水水质要求高时，为了提高处理效率，生物接触氧化法常采用两段接触氧化法。两段法的主要设备包括初次沉淀池、一段接触氧化池、中间沉淀池、二段接触氧化池和二次沉淀池等构筑物。也可取消中间沉淀池，但是处理效果会比前者差。这种二段法的特点是：一段氧化池的负荷率较高，池中有机物浓度高，生化反应速率快，起粗处理作用；二段氧化池负荷率低，可保证出水水质的要求，起精处理作用。要获得同样的处理效果和同样的出水水质，二段法比一段法可大大减小氧化池的总容积。二段法耐冲击负荷能力强，出水水质比较稳定。

生物接触氧化法的主要优点为：处理能力大、占地省；对冲击负荷有较强的适应性，污泥生长量少；不发生污泥膨胀的危害；能保证出水水质；不需污泥回流。其主要缺点是：布气、布水不易均匀；填料价格昂贵，影响基建投资；使用不当时，硬性填料较易堵塞。

2．接触氧化池常用填料的种类

接触氧化法所用填料按材质分为弹性填料、软性填料、半软性填料三种；按安装形式分为固定式和悬浮自由式两种。

（1）弹性填料：弹性填料通常由硬聚氯乙烯塑料或玻璃钢制成波状薄片，在现场再黏合而成蜂窝状，塔式生物滤池大多也采用这种填料。蜂窝状弹性填料由薄片做成，空隙率较大，如直径为 20 mm、管壁厚为 0.122 mm 的填料，空隙率高达 98.3%。而且质地较轻，纵向强度大，在使用时堆积高度可达 4～5 m。蜂窝管壁面光滑无死角，老化的生物膜易于脱落。蜂窝状弹性填料的孔径需要根据废水水质、有机负荷、充氧条件等因素进行选择确定。为防止填料堵塞，一般不用蜂窝状弹性填料处理高浓度有机废水，而且一般不采用扩散、射流或表面曝气方式充氧。

（2）软性填料：软性填料通常由尼龙、维纶、腈纶等化学纤维编结成束并用中心绳相连而成，因此又称纤维填料。软性填料比表面积大，不会堵塞，质量轻，运输方便，可用于处理高浓度废水。其缺点是填料的纤维容易与生物膜黏结在一起而产生结球现象，使比表面积减少，影响处理效果。为防止生物膜生长后纤维结成球状，减小填料的比表面积，又有以硬性塑料为支架，其上缚以软性纤维的，成为组合软性填料。新型组合软性填料的纤维束绑扎在圆盘状支架上，支架外形为多孔薄片状圆盘，再用中心绳将带有纤维的圆盘串起来。这种软性填料不会出现结球现象，同时能起到良好的布水、布气作用，接触传质条件较好，氧的利用率较高。

（3）半软性填料：半软性填料是针对软性填料的缺点而改进开发的填料形式，一般由改性聚乙烯塑料制成薄片状，其外形与组合填料相似，不过将捆绑在其上的纤维束换成了与中心圆盘相连的塑料丝。这种填料既有一定刚性，又有一定柔性，无论在水流还是在气流作用下，都能基本保持原有形状。半软性填料具有较强的重新布水和布气作用，耐腐蚀，不易堵塞，使用寿命较长，对有机物的去除效率较高。

（4）悬浮填料：弹性填料、软性填料和半软性填料都是采用框架支撑的方式安装在接触氧化池内，位置是相对固定的，安装麻烦且造价较高。现在，悬浮自由式填料的应用正在逐步推广。悬浮自由式填料有球状、盘状等多种样式，基本材质未变，关键是经过选择配料，将填料的密度核定在一定范围内（略高于要处理废水的密度）。使用时只要将填料按一定体积比（一般填料的堆积体积占池体容积的20%～50%）投入接触氧化池，根据实际磨损情况及时补充即可，省却了固定式填料安装和更换的诸多麻烦。悬浮自由式填料的缺点是对曝气装置要求较高，最好是采用不停水即可更换的曝气管道系统。

3．接触氧化法运行和管理应注意的问题

（1）接触氧化法填料完全淹没在水中，因此启动时生物膜的培养方式和活性污泥法基本相同，可间接培养也可直接培养。对于工业废水，在利用生活污水培养成生物膜后，还要进行驯化。

（2）当处理工业废水时，如果废水缺乏足够的氮、磷等营养成分，要及时分析化验进出水的氮、磷等营养成分含量，根据具体情况间断或连续向水中投加适量的营养盐。

（3）定时进行生物膜的镜检，观察接触氧化池内，尤其是生物膜中特征微生物的种类和数量，一旦发现异常要及时调整运行参数。

（4）尽量减少进水中的悬浮杂物，以防其中尺寸较大的杂物堵塞填料的过水通道。避免进水负荷长期超过设计值造成生物膜异常生长，进而堵塞填料的过水通道。一旦发生堵塞现象，可采取提高曝气强度以增强接触氧化池内水流紊动性的方法，或采用出水回流以提高接触氧化池内水流速度的方法，加强对生物膜的冲刷作用，恢复填料的原有效果。

5.3.5 生物流化床

为进一步强化生物处理技术，提高处理效率，关键的条件有两方面：一是提高单位体积内的生物量，特别是活性的生物量；二是强化传质作用，强化有机底物从污水中向细菌传质的过程。

对第一个条件采取的措施是扩大微生物栖息、生活的表面积，增加生物膜量，但是为此必须相应地提高充氧能力。对第二个条件采取的措施是扩大生物体与污水的接触面积，加强在污水与生物膜之间的相对运动。

20世纪70年代出现的生物流化床为解决这两个问题创造了条件，把生物膜技术推向一个新的高度。流化床原本是用于化工领域的一项技术，它以砂、焦炭、活性炭一类的颗粒材料为载体，水流由下向上流动，使载体处于流化状态。将流化床技术应用于污水生物处理工程，就是使处于流化状态下的载体表面上生长、附着生物膜，利用生物膜中的微生物对废水中的污染物进行降解。由于载体颗粒小，表面积大，因此具有较大的生物量。另外，由于载体处于流化状态，污水从其下部和左、右侧流过，不断地和载体上的生物膜相接触，从而强化了传质过程，并且由于载体不停地流动，能够有效地防止发生生物膜堵塞的问题。因此，生物流化床具有有机容积负荷高、处理效果好、占地少以及投资省等特点。

根据供氧、脱膜和床体结构等的不同，生物流化床主要有二相生物流化床和三相生物流化床。二相生物流化床的工艺流程如图 5-55 所示。

其充氧与流化过程分开，并完全依靠水流使载体流化。它可以纯氧或压缩空气为氧源，使污水与回流水在充氧设备中与氧或空气相接触，由于氧转移至水中，水中溶解氧含量得以提高。当使用纯氧时，水中溶解氧可提高到 30 mg/L 以上；而以压缩空气为氧源时，由于氧在空气中的分压低，因此充氧后的水中的溶解氧较低，一般小于 9 mg/L。

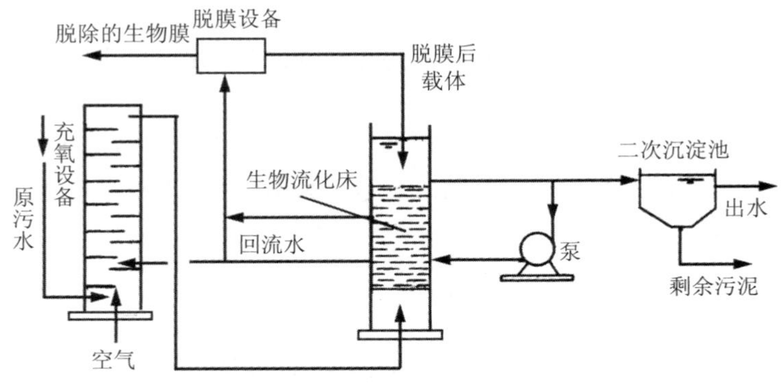

图 5-55　二相生物流化床的工艺流程

经过充氧后的污水从底部进入生物流化床，使载体流化，并通过载体上生物膜的作用进行生物降解，处理后的污水从上部流出床外，进入二沉池进行固液分离，上清液即为处理后的最终的出水。

为了更新生物膜，要及时脱除载体上的老化生物膜，为此，在流程中设有脱膜设备。脱膜设备间歇工作，脱膜后的载体再次返回流化床，而脱除下来的生物膜则作为剩余的生物污泥排出系统外。

长满生物膜的载体上生物高度集中，耗氧速度很高，对污水进行一次充氧往往不足以保证对氧的需要。此外，单纯依靠原污水的流量不足以使载体流化，因此要使部分处理水循环回流。如以压缩空气为氧源，由于水中溶解氧含量低，所以往往需采用较大的循环率，动力消耗较大。

5.3.6　生物膜法处理系统的运行控制

1．挂膜

使具有代谢活性的微生物污泥在处理系统中填料上固着生长的过程称之为挂膜。挂膜也就是生物膜处理系统，膜状污泥的培养和驯化过程。

挂膜过程所采用的方法，一般有直接挂膜法和分步挂膜法两种。

对于生活污水、城市污水、与城市污水相接近的工业废水，可以采用直接挂膜法。即在合适的环境条件下，让处理系统连续正常运行，一般需经过 7～10 d 就可以完成挂膜过程。挂膜过程中，宜让氧化池出水和池底污泥回流。

在各种型式的生物膜处理设施中，生物接触氧化池和塔式生物滤池，由于具有曝气系统，且填料量和填料空隙均较大，可以采用直接挂膜法，而普通生物滤池、生物转盘等适合于采用分步挂膜法。

对于不易生物处理的工业废水，采用普通生物滤池和生物转盘，为了保证挂膜的顺利进行，可以通过预先培养和驯化相应的活性污泥（或利用类似污水厂的污泥），然后再投入到生物膜处理设施中进行挂膜，即分步挂膜法。具体做法是：先用生活污水或其与工业污水的混合污水培养出活性污泥（或采用现有污水厂污泥），将该污泥和适量的工业废水放入一循环池中，再用泵投入到生物膜处理设施中，出水或沉淀污泥回流入循环池。待填料表面挂膜后，可以直接通水运行或继续循环运行。随着膜厚度的增大，可以逐步增大工业废水的比例，直至完成挂膜过程。

对于工业废水的挂膜，其中必然有膜状污泥适应水质的过程，这与活性污泥法培菌过程，即污泥驯化一样。

对于多级处理的生物膜处理系统，要使各级培养驯化出优势微生物，完成挂膜所用的时间，可能要比一般挂膜过程长 2～3 周。这是因为不同种属细菌对水质的适应性和其本身的世代时间不一样。

2．运行控制

（1）布水与布气。

对于各种生物膜处理设施，为了保证其生物膜的均匀增长，防止污泥堵塞填料，保证处理效果的均匀，应对处理设施均匀布水和布气。由于设计上不可能保证布水和布气的绝对均匀，运行时应利用布水、布气系统的调节装置，调节各池或池内各部分的配水或供气量，保证均匀布水、布气。

布水管及其喷孔或喷嘴（尤其是池底配水系统）使废水在填料上分配不匀，结果填料受水量影响发生差异，会导致生物膜的不均匀生长，进一步又会造成布水、布气的不均匀，最后使处理效率降低。解决布水管孔堵塞的方法如下：

①提高初沉池对油脂和悬浮物的去除率；

②保证布水孔嘴足够的水力负荷；

③定期对布水管道及孔嘴进行清洗。

布水、布气管淹没于污水中，由于水质的原因，或污泥的原因，或制作的原因，或运行的原因，某些孔眼会堵塞，也会使生物膜生长不均匀，降低处理效果。应针对以上原因采取解决办法，如保证曝气孔或曝气头的光滑、均匀，降低池底污泥的沉积量，进行预处理以改善水质等。正常运行时，应按具体情况调节管道阀门，使供气均匀，并定期进行清洗。

（2）填料。

①预处理。对多孔颗粒类填料，装入氧化池或滤池之前，须对其进行破碎、分选、浸洗等处理，以提高颗粒的均匀性，并去除尘土等杂质。对于塑料或玻璃钢类硬质填料，安装前应检查其形状、质量的均匀性，安装后应清除残渣（粘在填料上的）。对于束状的软性填料应检查安装后的均匀性。

②运行观察与维护。填料在生物膜处理设施中正常运行时，应定期观察其生物膜生长和脱膜情况，观察其是否损坏。

有很多原因可能造成生物膜生长不均匀，这会表现在生物膜颜色、生物膜脱落的不均匀性上。一旦发现这些问题，应及时调整布水、布气的均匀性，并调整曝气强度来予以改变。

对于颗粒填料比较容易发生污泥堵塞，可能需要加大水力负荷或空气强度来冲洗，或换出填料晾晒、清洗。

对于硬质塑料或玻璃钢类填料，可能会发生填料老化、坍塌等情况，这就需要及时予以更换，并找出造成坍塌的原因（如污泥附着不均匀），及时予以纠正。

对于束状软性填料，可能发生纤维束缠绕、成团、断裂等现象。缠绕、成团有可能是安装不利造成的，也有可能是污泥生长过快、纤维束中心污泥浓度太高形成的，可适当加大水力负荷和曝气强度来解决。纤维使用时间过长或污泥过量，可能造成纤维束断裂，应及时更换。

某些情况下，如水温或气温过低，或对于生物滤池、生物转盘，需要加保温措施。

（3）生物相观察。

对于城市污水处理厂，生物膜处理设施的生物膜，前一级厚度为 2.0～3.0 mm。后一级可能为 1.0～2.0 mm。生物膜外观粗糙，具有黏性，颜色是泥土褐色。

生物膜法处理系统的生物相特征与活性污泥工艺有所区别，主要表现在微生物种类和分布方面。一般来说，由于水质的逐级变化和微生物生长环境条件的改善，生物膜系统存在的微生物种类和数量均较活性污泥工艺大，尤其是丝状菌、原生动物、后生动物种类增加，厌氧菌和兼性菌占有一定比例。在分布方面的特点，主要是沿生物膜厚度和进水流向（采用多级处理时）呈现出不同的微生物种类和数量。例如，在多级处理的第一级，或生物膜的表层，或填料的上部（对于水流为下向流），生物膜往往以菌胶团细菌为主，膜亦较厚；而随着级数的增加，或向生物膜内层发展，或向填料下部看，由于水质的变化，生物膜中会逐渐出现丝状菌、原生动物及后生动物，生物的种类不断增多，但生物量即膜的厚度减少。依废水水质的不同，每一级都有其特征的生物类群。

水质的变化，会引起生物膜中微生物种类和数量的变化。在进水浓度增高时，可看到原有特征性层次的生物下移的现象，即原先在前级或上层的生物可在后级或下层出现。因此，可以通过这一现象来推断废水浓度和污泥负荷的变化情况。

3. 异常问题及其解决对策

（1）生物膜严重脱落。

在生物膜挂膜过程中，膜状污泥大量脱落是正常的，尤其是采用工业废水进行驯化时，脱膜现象会更严重。但在正常运行阶段，膜大量脱落是不允许的。产生大量脱膜，主要是水质的原因，解决办法即是改善水质。

（2）气味。

对生物滤池、生物转盘及某些情况下的生物接触氧化池，由于污水浓度高，污泥局部发生厌氧代谢，可能会有臭味产生。解决的办法如下：

①处理出水回流；

②减少处理设施中生物膜的累积，让生物膜正常脱膜，并排出处理设施；

③保证曝气设施或通风口的正常；

④根据需要向进水中短期少量投加液氯；

⑤避免高浓度或高负荷废水的冲击。

（3）处理效率降低。

当整个处理系统运行正常，且生物膜处理效果较好，仅是处理效率有所下降，一般不会是水质的剧烈变化或有毒污染物的进入，如废水 pH 值、DO、气温、短时间超负荷（负荷增加幅度也不太大）运行等。对于这种现象，只要处理效率降低的程度可以承受，即可不采取措施，过一段时间，便会恢复正常。或采取一些局部调整措施加以解决，解决方法是：保温、进水加热、酸或碱中和、调整供气量等。

（4）污泥的沉积。

指生物膜处理设施（氧化槽）中过量存积污泥。当预处理或一般处理沉降效果不佳时，大量悬浮物会在氧化槽中沉积积累，其中有机性污泥在存积时间过长后会产生腐败，发出臭气。解决办法是提高预处理和一级处理的沉淀去除效果，或设置氧化槽临时排泥措施。

任务 4　厌氧生物处理

5.4.1　概述

厌氧生化法是在无分子氧条件下，通过厌氧微生物（包括兼氧微生物）的作用，将污水中的各种复杂有机物分解转化为甲烷和二氧化碳等物质的过程，也称为厌氧消化。厌氧生物处理对象包括有机污泥、高浓度有机污水、生物质等。厌氧生物处理的目的从卫生上讲，通过厌氧生物处理，可杀菌灭卵、防蝇除臭，以防传染病的发生和蔓延；从保护环境上讲，可去除污水中大量有机物，防止对水体的污染；从获得生物能源上讲，利用污水厂污泥和高浓度有机污水产生沼气可获得可观的生物能，并提高了污泥的脱水性，有利于污泥的运输、利用和处置。目前，厌氧生化法不仅可用于处理有机污泥和高浓度有机污水，也可用于处理中、低浓度有机污水。

厌氧生物处理与好氧生物处理相比具有下列优点：

①应用范围广。好氧法因供氧限制一般只适用于中、低浓度有机污水的处理，而厌氧法既适于高浓度有机污水，又适于中、低浓度有机污水的处理。有些有机物对好氧生物处理法来说是难降解的，但对厌氧生物处理是可降解的。

②能耗低。好氧法需要消耗大量能量供氧，曝气费用随着有机物浓度的增加而增加，而厌氧法不需要充氧，而且产生的沼气能量可以抵偿消耗的能量。

③负荷高。通常好氧法的有机容积负荷 BOD_5 为 2～4 kg/（m^3•d），而厌氧法为 2～10 kg/（m^3•d）。

④剩余污泥少，而且污泥浓缩、脱水性能好。好氧法每去除 1 kg（COD_{Cr}）将产生 0.4～0.6 kg 生物量，而厌氧法去除 1 kg（COD_{Cr}）只产生 0.02～0.1 kg 生物量，其剩余污泥量只有好氧法的 5%～20%。此外，消化污泥在卫生上和化学上都是较稳定的，因此剩余污泥的处理和处置简单，运行费用低，甚至可作为肥料利用。

⑤氮、磷营养需要量较少，好氧法一般要求 BOD_5：N：P 为 100：5：1，而厌氧法要求的 BOD_5：N：P 为 100：2.5：0.5，因此厌氧法对氮、磷缺乏的工业废水所需投加的营养盐量较少。

⑥厌氧处理过程有一定的杀菌作用，可以杀死污水和污泥中的寄生虫卵、病毒等。

⑦厌氧活性污泥可以长期储存。

⑧厌氧反应器可以季节性或间歇性运转，在停止运行一段时间后，能迅速启动。

但是，厌氧生物处理法也存在下列缺点：

①厌氧微生物增殖缓慢，因而厌氧生物处理的启动和处理时间比好氧生物处理长。

②出水往往达不到排放标准，需要进一步处理，故一般在厌氧处理后串联好氧处理。

③厌氧处理系统操作控制因素较为复杂和严格，对有毒有害物质的影响较敏感。

5.4.2　原理

1. 厌氧微生物降解有机物的过程

厌氧生物处理是一个复杂的微生物化学过程，依靠三大主要类群的细菌，即水解产酸细菌、产氢产乙酸细菌和产甲烷细菌的联合作用完成。因而粗略地将厌氧消化过程划分为三个连续阶段，即水解酸化阶段、产氢产乙酸阶段和产甲烷阶段，如图 5-56 所示。

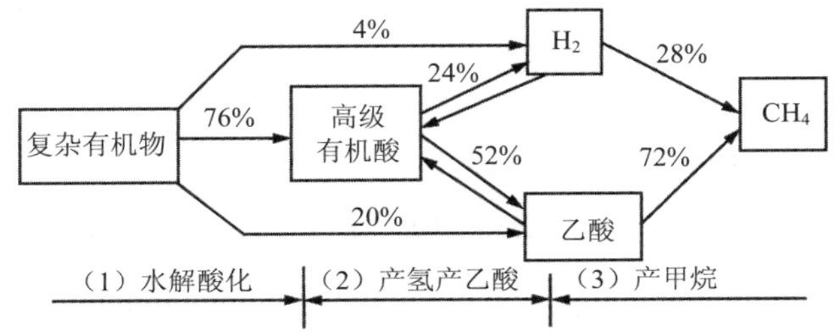

图 5-56　厌氧消化的三个阶段和 COD 转化率

第一阶段为水解酸化阶段。复杂的大分子、不溶性有机物先在细胞外酶的作用下水解为小分子、溶解性有机物，然后渗入细胞体内，分解产生挥发性有机酸、醇、醛类等。这个阶段主要产生较高级脂肪酸。

由于简单碳水化合物的分解产酸作用，要比含氮有机物的分解产氨作用迅速，故蛋白质的分解在碳水化合物分解后产生。

含氮有机物分解产生的 NH_3 除了提供合成细胞物质的氮源外，在水中部分电离，形成 NH_4CO_3，具有缓冲消化液 pH 值的作用，故有时也把继碳水化合物分解后的蛋白质分解产氨过程称为酸性减退期。

第二阶段为产氢产乙酸阶段。在产氢产乙酸细菌的作用下，第一阶段产生的各种有机酸被分解转化成乙酸和 H_2，在降解有机酸时还形成 CO_2。

第三阶段为产甲烷阶段。产甲烷细菌将乙酸、乙酸盐、CO_2 和 H_2 等转化为甲烷。此过程由两组生理上不同的产甲烷完成，一组把氢和二氧化碳转化成甲烷，另一组从乙酸或乙酸盐脱羧产生甲烷，前者约占总量的 1/3，后者约为 2/3。

上述三个阶段的反应速率依污水性质而异，在纤维素、半纤维素、果胶和脂类等污染物为主的废水中，水解易成为速度限制步骤；简单的糖类、淀粉、氨基酸和一般的蛋白质均能被微生物迅速分解，对含这类有机物为主的污水，产甲烷成为限速阶段。

虽然厌氧消化过程分为以上三个阶段，但是在厌氧反应器中，三个阶段是同时进行的，并保持某种程度的动态平衡，这种动态平衡一旦被 pH 值、温度、有机负荷等外加因素所破坏，则首先将使产甲烷阶段受到抑制，其结果会导致低级脂肪酸的积存和厌氧进程的异常变化，甚至会导致整个厌氧消化过程停滞。

2．影响厌氧微生物处理的因素

（1）温度。

厌氧菌的活动与温度有关，一般可根据不同的温度将发酵过程分为三个类型：①低温发酵，温度为5～15℃；②中温发酵，温度为30～35℃；③高温发酵，温度为50～55℃。温度的高低对厌氧反应速度影响较大。

例如，当发酵温度为55℃左右时，消化时间为10 d左右。但当消化温度为35℃时，消化时间约为20 d。当温度为10℃左右时，消化时间达80～90 d。

污泥发酵温度的高低对产气量也有一定的影响，高温发酵比中温发酵产气量多。高温发酵几乎能杀死全部病原菌和寄生虫卵，中温发酵则只能杀死其中的一部分。

因为低温发酵效率太低，高温发酵操作较为复杂，加热费用也较大，除非污水原来的温度较高，或者有余热可资利用，否则一般采用中温发酵。近年来，由于对卫生要求的提高，粪便的处理常考虑采用高温发酵。

（2）pH值及碱度。

甲烷菌生长最适宜pH值为6.8～7.2，低于6或高于8时，生长将受到抑制。产酸菌对pH不及甲烷菌敏感，其适宜的pH值范围也较广，为4.5～8之间。由于产酸菌与产甲烷菌是共生关系，为了维持两者之间的平衡，避免产生过多的酸，应保持厌氧反应器的pH值在6.5～7.5（最佳6.8～7.2）的范围内。

在实际运行中，挥发酸数量的控制比pH值更为重要，因为有机酸累积至足以降低pH值时，厌氧消化的效率显著降低，正常运行的消化池中，挥发酸（以醋酸计）一般在200～800 mg/L，如果超过2 000 mg/L，产气率将迅速下降，甚至停止产气。

挥发酸本身不毒害甲烷菌，当挥发酸数量多，氢离子浓度的提高和pH值的下降则会抑制甲烷菌的生长。

pH值低，可投加石灰或碳酸钠。投加石灰比较便宜，但应注意不能加得太多，以免产生$CaCO_3$沉淀。

（3）碳氮比。

污泥（或污水）中有机物的碳氮比（C/N）对厌氧处理过程有很大的影响，如C/N太高，则组成细菌的N量会不足，消化液中的重碳酸盐HCO_3^-碱度（以NH_4HCO_3形式存在）浓度低，缓冲能力差，pH值容易下降；反之，如果C/N太低，即N量过高，铵盐会大量积累。pH值上升到8以上，也会抑制细菌的生长。一般认为，C/N以（10～20）∶1为宜，消化效果较好。城市污水厂的初次沉淀池污泥的C/N约为10∶1，活性污泥的C/N约为5∶1，因此，活性污泥单独消化的效果较差。一般都是把活性污泥与初次沉淀池污泥一起消化。粪便单独厌氧消化，含氮量过高，C/N太低，厌氧发酵效果受到一定影响，如能投加一些含C多的有机物，不仅可加强消化效果，还能提高沼气产量。污水厌氧法处理对氮和磷的需要量较低，约BOD_5∶N∶P=200∶5∶1。农村沼气池一般采用人畜粪便为发酵原料，常投加植物茎秆或杂草等以提高发酵效果和产气量。

（4）有机负荷率。

正常运行的厌氧处理装置，污泥和污水在厌氧反应器内的停留时间是一定的，如果投加生污泥或有机物过多，则产酸速率超过产甲烷速率，有机酸会积累起来，超过缓冲能力后，反应器会发生酸化，产甲烷细菌将受到抑制。由此可知，控制合适的污泥投配率和有机负荷对反应器的稳定运行是十分重要的。

（5）搅拌。

在污泥厌氧或高浓度有机污水的厌氧发酵过程中，定期进行适当的搅拌是很重要的。搅拌有利于新投入的新鲜污泥（或污水）与熟污泥（或称消化污泥）的充分接触，使反应器内的温度、有机酸、厌氧菌分布均匀，并能防止消化池表面形成污泥壳，以利沼气的释放。搅拌可提高沼气产量和缩短消化时间。

（6）有毒物质。

主要的有毒物质为重金属离子和某些阴离子，必须严格加以控制。

重金属离子对厌氧过程的抑制作用主要表现在两方面：一是重金属离子与某些酶结合，使酶失去活性，使某些生化代谢不能进行；二是某些金属离子及其氢氧化物的凝聚作用，使某些酶产生沉淀。

阴离子毒害作用较大的是硫化物，当其浓度大于 100 mg/L 时，对甲烷菌就有抑制作用。一般情况下，厌氧反应器中的硫化物是由硫酸盐还原而成的，所以控制污水中硫酸盐的含量是十分重要的。硫化物多的另一个危害会使沼气中 H_2S 的含量增加，不利于沼气的利用。

5.4.3 厌氧微生物处理的工艺与设备

1. 厌氧消化池

污泥厌氧消化池是用来处理有机污泥的一种厌氧生物处理装置。通过厌氧处理污泥中所含的有机物被分解，使污泥稳定且体积减小。由于污泥是固体，有机物的含量较多，所需厌氧分解时间较长。所以，污泥在消化池内的停留时间较长。

（1）传统消化池。

传统消化池又称低速消化池，一般在消化池内不设搅拌设备，因而池内污泥有分层现象，仅一部分池容积起有机物分解作用，池底部容积主要用于储存和浓缩熟污泥。由于微生物不能与有机物充分接触，消化速率很低，消化时间很长，池子的容积很大。传统消化池适于处理初沉淀池污泥和二次沉淀池污泥，其构造原理如图 5-57 所示。

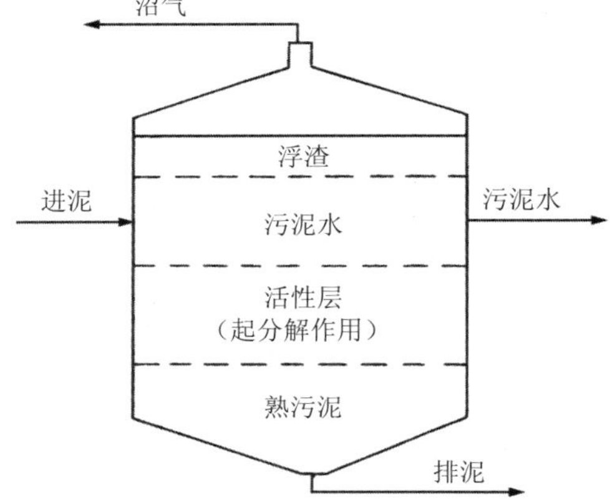

图 5-57 传统消化池构造原理

图 5-58 为一座典型的单级浮动盖消化池断面图。生污泥从池的中心或集气罩内投入消化池，从集气罩内进入的污泥能打碎在消化池液面形成的浮渣层。已消化过的污泥在池底排出，通过从消化池抽出的污泥经热交换器加热后再送回消化池，进行消化池的加热。池内由于不设搅拌设备，消化池内出现了分层现象，顶部为浮渣层，消化了的熟污泥在池底浓缩，中间层包括一层清液（污泥水）和起厌氧分解作用的活性层。污泥水根据具体水层厚度从池子不同高度的抽出管排出。浮动盖由液面承托，可以上下移动。单级浮动盖消化池的功能为：挥发性有机物的消化、熟污泥的浓缩和贮存。其特点是提供的贮存容积约等于池子体积的 1/3。

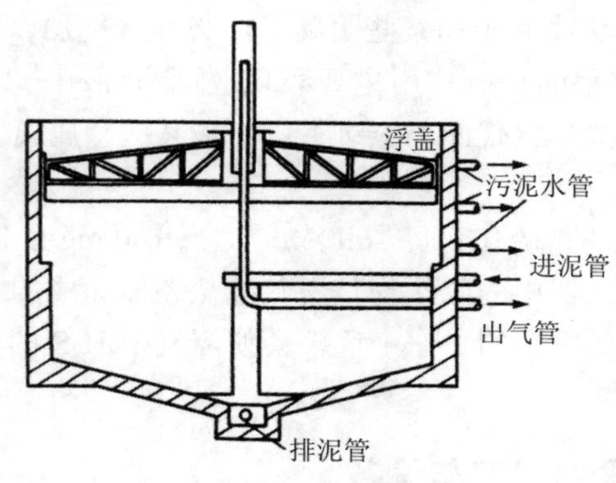

图 5-58 单级浮动盖消化池

（2）高速消化池

在这种消化池中，生污泥连续或分批投入，并进行机械或沼气搅拌，使池内的污泥保持完全混合状态。温度一般维持中温 35℃左右。由于搅拌使池内有机物浓度、微生物分布、温度、pH 值等都均匀一致，微生物得到了较稳定的生活环境，并与有机物均匀接触，因而提高了消化速率，缩短了消化时间。

高速消化池可采用固定盖，也可用浮动盖，池子采用圆形，池径从几米至三四十米，柱体部分的高度约为直径之半，池底呈圆锥形，以利排泥。采用固定盖时，进泥和出泥应同时进行，以防池内产生正压或负压。

高速消化池因有搅拌过程，池内污泥得不到浓缩。消化液不能分离出来，所以高速消化池必须串联一个二级消化池。二级消化池系统如图 5-59 所示。

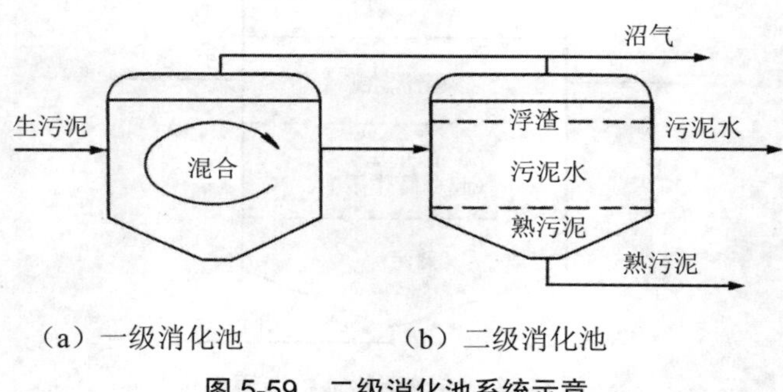

图 5-59 二级消化池系统示意

一级消化池装设搅拌设备和加热设备，二级消化池一般不加热，也不搅拌，主要起重力沉淀浓缩和贮存消化污泥作用。消化池的搅拌设备，常采用水泵、水射器和螺旋桨等机械搅拌设备或沼气循环搅拌设备。

消化池加热的方法有在池内用蒸汽直接加热或池外预热两种。在搅拌的同时，向池内直接送入蒸汽，设备比较简单，使用较普遍，但会增加污泥的含水率。由于增加了冷凝水，消化池的容积需增加 5%～7%。池外预热法是把污泥预先加热到所需温度后，再投配到消化池中。

污泥消化过程中排出的上清液（污泥水）有机物的含量较多，不能任意排放，必须送回到污水生物处理构筑物作进一步处理。

2. 厌氧接触法

图 5-60 是厌氧接触法系统流程图。为了克服普通消化池不能停留或补充厌氧活性污泥的缺点，在消化池后设沉淀池，将沉淀污泥回流至消化池，形成了厌氧接触法。

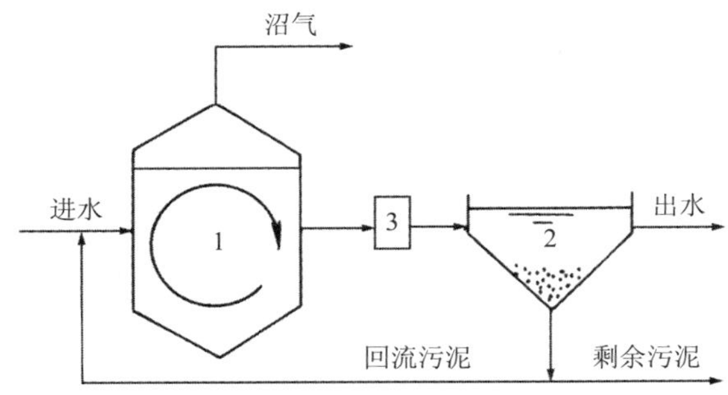

图 5-60　厌氧接触系统

1. 混合接触池（消化池）；2. 沉淀池；3. 真空脱气器

由于回流了污泥，消化池中能维持较多的甲烷菌，污泥在消化池内的停留时间延长了，因而加快了有机物的分解速率，缩短了水力停留时间，提高了处理负荷率。回流量一般为污水投入量的 2～3 倍，可保持消化池中固体浓度为 12～15 g/L。消化池出流悬浮固体（微生物）内的气体不利于沉淀，可用真空脱气器去除。

厌氧接触法不仅可以用于处理溶解性有机污水，而且能处理含高 SS 的高浓度有机污水。

3. 厌氧滤池

为了在厌氧反应器维持较多的生物，并防止已生成的微生物随水流走，研制了厌氧滤池。这种装置中填满了不同种类的填料，与生物滤池相似。整个填料浸没于水中，池子顶密封，一般是池底进水，从池顶出水。由于厌氧微生物附着在填料表面，不随水流走，细胞平均停留时间可长达 100 d 左右。池中的生物量很多，所以可以获得满意的处理效果。这种池子的缺点是填料有堵塞的可能，必须根据不同浓度和性质的污水，采用合适的填料，见图 5-61。

4. 升流式厌氧污泥床反应器（UASB）

UASB 反应器是在厌氧滤池的基础上发展起来的。采用升流式厌氧滤池处理高浓度有机污水时，大部分净化作用和积累的大部分厌氧微生物均在滤池的下层，便在池底部设置了一个不填充填料的区域来累积更多的生物量。后来干脆取消了池内全部填料，并在池子上部设置了一个沉淀区。这样池内污泥不会流失，使池内能维持很高的生物量。图 5-62 为 UASB 反应器示意图。

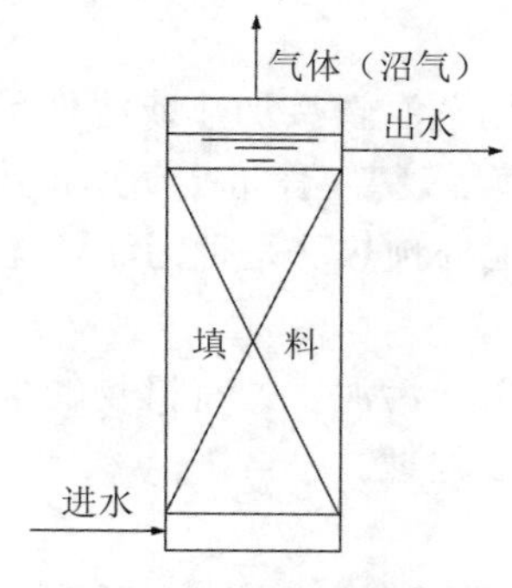

图 5-61 厌氧滤池示意

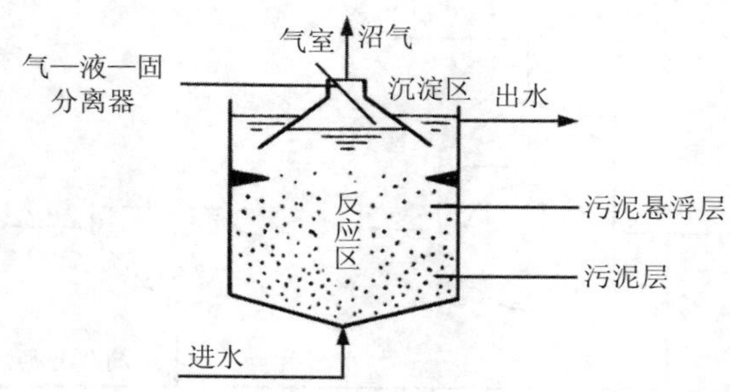

图 5-62 UASB 反应器示意

由图可知，UASB 反应器在反应器的上部设置了一个气—固—液三相分离器。通过三相分离器，沼气首先被分离到气室，由导管不断引出。泥水混合液进入沉淀区，通过沉淀作用，进行泥水分离。上清液不断从池顶流出，而污泥被截留下来，再返回到反应区。反应区可分为两个区，即污泥床区和污泥悬浮层区。污泥床区的污泥浓度很高，而污泥悬浮层区的污泥浓度较低。由于有沉淀区，污泥不会随水流走，使反应器能保持很多生物量，因此污泥龄很长。这就使反应器有很高的污泥负荷率。

要使 UASB 反应器内维持较高的生物量，使反应器有较高的容积负荷率，关键是厌氧污泥的颗粒化。这一点对处理浓度较低的有机污水更为重要。颗粒污泥的粒径一般在 0.1～2.0 mm，相对密度为 1.03～1.05，沉淀性能很好。颗粒污泥由厌氧菌组成，具有很高的产甲烷活性。要成功培养颗粒污泥，重要的是控制较高的污泥负荷和反应器适当的表面负荷，保持适宜的 pH 值和碱度，防止有毒物质的干扰。

UASB 反应器之所以引起人们的重视，并在生产中获得广泛应用，除具有高效能外，还具有不会堵塞（不装填料）、不设搅拌装置、运行管理方便、结构紧凑、占地面积省、造价低等一系列优点，是一种具有很好发展前景的污水厌氧处理工艺。

5．厌氧膨胀床和流化床

为了进一步提高污水厌氧处理的能力，现又在试验一种更新的厌氧处理工艺，称为厌氧膨胀床和厌氧流化床。其流程如图 5-63 所示。

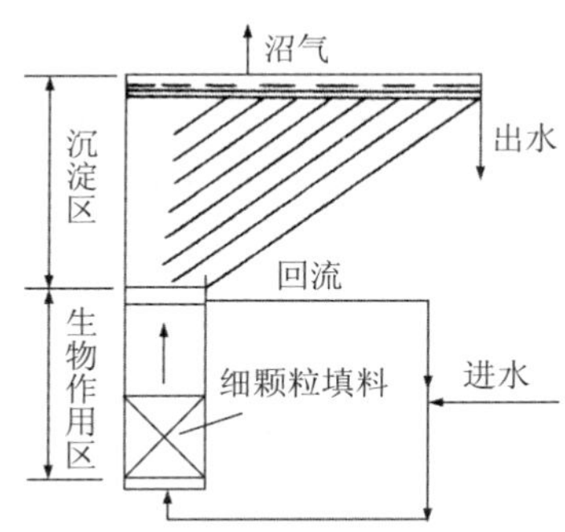

图 5-63 厌氧膨胀床（流化床）流程示意

厌氧膨胀床和流化床基本上是相同的，只是在运行过程中床内载体膨胀率不同。一般认为，当床内载体的膨胀率达到 40%～50%以上，载体处于流化状态，称为厌氧流化床。膨胀床的膨胀率一般在 10%～30%。

厌氧膨胀床和流化床内装有一定量的细颗粒载体，其粒径小于 1 mm，在其表面形成一层生物膜，生物膜的厚度取决于进水浓度和水流速度。当污水通过时，颗粒在水流带动下膨胀或流化。由于有很大的比表面，且生物膜附着于载体表面，不会流失，因此有很高的生物量，同时具有较好的传质条件，细菌易与营养物接触，代谢产物也较易排泄出去，细菌具有较高的活性，所以设备具有很高的容积负荷。

厌氧膨胀床和流化床为了使载体膨胀和流化，必须进行出水的循环（或沼气循环），污水浓度越高，回流比越大，从而增加了动力消耗。为了保持整个反应器均匀的膨胀和流化，必须保证配水均匀，否则只是局部膨胀和流化，形成死区，使处理效能降低。当处理负荷率高时，厌氧膨胀床内微生物增长较快，必须进行载体脱膜，这些都增加了厌氧膨胀床和流化床运行的复杂性。

6. 两段厌氧法和复合厌氧法

厌氧消化反应包括产酸阶段和甲烷化阶段，因此可分别在两个独立的反应器中进行，每一反应器完成一个阶段的反应，故称为两段式厌氧消化法。按照所处理的污水水质的不同，两段法可以采用同类型或不同类型的消化反应器，图 5-64 所示是接触消化池与上流式厌氧污泥床两段消化工艺流程。

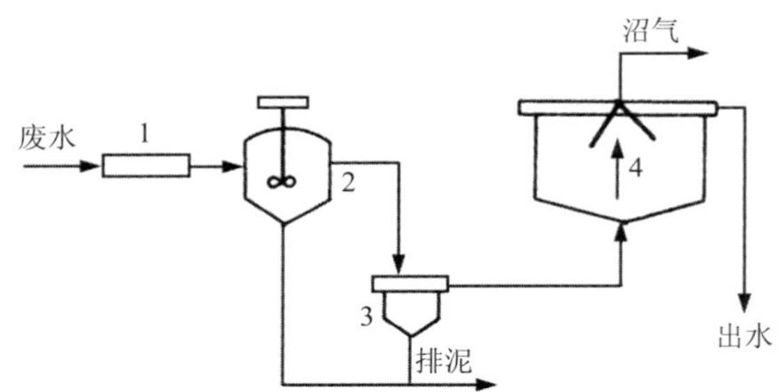

图 5-64 接触消化池—上流式厌氧污泥床两段消化工艺流程

1. 热交换器；2. 水解产酸；3. 沉淀分离；4. 产甲烷

两段厌氧法具有如下特点。

①耐冲击负荷能力强，运行稳定，避免了一段法不耐高有机酸浓度的缺陷；两阶段反应不在同一反应器中进行，互相影响小，可更好地控制工艺条件。

②消化效率高，尤其适于处理含悬浮物多、难消化降解的高浓度有机污水。但两段法设备较多，流程和操作复杂。

两段厌氧法是由两个独立的反应器串联组合而成，而复合厌氧法是在一个反应器内由两种厌氧法组合而成。由上流式厌氧污泥床与厌氧滤池组成的复合厌氧法系统，如图 5-65 所示。

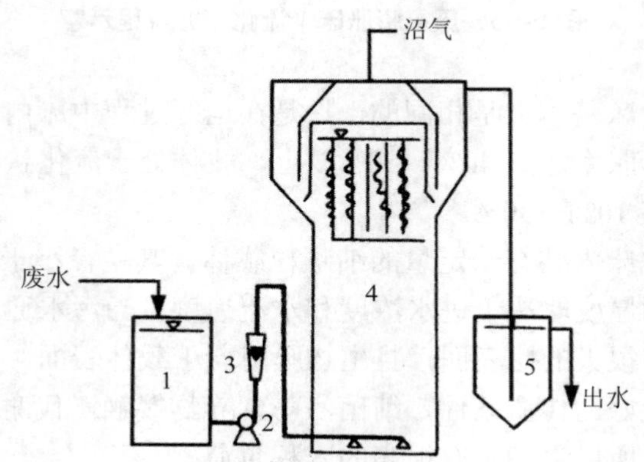

图 5-65 纤维填料厌氧滤池—上流式厌氧污泥床复合法工艺流程

1. 废水箱；2. 进水泵；3. 流量计；4. 复合厌氧反应器；5. 沉淀池

设备的上部为厌氧滤池，下部为上流式厌氧污泥床。它集两者优点于一体，反应器上部可充分发挥滤层填料的有效截留污泥的能力，提高反应器内的生物量，对水质和负荷的突然变化起缓冲和调节作用，从而使反应器具有良好的工作特性。

5.4.4 厌氧生物处理装置的启动与运行管理

厌氧生物处理装置的运行管理工作，包括厌氧反应装置的启动与启动后的正常运行管理两部分。两部分工作的内容与方法基本相同，只是各自控制工艺条件的过程不同。

1. 厌氧生物处理装置的启动

启动是厌氧反应装置达到设计要求后正常运行的前期工作，是厌氧反应装置中微生物污泥的培养和驯化过程，会直接影响厌氧处理系统能否顺利投入使用。启动一般进行污泥接种，而且启动所需时间一般较长，为 16～24 周不等，随水质与环境条件、工艺类型的不同而不同，但启动的方法、控制内容基本相同。

（1）接种。

接种是向厌氧反应装置中接入厌氧代谢的微生物种菌。若不接种，靠反应装置本身积累厌氧污泥，启动会不可能，或所需启动时间比正常启动要长 3～5 倍。

①接种物来源。

接种物主要来源于各种污泥。如厌氧反应装置的污泥，下水道、化粪池、河道或污水池塘等处存积的污泥。其中工业废水厌氧反应器、城市污水厂消化池或农村的沼气池中存积的污泥是效果很好的接种来源。此外，可用人畜粪便作为辅助接种物，因为人畜肠中也有厌氧消化微生物。

②接种方法。

采集接种污泥时，应注意选用比甲烷活性值高的、相对密度大的污泥，同时应除去其中夹带的大颗粒固体和漂浮杂物，运输过程中应避免与空气接触，尽量缩短运输时间。

接种量依据处理对象水质特征、接种污泥性能、厌氧反应器类型和容积、启动运行条件（如时间限制、运输等）等来决定。一般来说，加大接种量有利于缩短启动时间。若按容积比计算，投加的接种污泥量一般为 20%～30%。若按接种后的混合液 MLVSS 计，接种污泥量按 5～10 kg MLVSS/m^3。

接种部位应在反应装置底部，尽量避免接种污泥在接种和启动运行时流失。对于某些填料的厌氧反应装置，启动时甚至可以将填料取出，在另外的污泥池中预先挂膜，然后装入反应装置中。

（2）启动的基本方式。

①分批培养法。

该法指当接种污泥投足后，控制工业废水分批进料，启动运行初期厌氧反应装置间歇运行的方法。每批废水进入后，反应装置在静止状态下进行厌氧代谢（或通过回流装置适时进行循环搅拌），让接种的污泥或增殖的污泥暂时聚集，或附着于填料表面，而不是随水流流失。经若干天厌氧反应后，大部分有机物被分解，再进第二批废水。在分批进水间歇运行时，可逐步提高进水的浓度或工业废水的比例，逐步缩短反应的时间，直至最后完全适应工业废水（或有毒废水）并连续运行。这是一般常用的厌氧反应启动方法，多用于较难降解的工业废水。

②连续培养法。

对于易降解的高浓度有机工业废水或较难降解的工业废水，但不含有毒污染物，接种污泥性能好、数量多时，可采用连续培养法。当接种污泥投入厌氧反应装置后，每日连续投加工业废水或稀释后的工业废水，或工业废水与城市污水的混合废水，所投加工业废水的流量或所占比例应小于设计流量，待连续运行数日后，有机物降解达到设计要求的 80%左右时，可改变投加流量或比例。

这种连续运行的污泥培养驯化法，要求严格控制启动过程中的有机质负荷和有毒污染物负荷，其控制的负荷比分批培养法更低。

（3）启动操作要点。

①启动初始，一次投足接种污泥，一般为反应器有效容积的 20%～30%或 5～10 kg（MLVSS）/m^3。

②接种污泥的性能要好，一般要求污泥的 MLVSS 浓度为 20～40 kg/m^3，比甲烷活性为 100～150 mL/g。

③启动初期废水中有机质浓度不宜太高，COD_{Cr} 以 4 000～5 000 mg/L 合适。

④启动初始污泥负荷应较低，一般为正常运行负荷的 1/4～1/6，或取 0.1～0.3 kg（COD）/kg（MLVSS）。

⑤合适的水力负荷有利于生物污泥的筛选，但太高易造成污泥流失，一般水力负荷（反应区）控制为 0.25～1.0 m/h。

⑥当可降解 COD 的去除率达到 80%左右，出水 VFA 在 500 mg/L 以下时，才能逐步增加有机质负荷。

（4）启动障碍的排除。

在启动过程中，常遇到的障碍是超负荷所引起的消化液 VFA 浓度上升、pH 值降低，使厌氧反应效率下降或停滞，即酸败。解决的办法是：首先暂停进料以降低负荷，待 pH 值恢复正常水平后，再以较低的负荷开始进料。若 pH 值降低幅度太大，可能需外加中和剂。负荷失控严重（包括有毒污染物负荷过重），临时调整措施无效时，就需重新投泥，重新进水启动。

2．厌氧生物处理装置的运行管理

（1）运行控制指标。

①有机物降解指标：COD、BOD 等的去除率。

②出水水质指标：出水的 VFA、pH 值、SS 等。

③运行负荷：测试并控制正常的污泥负荷、容积负荷、水力负荷。

④温度：控制厌氧反应较稳定的水温，温度变化不大于 1～2℃/d。

⑤生物相：可不定期检验污泥的生物相。

⑥沼气气压：一般应控制为 50～150 mmH_2O（1 mmH_2O=9.8 Pa），过高或过低说明厌氧反应或沼气管路出问题。

（2）维护与管理。

①保证配水及计量装置的正常。

②冬季做好对加热管道与换热器的清通与保温，防止进出水管、水封装置的冻结。

③每隔一定时间（如 1～3 a）清除浮渣与沉砂。

④防爆。在反应装置区及储气区严禁明火及电气火花。

⑤“停车”维护。若因污水来源或污水处理系统本身原因，厌氧处理装置会有一个停歇时段。在“停车”期间，宜尽量保持温度在 5～20℃；尽量避免管道管口或反应装置敞口直接与空气连通。

⑥调节污泥量。启动过程或正常运行的初期，厌氧反应装置不会有太多的剩余污泥。但当处理装置稳定运行较长时间后，就会有剩余污泥。需通过及时（定期）排泥或加大水力负荷冲去部分浮泥，或降低进水浓度让微生物进行内源呼吸自身氧化的方法来调节厌氧反应器的存泥量。

（3）主要故障及解决办法。

①产气量低或处理效率低。

当进水有机质负荷超负荷、进水 pH 值下降或过高、环境条件变化（或水温）等可能会使厌氧微生物的代谢活动受到影响，有机物降解率降低，结果导致厌氧反应装置产气率降低，COD_{Cr} 去除率降低，但此时厌氧消化作用仍在进行。

解决办法是：调整进水水量或水质，平衡有机质负荷；pH 值变化太大时适当进行中和；采取保温绝热措施使装置在冬季或夏季维持稳定的温度。

②沼气燃烧不着。

若厌氧反应产生的沼气中 CO_2 含量高于 70%、CH_4 含量低于 30%时，或沼气产生量很少、气压压力低于 40 mmH_2O 时，沼气便会燃烧不了或燃烧很不稳定。出现以上现象的原因，主要是产甲烷菌活性降低所致，如冲击负荷影响严重，进水 pH 值过低（较高），或是其他细菌（如硫酸盐还原菌）与产甲烷菌竞争底物。也有可能是因为进水中碳水化合物含量相对含氮化合物太高（失去缓冲能力）、VFA 过量积累所致，或进水有机质负荷太低所致。需根据具体原因采取相应措施。

③停止产气。

过度的有机质负荷冲击、环境条件的严重恶化，尤其是有毒污染物负荷的少量增加，会破坏厌氧微生物的代谢能力，表现为产甲烷作用几乎完全停止。有关研究认为：厌氧微生物的酶系统遭到破坏，要恢复代谢机能需要 3～4 周的时间，仅比适应新基质少 20%～30%的时间。毒害污染物的影响是致命的，解决这种影响的方法如下：

a. 预处理去除有毒物质。如除油、光催化分解、电解、臭氧氧化等。

b. 稀释进水降低有毒污染物浓度。

c. 采取两相厌氧工艺某些情况下有效。

④出现负压。

对于运行多年的系统，若厌氧反应器、污泥管道或沼气管道漏气，或一次排泥量过大，有可能造成反应器中气室负压，会使沼气不纯，对厌氧反应状态也可能有一些影响。操作中应避免这种影响。

5.4.5 应用实例（某工厂淀粉废水处理工程）

1．概况

该工厂以玉米为原料生产淀粉。生产能力为年产玉米淀粉 20 万 t，日排放污水 3 600 m^3，对周围环境和地下水资源造成一定污染。污水处理工程上马后，对废水进行综合利用，回收废水中的黄粉并生产沼气。处理前高浓度有机废水水质指标如下。

COD_{Cr} 15 000 mg/L； SS 3 000 mg/L；

BOD_5 8 000 mg/L； pH 4.5。

处理后出水水质达到《中华人民共和国污水综合排放标准》（GB 8978—1996）中的二级标准。

COD_{Cr}≤150 mg/L； SS≤300 mg/L；

BOD_5≤60 mg/L； pH 6～9。

2．处理工艺

淀粉废水属可生化性较好的高浓度有机废水，因而采用厌氧生化处理和好氧生化处理相串联的主体工艺。其工艺流程见图 5-66。

废水首先进入竖流沉淀池进行初步沉淀，回收部分黄粉，并减轻后续处理设施的负担；然后在调节池内进行水质、水量及 pH 值的调节，再经过选择反应池的生物预处理后进入厌氧处理单元 UASB 反应器。厌氧处理后出水进入好氧曝气池，进行进一步的生化处理，使废水最终达标排放。在该工程中首次采用了单池面积为 90 m^2 的生物曝气滤池（共 4 座），且运行情况良好。

厌氧处理单元采用在高浓度有机废水的治理中被广泛使用的 UASB 反应器。UASB 反应器集有大量高效颗粒化的厌氧污泥，可大大提高 COD 去除效率，是传统的厌氧消化池的 2～3 倍。

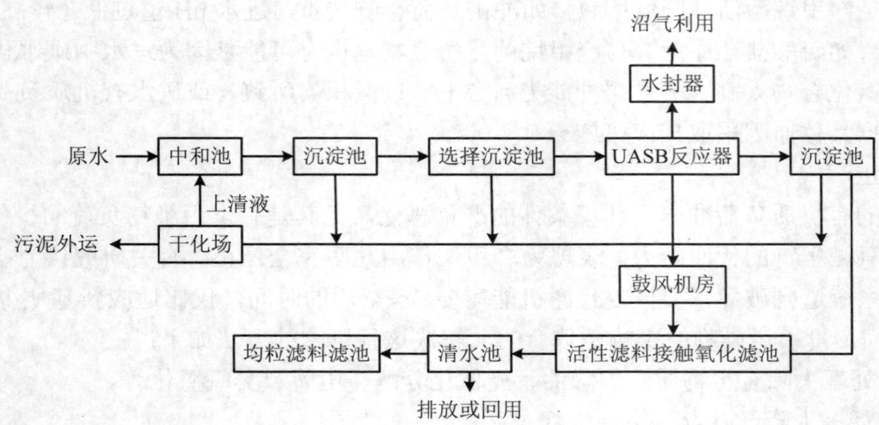

图 5-66　某工厂淀粉废水处理工艺流程

好氧处理采用好氧曝气滤池（BAF）。BAF 的最大特点是使用了一种新型的粒状滤料，在其表面生长有生物膜，污水自上而下流过滤料，池底则提供曝气，使废水中的有机物得到好氧分解，它能够作为活性污泥法与常规的接触氧化法的革新替代技术。与国内现有的技术相比，具有占地面积小、出水水质好、电耗低和抗冲击负荷能力强等优点。

任务 5　自然净化处理

5.5.1　氧化塘

氧化塘又称生物塘或稳定塘，是一个天然的或人工修整的池塘。污水在塘内停留时间较长，有机物通过水中微生物的代谢活动而被降解。

1. 氧化塘的类型及作用机理

（1）好氧塘。

为了使整个塘保持好氧状态，塘深不能太大，一般在 0.3～0.5 m，阳光可直透塘底。塘中的好氧菌把有机物转化成无机物，使污水得到净化，其所需的氧气由生长在塘内的藻类进行光合作用放出的氧气提供。藻类是自养型微生物，它利用好氧菌放出的 CO_2 作为碳源进行光合作用，所以好氧塘是一个菌藻互相依赖的共生系统。

一般污水在塘内停留 2～6 d，BOD_5 去除率达 80%以上。好氧塘出水中含有大量藻类，排放前要经沉淀或过滤等去除。与养鱼塘结合，藻类可作为浮游动物的饵料。

藻类是氧化塘内的主要供氧者，不同藻类放出氧的数量不同。藻类只有在进行光合作用时放出氧气，晚上藻类不产氧，而且因呼吸作用而耗氧，因此氧化塘一天 24 h 溶解氧是变化的，白天可以是过饱和的，晚上的溶解氧会下降，甚至会接近于零或无氧。塘内的 pH 值也是变化的，光合作用时 pH 值升高，而呼吸作用时则降低。

（2）兼性塘。

水深一般在 1.5～2.0 m，塘内同时存在好氧和厌氧反应。在阳光可透过的水层进行与好氧塘相同的反应；在阳光达不到的底层则进行厌氧反应。兼性塘污水停留时间一般为 7～30 d，BOD_5 去除率可达 70%以上。

（3）厌氧塘。

当用厌氧塘来处理浓度较高的有机污水时，厌氧塘内一般不可能有氧的存在。由于厌氧菌的分解作用，一部分有机物被氧化生成沼气，沼气把污泥带到水面，形成了一层浮渣层，有保温和阻止光合作用的效果，维持了良好的厌氧条件，因此，不应把浮渣层打破。厌氧塘水出水可用好氧塘进一步处理。

（4）曝气塘。

曝气塘一般水深 3～4 m，最深可达 5 m。曝气塘一般采用机械曝气，保持塘的好氧状态，并基本上得到完全混合，停留时间常介于 3～8 d，BOD_5 去除率平均在 70%以上。曝气塘实际上是一个介于好氧塘和活性污泥法之间的污水处理法。曝气塘有两种，一种是完全悬浮曝气塘，另一种是部分悬浮曝气塘。前者塘内的悬浮固体全部悬浮，完全混合，后者只有部分悬浮固体处于悬浮状。前者所需的功率为 6 W/m^3（塘），后者为 1 W/m^3（塘）。

2．氧化塘的优缺点

氧化塘处理污水有以下优点：基建投资低，运转费用低，能耗低，管理方便；因停留时间长，对水量、水质的变动有很强的适应能力；与养鱼、培植水生作物相结合，使污水得到综合利用。

其主要缺点是：污水停留时间长，占地面积大，使用上受到很大限制；受气温的影响很大，净化能力受季节性控制；在北方，冬季封冰，必须把冬季的污水储存起来，使氧化塘的占地面积更大；卫生条件较差，易孳生蚊蝇，散发臭气；如塘底处理不好，可能会引起对地下水的污染。

综上所述，氧化塘是一种较为经济的污水生物处理方法。当有洼地等可利用的地方，有条件地采用氧化塘，既可治理污水，消除污染，又可节省投资，应该提倡。但是要科学地使用这个技术，必须采用相应的工程措施，防止二次污染的发生。

5.5.2 污水的土地处理

利用污水灌溉农田，国内外已有千百年的历史，积累了丰富的经验。发达国家污水处理基本上已普及到二级处理水平，由于应用化学或物化等方法进行三级处理的费用很高，因而研究和开发土地处理方法作为进行污水三级处理的手段，并在某些条件下，把污水土地处理方法作为二级处理的手段，取得了明显的经济效益与环境效益。目前的土地处理方法已由过去简单的污水灌溉发展到了污水的土地处理系统，成为环境工程的重要组成部分而受到人们的普遍重视。

土地处理系统是利用土壤及其中微生物和植物对污染物的综合净化能力来处理城市和某些工业废水，同时利用污水中的水和肥来促进农作物、牧草或树木的生长，并使其增产的一种工程设施。土地处理系统应包括污水的输送、污水的预处理（常用氧化塘）、污水的储存（如污水库）、污水灌溉系统和地下排水系统等部分。

1．土地处理法净化污水机理

土地处理法净化污水的机理包括土壤的过滤、截留、物理或化学吸附、生物氧化和离子交换作用。其过程大体上是：污水通过土壤时，土壤把污水中悬浮及胶体状态的有机物截留下来，在土壤颗粒的表面形成薄膜，这层薄膜（相当于生物膜）里充满着细菌，它能吸附和吸收污水中的有机物，并利用从空气中透进土壤空隙中的氧气，在好氧细菌的作用下将污水中的有机物转化成无机物，植物通过光合作用利用细菌最终无机产物 CO_2、NH_3、NO_3^-、PO_4^{3-}等为养料，进行自身的生长。由此可知，土地处理净化污水实际上是利用土地生态系统的自净能力消除环境污染。

保持污水—土壤—微生物—植物的生态平衡是十分重要的。生态系统的平衡一旦被破坏，不仅达不到污水净化的目的，土地环境还将受到污染。如灌溉的水力负荷或有机负荷率超过了土地或植物的净化能力，多余的有机物或无机物便会积累，使土壤和地下水等受到污染。正确使用土地处理法，可使二级处理出水中的 BOD_5 减少 85%～99%，基本上去除了全部 SS 和出水中的绝大部分细菌和病毒。除非土壤已超过了去除磷酸盐的能力，一般磷酸盐很容易因土壤的吸附和沉淀作用去除。但是，氮能够渗入土壤，造成对地下水污染的潜在可能性。

植物的生长和吸收是从土壤中去除氮和磷的一种有效而可预见的方法。种植在土地处理场的庄稼将吸收土壤中的氮。当收获时，植物吸收的养料就会从处理系统中除去，有害物转化成了有用物。

2．污水要求和预处理

污水土地处理法的好处很多，但是必须注意这是有条件的。如污水水质控制不好，污水土地处理就会出现问题，其中主要是危害农作物，并通过食物链影响人类的健康，污染地下水。

对土地处理污水的水质的总要求应该是：不使农作物枯干、减产；不使土壤盐碱化；不传染疾病或对人畜产生危害；不至于污染地面水和地下水源。

为了达到土地处理（灌溉）的水质标准，对生活污水和工业废水进行预处理是必要的。土地处理系统一般采用氧化塘进行预处理。这里要特别指出，重金属和难降解有机物必须在排入下水道前进行预处理。

技能训练 5-1　曝气池混合液耗氧速率测定

混合液耗氧速率的测定，是推求完全混合曝气池底物降解与需氧量间关系，求其底物降解中用于产生能量的那一部分比值和内源呼吸耗氧率的重要前提，也可用以判断污水可生化性，因此该测定方法也是从事科研、设计与运行管理工程技术人员必须掌握的基本方法之一。

1．目的

①加深理解活性污泥的耗氧速率、耗氧量的概念，以及它们相互之间的关系。

②掌握测定污泥耗氧速率的方法。

③测定某处理厂曝气池混合液的耗氧速率。

2．原理

污水好氧生物处理中，微生物在对有机物的降解过程中不断耗氧，在 F/m、（有机底物与活性污泥的质量比值）温度、混合等条件不变的情况下，其耗氧速率不变。根据这一性质，取曝气池混合液于一密闭容器内，在搅拌情况下，测定混合液溶解氧值随时间变化的关系，直线斜率即为耗氧速率，如图 5-67 所示。

3．设备及用具

①密闭搅拌罐、控制仪、微型空压机；

②溶解氧测定仪、记录仪、秒表；

③水分快速测定仪或万分之一天平、烘箱等；

④烧杯、三角瓶、100 mL 量筒、漏斗、滤纸等。

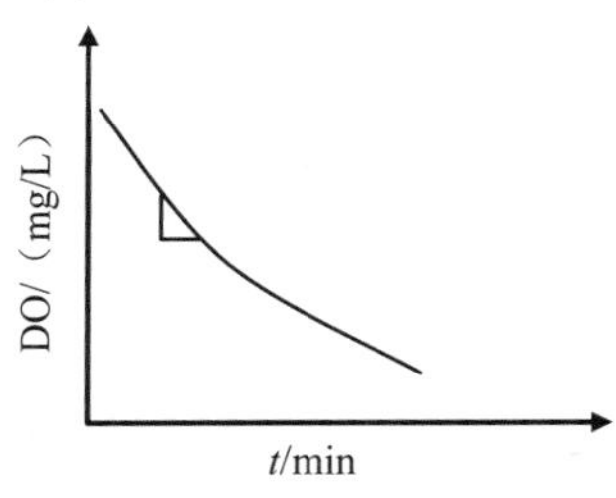

图 5-67　耗氧速率

实验装置如图 5-68 所示。

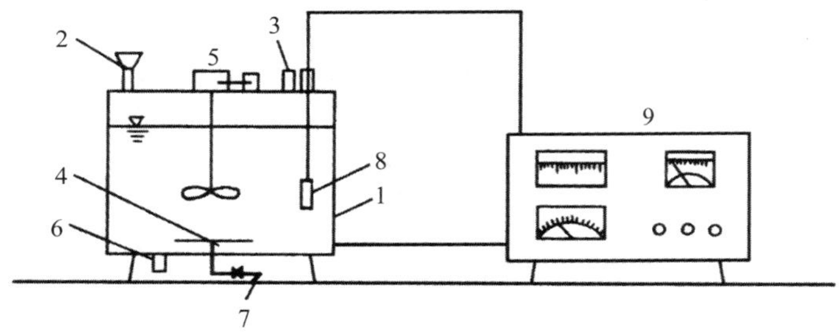

图 5-68　耗氧速率测定装置

1. 搅拌罐；2. 进样口；3. 放气孔；4. 步气管；5. 搅拌器；6. 放空管；7. 进气管；8. 溶解氧探头；9. 控制仪表

4．步骤及记录

（1）打开放气孔，将生产运行或实验曝气池内的混合液由进样口的漏斗处加入密闭罐内，为 6～8 L。同时测定混合液浓度。

（2）开动空压机进行曝气，待溶解氧值达到 4～5 mg/L 时关闭空压机与进气阀门。

（3）取下漏斗，堵死进口，关闭阀门，开动搅拌装置，待溶解氧测定仪读数稳定（瞬间摆动）。或将溶解氧测定仪与记录仪接通自动记录。

5．注意事项

（1）熟悉溶解氧仪的使用及维护方法，实验前 1 h 接通电源预热，并调好溶解氧仪零点及满度，具体使用详见溶解氧仪说明书。

（2）取出曝气池中的混合液，当溶解氧值不足 4～5 mg/L 时，宜曝气充氧；当溶解氧值 DO=4～5 mg/L 时，可直接进行测试。

（3）探头在罐内位置要适中，不要贴壁，以防水流流速不够影响溶解氧值测定。

（4）处理厂（站）实测曝气池内耗氧速率时，完全混合曝气池内由于各点状态基本一致，可测几点取其均值。推流式曝气池则不同，由于池内各点负荷等状态不同，各点耗氧速率也不同。

6．成果整理

（1）根据实验记录，以时间 t 为横坐标，溶解氧值为纵坐标，在普通坐标纸上绘图。

（2）根据所得直线图解，或用数理统计法求解耗氧速率 mg O_2/（h•L）或 mg O_2/（h•g 污泥）。

技能训练 5-2　活性污泥污泥负荷与污水 BOD 去除率的关系

1．实验目的

通过对活性污泥的重要参数——污泥负荷的研究，掌握评价活性污泥性能各项指标的工程意义，了解影响活性污泥工作性能的因素，能熟练运用光学显微镜观察活性污泥的组成变化。

2．实验原理

在活性污泥法中，一般将有机底物与活性污泥的质量比值（F/m），也即单位质量活性污泥，或单位体积曝气池（m^3）在单位时间（d）内所承受的有机物量，称为污泥负荷，常用 L 表示。

$$L = \frac{QS}{VX}$$

式中，Q、S、V 和 X 分别代表污水流量、BOD_5 浓度、曝气池容积和曝气池混合液污泥浓度。

有时为了表示有机物的去除情况，也采用去除负荷 Lrs，即单位质量活性污泥在单位时间所去除的有机物质量。

$$\mathrm{Lrs} = \frac{Q(S_o - S_e)}{VX} = \eta L$$

式中，S_o、S_e 和 η 分别表示进水、出水的底物浓度和处理效率。

$$\eta = \frac{S_o - S_e}{S_o}$$

污泥负荷与污水处理效率、活性污泥特性、污泥生成量、氧的消耗量有很大关系，污水温度对污泥负荷的选择也有一定影响。

3．实验内容

①污泥负荷与处理效率的关系：在 0～3.0 kg（BOD）/[kg（MLSS）•d]的污泥负荷范围内选择不少于5个不同污泥负荷值的活性污泥，分别处理生活污水。常温条件下曝气 10～15 h，测定污水的 BOD_5 值，根据原污水的 BOD_5 值，计算 BOD_5 的去除率。

②污泥负荷对活性污泥的影响：在观察污泥负荷与处理效率的关系的实验中，可同时测定活性污泥的沉降性能，并通过显微镜观察活性污泥中的生物相分布。

4．注意事项

①为保证实验效果，水温控制在 20～35℃范围。

②由于污水中有机物的存在形式及运转条件不同，活性污泥的需氧量随着污泥负荷的增加而增大。

③为保证微生物的正常生长所需的营养元素，要求水中 BOD_5∶N∶P=100∶5∶1。

④污水种类可根据实际条件作调整。

⑤实验中所使用的材料和仪器可根据实验目的和要求，做灵活选择。

思考与练习

1．什么是微生物？

2．什么是微生物的新陈代谢？

3．什么是微生物的酶？

4．解释细菌的恒化培养。

5．生物处理类型有哪些？

6．好、厌氧生物处理的区别是什么？

7．简述好氧生物处理的基本原理。

8．什么叫活性污泥法？活性污泥法正常运行必须具备哪些条件？

9．简述活性污泥净化污水的机理。

10．活性污泥法的运行方式有哪几种？试比较推流式曝气池和完全混合式曝气池的优缺点。

11．活性污泥法运行中常发生的异常现象有哪些？产生的原因是什么？

12．某污水处理厂的处理水量为 23 000 m^3/d，总变化系数 K_z 为 1.41，经初沉后进入曝气池的 BOD_5 浓度为 160 mg/L，要求出水 BOD_5 浓度为 20 mg/L，污泥产率系数 Y 为 0.6，混合液挥发性悬浮固体浓度为 3 000 mg/L，污泥龄控制在 15 d，衰减系数 K_d 为 0.075，计算曝气池的容积。

13．简述生物膜净化污水的基本原理。

14．某普通生物滤池，滤料厚度为 2 m，处理水量为 2 500 m^3/d，进水 COD 浓度为 200 mg/L，出水 COD 浓度为 50 mg/L，COD 负荷为 200 $g/(m^3 \cdot d)$。计算此生物滤池的面积。

15．高负荷生物滤池在什么条件下需要采用出水回流？回流的方式有哪几种？各有什么特点？

16．生物转盘的构造有哪几部分？为什么它比传统生物滤池处理能力要高？

17．生物接触氧化池中常使用的填料有哪些？它们的优点是什么？

18．比较厌氧生物法与好氧生物法的优缺点。

19．简述影响厌氧生物处理的因素。

20．厌氧处理装置的运行管理应注意哪些问题？

21．某升流式厌氧污泥床（UASB）反应器，进水 COD 浓度为 2 000 mg/L，平均废水流量 50 m^3/h，反应器的直径为 9 m，有效水深为 5.5 m，计算反应器的水力停留时间。

项目六
污泥处理

知识点：污泥、污泥主要指标、污泥稳定、污泥消化、污泥脱水、污泥干化

能力点：掌握污泥的类型、掌握污泥的处理流程、掌握污泥的含水率与其体积的关系、掌握污泥稳定的目的、掌握污泥稳定的方法、掌握污泥脱水原理、掌握污泥脱水设备、掌握污泥脱水操作、了解污泥最终处置方法、测定污泥的含水率和比重

任务1 污泥分析

6.1.1 污泥的分类与性质

城市污水、给水以及工业废水处理中会不断地排出大量污泥，如果按污泥所含主要成分的不同，可分为有机污泥和无机污泥两大类。

有机污泥，常称为污泥，其主要成分为有机物，是处理有机废水（包括生活污水）的产物。

有机污泥中常含有肥料成分。但必须注意某些工业废水污泥中可能含有有毒物质，而生活污水、肉类加工等废水污泥中又含有病原微生物和寄生虫卵等。

无机污泥，常称为沉渣，它的主要成分为无机物，一般是用自然沉淀和化学法处理无机废水或天然水的产物。

无机污泥中有时也会含有有毒物质和一定量的有机污染物，所以也应进行适当处理。

给水处理厂混凝沉淀所产生的污泥过去都是直接排入水体，但这种污泥含有一定数量的有机物，所以近年来国外有些国家已禁止直接排放。

按污泥的来源不同，污泥可分为；

初次沉淀池污泥：来自污水厂初次沉淀池的排泥，其性质随废水水质不同而有差异。城市污水厂的初次沉淀池污泥中主要成分为有机物（固体），还含有大量病菌和寄生虫卵，其含水率一般为95%～97%。

剩余污泥；来自活性污泥法二次沉淀池的排泥，其主要成分为微生物细胞，含水率一般在99.2%～99.6%。

腐殖污泥：来自生物膜法二次沉淀池的排泥，其主要成分为脱落的生物膜，其性质与剩余污泥相同，含水率一般为97%左右。

厌氧污泥：上述三种污泥经消化后的污泥也称消化污泥或熟污泥。废水厌氧处理装置排出的污泥一般称为厌氧污泥，其含水率一般为97%左右。

化学污泥：用混凝沉淀法处理天然水或工业废水所排出的污泥。由于废水水质不同，成分较为复杂。

本章重点讨论有机污泥的处理与处置。

6.1.2 污泥性质参数

1. 含水率 p

污泥中所含水分的重量与污泥总重量之比的百分数称为含水率，污泥体积与含水率之间的关系可表示为：

$$\frac{V_1}{V_2}=\frac{100-p_2}{100-p_1} \tag{6-1}$$

式中，V_1——含水率为 p_1 的污泥体积；

V_2——含水率为 p_2 的污泥体积。

2. 湿污泥比重

湿污泥比重等于湿污泥重量与同体积水重量的比值，而湿污泥重量等于其中所含水分重量与干固体重量之和。

当污泥的含水率大于 95%时，湿污泥的比重接近于 1。如初沉池污泥当含水率为 95%，VS/SS=0.65 时，湿污泥的比重为 1.008。

3. 挥发性固体和灰分

挥发性固体（VS）能近似代表污泥中有机物的含量，又称灼烧减量。灰分则表示无机物含量，又称灼烧残渣。初次沉淀池污泥 VS 的含量约占污泥总重量的 65%，活性污泥和生物膜 VS 的含量约占污泥总重量的 75%。

6.1.3 污泥处理方法分析

1. 污泥好氧消化

污泥的好氧消化是通过长时间的曝气使污泥固体稳定。好氧消化最常用于处理来自无初次沉淀池污水处理系统的剩余活性污泥，通过曝气使活性污泥进行自身氧化从而使污泥得到稳定，挥发性固体可去除 40%～50%。延时曝气和氧化沟排出的剩余污泥已经好氧稳定，不必再进行厌氧或好氧消化。污泥好氧消化法一般仅适用于中小型污水厂。

2. 污泥热处理

热处理是一种使污泥稳定化和改善污泥性能的有效方法。在一定压力下加热可以杀死污泥中的微生物和寄生虫卵，破坏有机物，并使污泥易于脱水。下面将介绍一种较新的热处理方法——湿式氧化法，也称湿烧法，无火焰燃烧和浸没燃烧等。对于含有害或有毒物质的高浓度有机废水，也可采用此法。

湿式氧化法的基本原理是在液相的水中，溶解的或悬浮的可燃物质在有氧或其他氧化剂存在下进行氧化的一种化学反应。由于被处理物含有大量水分，常压下温度只能达到 100℃，所以必须加压才能取得氧化反应所需温度。同时，在加压状态下，又能把有机物的氧化温度降低，一般燃烧温度需 750～1 000℃，而在加压为 10MPa 左右的条件下，湿式氧化温度只需 200～300℃。

这种方法的优点是在液态水存在的情况下进行氧化，可以处理未经脱水的湿污泥。处理后的污泥残渣脱水性能好，脱水后的滤渣含水率仅为50%左右。由于有机物在氧化过程中能放出大量热能，本法的能耗很低，甚至可以回收一部分能量。因处理系统是密闭进行，基本上不产生臭味、粉尘和煤烟，处理后病原微生物已被全部杀灭。本法的缺点是技术设备复杂，要在高压下操作，一次性投资大。

任务 2　污泥处理

6.2.1　污泥浓缩

污泥浓缩的作用是去除污泥中大量的水分，从而缩小其体积，减轻其重量，以利运输和进一步处置及利用。

当污泥中含有大量水分时，在进行厌氧消化处理前需要浓缩，如剩余污泥含水率一般在99%以上，为了提高消化效果，在进入消化处理前必须先进行浓缩。在污泥进行脱水前，如含水率太高，一般也要先进行浓缩。浓缩方法有两种，即重力浓缩和气浮浓缩。

1. 重力浓缩法

利用重力将污泥中的固体与水分离而使污泥的含水率降低的方法称为重力浓缩法。其处理构筑物为污泥浓缩池。一般常采用类似沉淀池的构造。如竖流式或辐流式污泥浓缩池。浓缩池可以间歇运行，也可以连续运行，前者用于小厂，后者用于大厂。重力浓缩池可以用于浓缩来自初沉池的污泥或初沉污泥和来自二沉池的剩余污泥的混合污泥，或初沉池污泥与生物膜法二沉池污泥的混合污泥，浓缩池也可直接浓缩来自曝气池的剩余污泥。

图 6-1 为间歇式浓缩池，当浓缩二沉池污泥时，停留时间一般采用 9～12 h，池数 2 个以上轮换操作，不设搅拌。浓缩上清液可从不同高度排走。

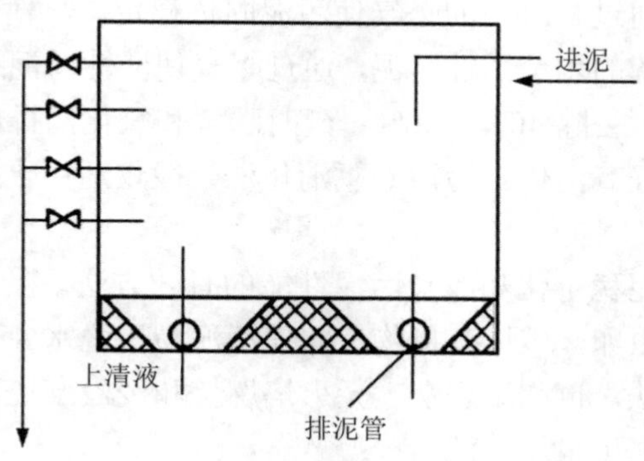

图 6-1　间歇式污泥浓缩池

图 6-2 为带刮泥机与搅拌装置的连续式污泥浓缩池。浓缩后泥从池中心通过排泥管排出。刮泥机附设竖向栅条，随刮泥机转动，起搅动作用，可加快污泥浓缩过程。污泥分离液含悬浮物 200～300 mg/L，BOD_5 也较高，应送回重新处理。

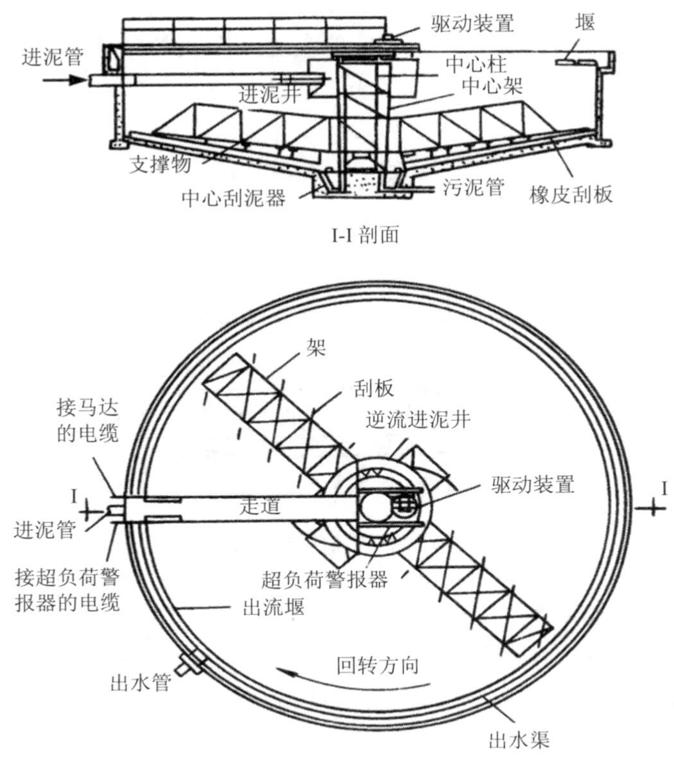

图 6-2　连续式污泥浓缩池

连续式污泥浓缩池污泥浓缩面积应按污泥沉淀曲线决定的固体负荷率计算，当无试验资料时，对于含水率为 95%～97%的初沉池污泥浓缩至含水率 90%～92%，一般采用固体负荷率为 80～120 kg SS/（m^2•d）。对于含水率为 99.2%～99.6%的活性污泥浓缩至含水率 97.5%左右，一般可采用固体负荷率为 20～30 kg SS/（m^2•d）。浓缩池的有效水深一般为 4.0 m，当采用竖流式浓缩池时，上升流速一般不大于 0.1 mm/s。浓缩时间可采用 10～16 h。

2．气浮浓缩法

气浮一般用于浓缩活性污泥，也有用于生物膜的，能把含水率 99.5%的活性污泥浓缩到 94%～96%，其浓缩效果比重力浓缩法好，但是运行费用较高。

当投加化学混凝剂时，其负荷率可提高 50%～100%，浮渣浓度可提高 1%，化学混凝剂的投量为污泥干重的 2%～3%。

6.2.2　污泥脱水

污泥脱水的目的是对浓缩后的污泥进一步减少含水率，经机械脱水后的污泥含水率为 50%～70%。目前常采用的污泥脱水方法有过滤法和离心法。常用的过滤法有真空过滤机、板框压滤机和带式压滤机等。离心脱水法主要是采用离心机。

1．污泥机械脱水的基本原理

污泥机械脱水是以过滤介质（如滤布）两面的压力差为推动力，使污泥中的水被强制地通过过滤介质，称为过滤液，而固体则被截留在介质上，称为滤饼，从而使污泥达到脱水的目的。机械脱水的推动力，可以是在过滤介质的一面形成负压（如真空过滤机），或在过滤介质的一面加压污泥把水压过过滤介质（如压滤），或造成离心力（如离心脱水）等。

机械脱水的基本过程为：过滤刚开始时，滤液仅需克服过滤介质（滤布）的阻力。当滤饼层形成后，滤液不仅要克服过滤介质的阻力而且要克服滤饼的阻力，这时的过滤层包括了滤饼层与过滤介质。过滤过程的示意图如图 6-3 所示。

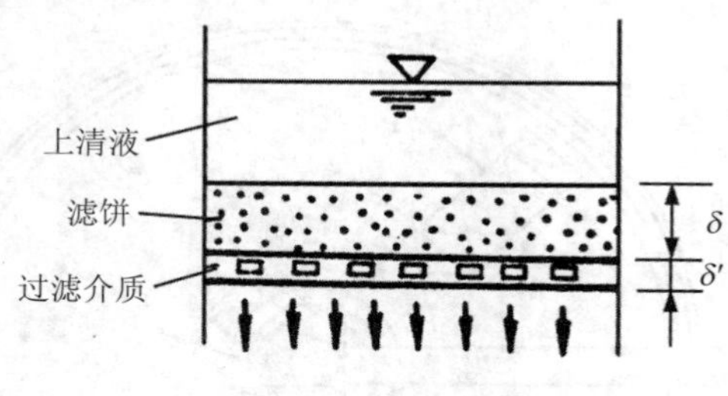

图 6-3　过滤过程示意

2．污泥脱水前的预处理

浓缩污泥直接进行机械脱水，一般脱水效果不好，污泥的比阻大，脱水效率低，动力消耗大，因此首先应进行预处理。污泥预处理方法有化学混凝法和淘洗—化学混凝法。

（1）化学混凝法。

投加混凝剂，可使污泥中胶体物质凝聚成大颗粒，因此容易脱水过滤，不易堵塞滤布。常用的混凝剂有三氯化铁、三氯化铝、硫酸铝、碱式氯化铝、石灰、高分子絮凝剂等，投加量经实验确定。

投加石灰的目的是为了中和污泥中的碱度，减小混凝剂的用量，提高污泥的脱水性能。如消化污泥，碱度往往很高，加混凝剂后，将首先与碱度发生反应，因而会增加混凝剂用量。

（2）淘洗-化学混凝法。

单纯采用化学混凝法，对于消化后的熟污泥所需的混凝剂量特别高，约 10%（以污泥干重计）以上。如将污泥预先进行淘洗，就可使混凝剂用量大大降低，可降至 3%左右。一般可少用 $FeCl_3$ 50%～80%，并可不加石灰。

淘洗所以能减少混凝剂用量，是由于污泥中的一部分碱度随淘洗水带走。淘洗可使消化污泥碱度从 2 000 mg/L（以 $CaCO_3$ 计）降低至 400～600 mg/L。通过淘洗还可去除污泥中大部分细小的污泥颗粒，有利于提高污泥的过滤性能。

一般可采用处理厂出水或河水作淘洗水，淘洗水量与湿污泥的比一般采用（2～4）：1，最好通过实验确定。淘洗废水的 BOD_5 和悬浮固体均可高达 2 000 mg/L 以上，必须再次进行处理。

3．机械脱水设备

（1）过滤法脱水设备。

①真空滤机。

真空转筒滤机也称转鼓式真空滤机。转筒内部分成很多扇区格，每格可按需要单独承受内压或真空。浸在水面下的转筒部分为全部面积的15%～40%，平均为25%。转筒转速约为1 r/min，线速度为1.5～5 m/min。真空度保持27～67 kPa。滤布目前常用合成纤维如绵纶、涤纶、尼龙等制成，经预处理的污泥过滤后滤饼厚 5～10 mm。进入真空滤机的污泥，其含水率宜小于95%，最大不应大于98%。脱水后泥饼的含水率一般在80%左右。

真空滤机的缺点是能耗太大，在污泥脱水中，有被淘汰的趋势。

②板框压滤机

板框压滤机是一种较老式的脱水设备，但由于它使用了较高的压力和较长的加压时间，脱水效果比真空滤机和离心机好，压滤过的污泥含水率可降至50%～70%。

图6-4是板框压滤机的示意图，这种压滤机主要由一系列矩形的铸铁起脊的凹形板组成，它们中间是以尼龙等材料为滤布。压滤机本身是封闭的，污泥通过压力（一般为0.4～0.5MPa 以上）压入滤布间的空隙中，水受压通过滤布而固体则被截留形成滤渣。过滤液水质很差，应重新送至污水处理装置处理。

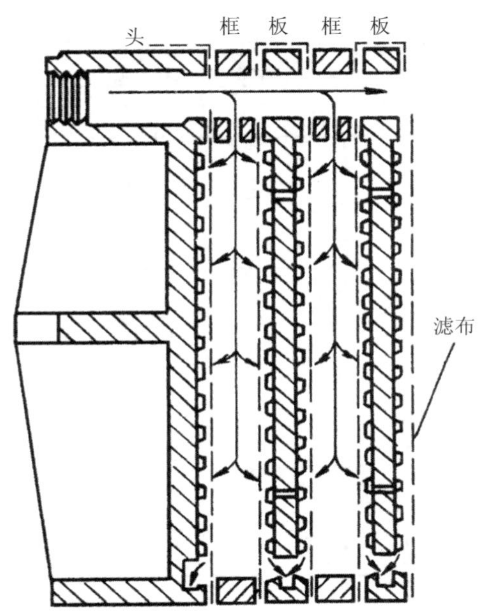

图6-4　板框压滤机工作原理

目前国内已生产自动或半自动板框压滤机，使用较为方便，大大降低了劳动强度，提高了处理能力。

板框压滤机的过滤能力与污泥性质、泥饼厚度、过滤压力、过滤时间和滤布的种类等因素有关。处理城市污水厂污泥时，过滤能力按干泥计算一般为2～10 kg/（m^2•h）。当消化污泥投加 4%～7%$FeCl_3$，11%～22.5%CaO 时，过滤能力一般为 2～4 kg/（m^2•h）。过滤周期一般只需 1.5～4 h。

③带式压滤机。

带式压滤机是一种新型的污泥脱水装置，较常见的有滚压带式压滤机。其主要特点是不需要真空或加压设备，动力消耗较少，可连续运行。这种压滤机已在国外及国内被广泛地用于污泥的机械脱水。

滚压带式压滤机由滚压轴及滤带组成，压力施加在滤带上，污泥在两条压滤带间受挤轧，由于滤布压力或张力得到脱水。其脱水过程为：污泥先经过浓缩段（主要依靠重力过滤），使污泥失去流动性，以免污泥在压榨段被挤出滤布，时间为 10～20 s，然后进入压榨段压榨脱水，依靠滚压轴的压力与滤布的张力除去污泥中的水分，压榨时间为 1～5 min。

滚压的方式有两种，一种是滚压轴上下相对，见图 6-5（a），压榨的时间几乎是瞬时的，但压力大；另一种是滚压轴上下错开，见图 6-5（b），依靠滚压轴施于滤布的张力压榨污泥，因此，压榨的压力受滤布的张力限制，压力较小，压榨时间较长，但在滚压过程中，对污泥有一种剪切力的作用，可促进泥饼脱水。

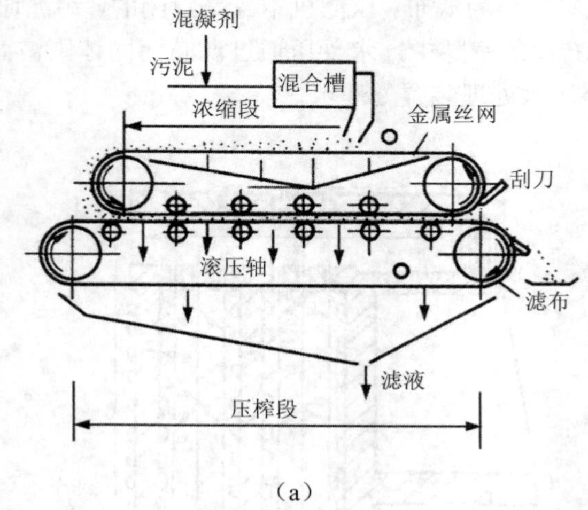

（a）

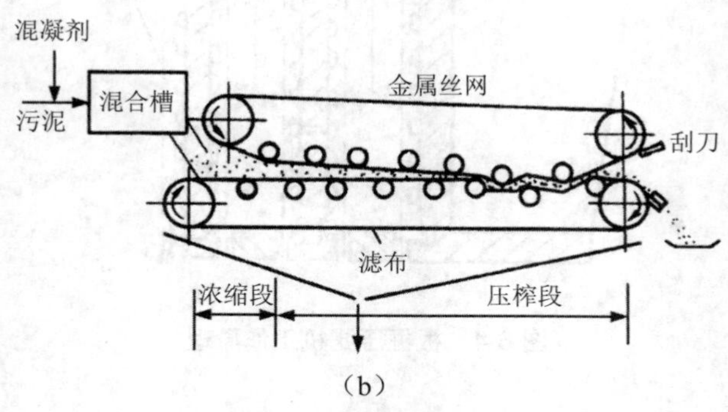

（b）

图 6-5　带式压滤机

在带式压滤机工艺中，通常需要使污泥充分絮凝（一般用合成的高分子絮凝剂），以避免污泥引起压滤机滤带的渗透。

（2）离心法脱水设备。

离心脱水设备主要是离心机，离心机的种类很多，适用于污泥脱水的一般为卧式螺旋卸料离心脱水机。离心机是根据泥粒与水的比重不同而进行分离脱水。常速离心机是污泥脱水常用的设备，其转筒转速为 1 000～2 000 r/min。近年来，对于活性污泥，也有认为采用较高转速（5 000～6 000 r/min）的离心机更好。

图 6-6 为卧式螺旋离心机示意图。这种设备的内外两转筒是同向旋转，内转筒转速稍大，比外转筒快 5～10 r/min。螺旋输送器上的螺旋刮刀与内转筒一起转动。

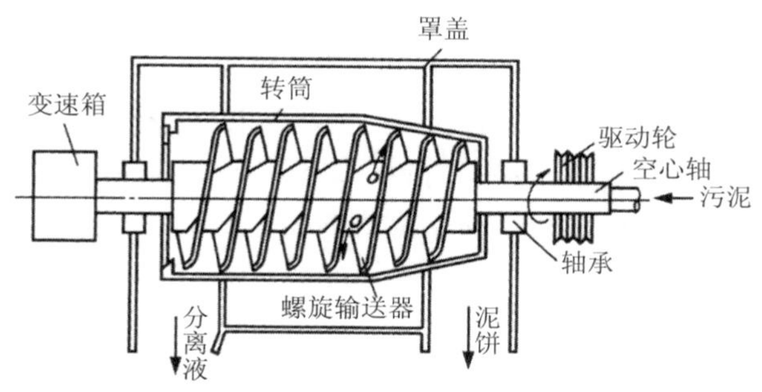

图 6-6 卧式螺旋离心机示意

在离心分离前污泥也须进行混凝等预处理，以改善脱水效果，一般均采用有机高分子混凝剂，投加量一般为污泥干重的 0.1%～0.5%。通过离心机脱水后的泥渣含水率为 70%～85%。离心机动力约为以 1 m^3 污泥计 1.7 kW/（m^3•h）。

6.2.3 污泥干化

污泥干化方法分为自然干化法和烘干法两种。

（1）自然干化法。

自然干化法常采用污泥干化场（或称晒泥场），是利用天然的蒸发、渗滤、重力分离等作用，使泥水分离，达到脱水的目的，是污泥脱水中最经济的一种方法。通过自然干化，污泥的含水率可降低到 75%左右，污泥体积大大缩小。干化后的污泥压成饼状，可以直接运输。污泥自然干化比机械脱水经济，但占地面积很大，卫生条件差。它适用于气候比较干燥，有废弃的土地可资利用以及环境卫生容许的地区。

（2）烘干法。

污泥脱水后，仍含有大量水分，其重量与体积仍较大，并可继续腐化。如用加热烘干法进一步处理，则污泥的含水率可降至 10%左右，这时污泥的体积很小，包装运转也很方便。加热至 300～400℃时，可杀死残留的病原菌如寄生虫卵而肥分损失甚少。

污泥烘干要消耗大量能源，费用很高，只有当干污泥作为肥料所回收的价值能补偿烘干处理运行费用时，或有特殊要求时，才有可能考虑此法。

6.2.4 污泥的处置与综合利用

污泥最终处理方法有综合利用、弃置和焚烧。

1. 综合利用

城市污水厂污泥（或性质相同的工业废水污泥）用作农肥，污泥中有许多肥分，一般生活污水的污泥含氮量为 2%～6%，含磷（以 P_2O_5 计）量为 1%～4%，含钾（以 K_2O 计）量为 0.2%～0.4%，并含有大量有机质，是一种优质的有机肥。根据外国的使用经验，污泥肥效较人粪尿持久，能促进作物生长，有助于发芽、返青、籽实，而且使用范围广，各种农作物都能适用。污泥中含有约 14%的腐殖质，可改善土壤性质，使土壤形成团粒结构，既能保水，又能保肥，通风情况也好，可提高土壤温度，有利于农作物生长发育。污泥中还有一些植物所需的微量元素，可促进农作物生长。

生污泥不宜直接用作农肥，必须经消化或堆肥后使用。应用污泥作农肥，要十分注意污泥中不能含有有害成分，如过量的重金属离子会危害生物生长，有害有机物也应控制。

当废水或沉渣中含有工业原料及产品时，应尽量设法予以回收利用，为国家增加财富。如酿酒废水中的酒糟，应尽可能利用。炼钢厂轧钢车间废水中的沉渣，主要是氧化铁皮，其总量为轧钢重量的3%～5%，回收利用价值很高。高炉煤气洗涤水的沉渣，含铁量也较高，均可加以综合利用。

2．弃置法

弃置法之一是填地，二是投海。污泥去填地前必须首先脱水，使含水率小于85%，填地必须采取相应的人工措施。

若有废地（如废矿坑、荒山沟等）可利用，亦可利用作为污泥弃置场地，进行掩埋。

将污泥用船或压力管送入海洋进行处置，是较为方便和经济的，但必须注意防止对近海水域的污染，采用此法要慎重。

3．焚烧法

当污泥含有大量的有害污染物质，如含有大量重金属或有毒有机物，不能作为农肥利用，而任意堆放或填埋均可对自然环境造成很大的危害，这时往往考虑采用焚烧法处理。污泥焚烧前凡是能够进行脱水干化的，必须首先进行污泥的脱水和干化，这样可节省所需的热量。干污泥焚烧所需的热量可以由干污泥自身所含有的热量提供，如用干污泥所含的热量供燃烧有余，尚可回收一部分热量，只有当干污泥自身所含热值不能满足自身燃烧时才要外界提供辅助燃料。

常用的污泥焚烧炉有回转焚烧炉、立式焚烧炉和流化床焚烧炉等。焚烧产生的气体应引入气体净化器，以免大气受到污染。

技能训练　污泥比阻的测定实验

1．实验目的

（1）通过实验掌握污泥比阻的测定方法。

（2）掌握用布氏漏斗实验选择混凝剂。

（3）掌握确定污泥的最佳混凝剂投加量。

2．实验原理

污泥比阻是表示污泥过滤特性的综合性指标，它的物理意义是：单位质量的污泥在一定压力下过滤时在单位过滤面积上的阻力。求此值的作用是比较不同的污泥（或同一种污泥加入不同量的混凝剂后）的过滤性能。污泥比阻愈大，过滤性能愈差。

过滤时滤液体积 V（ml）与推动力 P（过滤时的压强降，g/cm^2）、过滤面积 F（cm^2）、过滤时间 t（s）成正比，而与过滤阻力 R [（$cm \cdot s^2$）/mL]、过滤黏度 μ [g/（$cm \cdot s$）]成反比。

3．实验设备与试剂

（1）实验装置如图 6-7 所示。

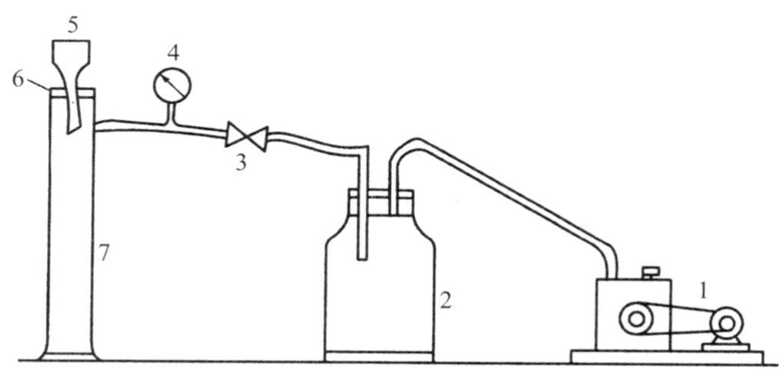

图 6-7 比阻实验装置

1. 真空泵；2. 吸滤瓶；3. 真空度调节阀；4. 真空表；5. 布氏漏斗；6. 吸滤垫；7. 计量管

（2）秒表；滤纸。

（3）烘箱。

（4）$FeCl_3$、$Al_2(SO_4)_3$。

（5）布氏漏斗。

4．实验步骤

（1）测定污泥的含水率，求出其固体浓度 C_0。

（2）配制 $FeCl_3$（10 g/L）和 $Al_2(SO_4)_3$（10 g/L）混凝剂。

（3）用 $FeCl_3$ 混凝剂调节污泥（每组加一种混凝剂），加量分别为干污泥质量的 0%、2%、4%、6%、8%、10%。

（4）在布氏漏斗上（直径 65～80 mm）放置滤纸，用水润湿，贴紧斗底。

（5）开动真空泵，调节真空压力，大约比实验压力小 1/3[实验时真空压力采用 266 mmHg（35.46 kPa）或 532 mmHg（70.93 kPa）]，关掉真空泵。

（6）加入 100 mL 需实验的污泥于布氏漏斗中，开动真空泵，调节真空压力至实验压力；达到此压力后，开始启动秒表，并记下开动时计量管内的滤液 V_0。

（7）每隔一定时间（开始过滤时可每隔 10 s 或 15 s，滤速减慢后可隔 30 s 或 60 s）记下计量管内相应的滤液量。

（8）一直过滤至真空破坏，如真空长时间不破坏，则过滤 20 min 后即可停止。

（9）关闭阀门取下滤饼放入称量瓶内称量。

（10）称量后的滤饼于 105℃的烘箱内烘干称量。

（11）计算出滤饼的含水率，求出单位体积滤液的固体量 C。

（12）量取加 $Al_2(SO_4)_3$ 混凝剂的污泥（每组的加量与 $FeCl_3$ 量相同）及不加混凝剂的污泥，按实验步骤（2）至（11）分别进行实验。

5．实验结果整理

（1）测定并记录实验基本参数。

①实验日期

②原污泥的含水率及固体浓度 C_0

③实验真空度（mm Hg）

④不加混凝剂的滤饼的含水率

⑤加混凝剂滤饼的含水率

（2）将布氏漏斗实验所得数据计算 t/V，t 为不同时间段，V 为过滤水的体积。

（3）以 t/V 为纵坐标，以 V 为横坐标作图，求 b（直线图的斜率 $b=\dfrac{t/V}{V}=\dfrac{uac}{2PF^2}$）。

（4）根据原污泥的含水率及滤饼的含水率求出 C（污泥浓度）。

（5）计算污泥比阻值。$r=\dfrac{2b\rho A^2}{\mu c}$，其中 b 为直线斜率；ρ为推动力（压差），g/cm^2；A 为有效过滤面积，cm^2；μ为过滤水的黏度，0.1 Pa·s（泊）；c 为单位体积过滤水产生的滤饼质量，g/cm^3。

思考与练习

1．污泥是怎样分类的？

2．什么是污泥好氧消化？与污泥厌氧消化相比有哪些优缺点？

3．某城市污水厂污泥产量 1 100 m^3/d，含水率 99%，经机械压缩后含水率为 95%，VSS 为 70%，现拟对浓缩后的污泥进行中温厌氧消化稳定，计算消化池的有效容积[容积负荷≤1.5 kgVSS/(m^3·d)]。

4．某污水厂拟对混合污泥（产量为 480 t/d，含固率为 4%）进行中温厌氧消化处理。实验的消化前后 VSS 含量分别为 65%和 52%，降解每千克 VSS 的甲烷产量为 0.60 m^3，沼气中甲烷体积含量为 55%，贮气柜贮存时间为 8 h，计算 VSS 降解率与贮气柜容积。

5．污泥浓缩和脱水有哪些方法？

6．简述污泥的最终处置方法。

项目七

物理化学法处理污废水

知识点：吸附、吸附平衡与吸附容量、吸附等温式、常用吸附剂、吸附操作类型、吸附设备、离子交换树脂、离子交换树脂的性能指标、常见离子交换工艺、电渗析、反渗透、超滤、微滤、吹脱、常用吹脱设备、吹脱物回收方法

能力点：掌握吸附平衡与吸附等温式、能分析影响吸附的主要因素、能正确选用吸附剂并了解其特点、能操作吸附设备、能分析离子交换树脂的性能指标、能运行常见的离子交换工艺、掌握电渗析应用方法、掌握反渗透应用方法、掌握超滤应用方法、掌握微滤应用方法、了解吹脱的常用设备

任务 1　吸附

吸附是一种物质附着在另一种物质表面上的过程，它可以发生在气-液、气-固、液-固两相之间。在污水处理中，吸附则是用多孔性固体吸附剂吸附污水中的一种或多种污染物，达到污水净化的过程。这种方法主要用于低浓度工业废水的处理。

7.1.1　吸附基本原理

吸附过程是一种界面现象，其作用过程在两个相的界面上。例如活性炭与污水相接触，污水中的污染物会从水中转移到活性炭的表面上，这就是吸附。具有吸附能力的多孔性固体物质称为吸附剂，而污水中被吸附的物质称为吸附质。

1. 吸附机理及类型

固体吸附剂与吸附质之间的作用力有静电引力、分子引力（范德华力）和化学键力，根据固体表面吸附力的不同，吸附分为三个基本类型。

（1）物理吸附。

物理吸附是吸附质与吸附剂之间的分子引力产生的吸附，其特征为吸附时放热较小，约 42 kJ/mol，吸附时表面能降低。物理吸附基本没有选择性，对于各种物质来说，只不过是分子间力的大小所不同，分子引力随分子量增大而增加，在同类化合物中，吸附能力随分子量增大而增大。例如，活性炭吸附气体时，吸附能力的次序为：$H_2 < O_2 < CO_2 < Cl_2$；吸附水中有机酸时，吸附能力的次序为：$C_2H_4O_2 < C_3H_6O_2 < C_4H_8O_2$ 等。低温就能进行吸附，吸附不是化学反应，不需要活化能。吸附质较易解吸，吸附质在吸附剂表面上由于热运动，可以在表面上自由转移，因此吸附质较易解吸。

（2）化学吸附。

化学吸附是吸附质与吸附剂之间由于化学键力的作用，发生了化学反应，形成牢固的吸附化学键。其特征为吸附时放热量大，与化学反应的反应热相近，为 84～420 kJ/mol。吸附有选择性，一种吸附剂只对某种或特定几种物质有吸附作用，一般为单分子层吸附。在低温时，吸附速度较小，通常需要一定的活化能。吸附质分子不能在吸附剂表面上自由移动。再生较困难，必须在高温下才能脱附，脱附下来的物质可能是原吸附质，也可能是新的物质。

（3）离子交换吸附。

吸附质的离子由于静电引力聚集到吸附剂表面的带电点上，并置换出原先固定在这些带电点上的其他离子。离子所带电荷越多，吸附越强。

在污水处理中大多数的吸附现象往往是上述三种吸附作用的综合结果，即几种造成吸附作用的力常常相互作用。

物理吸附与化学吸附的比较如表 7-1 所示。

表 7-1　物理吸附与化学吸附的比较

项目	物理吸附	化学吸附
吸附剂	一切固体	某些固体
温度范围	在较低温度下吸附	在较高温度下吸附
吸附热	8～25 kJ/mol，很少超过凝结热	通常大于 80 kJ/mol
活化能	低，脱附时＜80 kJ/mol	高，脱附时＞80 kJ/mol，对非活化化学吸附，此值较低
覆盖度	多层吸附	单层吸附或不满一层
可逆性	高度可逆	常为不可逆
应用	测定固体表面积、孔大小；分离或净化气体或液体	测定表面浓度、吸附和脱附速率；估计活性中心面积

2. 吸附平衡与吸附等温式

（1）吸附平衡与吸附容量。

吸附过程为一可逆过程，当污水、吸附剂两相经充分接触后，最终将达到吸附与脱附的动态平衡。当达到动态平衡时，吸附速度与脱附速度相等，吸附质在吸附剂及溶液中的浓度都将不再改变，此时，吸附质在液相中的浓度称为平衡浓度。

吸附剂对吸附质的吸附效果，一般用吸附容量来衡量。吸附容量指单位质量吸附剂所吸附的吸附质的质量。吸附容量可由式（7-1）计算。

$$q=\frac{V(c_0-c)}{w} \tag{7-1}$$

式中，q——吸附容量，g/g；

V——污水体积，L；

c_0——原水中吸附质浓度，g/L；

c——吸附平衡时水中剩余的吸附质浓度，g/L；

w——吸附剂投加量，g。

显然，吸附容量越大，单位吸附剂处理水量就越大，在温度一定的条件下，如 V、c_0 一定，改变吸附剂的投入量，则发现水中剩余的溶质平衡浓度 c 及 q 也随之变化。描述吸附容量与吸附浓度变化规律的曲线，称为吸附等温线。

（2）吸附等温式。

描述吸附等温线的数学表达式称为吸附等温式。吸附等温式种类繁多，常用的有郎格缪尔（Langmuir）吸附等温式和弗里德里希（Freundich）吸附等温式。

①郎格缪尔吸附等温式。

郎格缪尔吸附的基本假设为吸附剂表面均匀，各处吸附能力相同；吸附是单分子层吸附，其吸附量达到最大值；一定条件下，吸附与脱附可达到动态平衡。根据动力学方法可以推导出郎格缪尔吸附等温式：

$$q = N_{\mathrm{m}} \frac{kc}{1+kc} \tag{7-2}$$

式中，N_{m}——单分子层覆盖的饱和值，与温度无关，g/g；

q——平衡吸附量，g/g；

k——吸附系数，k 值的大小代表了固体表面吸附能力的强弱，又称吸附平衡常数；

c——吸附质的浓度，g/L。

为计算方便起见，将式（7-2）以[$1/q$]对[$1/c$]作图，能得到一条直线，如图 7-1（a）所示，称为郎格缪尔吸附等温线。则式（7-2）变为一个线性式：

$$\frac{1}{q} = \frac{1+kc}{N_{\mathrm{m}}kc} = \frac{1}{N_{\mathrm{m}}kc} + \frac{1}{N_{\mathrm{m}}} = \frac{1}{N_{\mathrm{m}}k} \cdot \frac{1}{c} + \frac{1}{N_{\mathrm{m}}} \tag{7-3}$$

②弗里德里希吸附等温式。

弗里德里希吸附等温式经验公式：

$$q = k\,c^{1/n} \tag{7-4}$$

式中，k——弗里德里希吸附系数；

n——常数，通常大于 1；

其他符号意义同前。

式（7-4）虽为经验式，但与实验数据相当吻合，通常将该式绘制在双对数坐标纸上以便确定 k 与 n 的值，将式（7-4）取对数，得：

$$\lg q = \lg k + \frac{1}{n} \lg c \tag{7-5}$$

由实验数据按式（7-5）作图得一直线，如图 7-1（b），其斜率等于 $1/n$，截距等于 $\lg k$，一般认为，$1/n$ 值介于 0.1～0.5，则易于吸附，$1/n>2$ 时难以吸附。

弗里德里希吸附等温式在一般浓度范围内与郎格缪尔吸附等温式比较接近，但在高浓度时不像郎格缪尔吸附等温式那样趋向于一个定值；在低温时也不会还原成一条直线。当污水中混合着吸附难易不同的物质时，则等温线不呈直线。

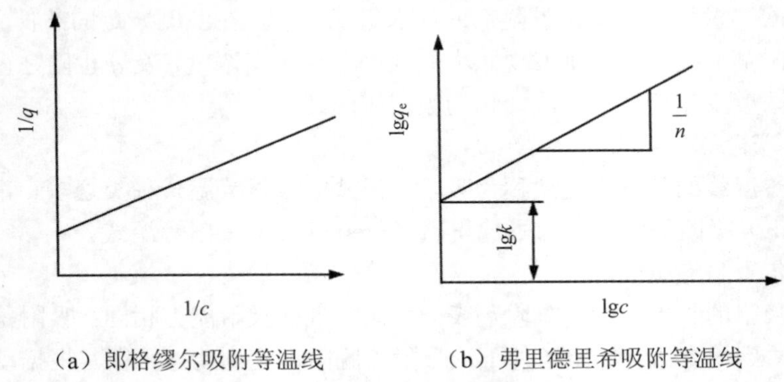

（a）郎格缪尔吸附等温线 （b）弗里德里希吸附等温线

图 7-1 吸附等温式常数图解法

表 7-2 列举了活性炭吸附污水中酚、醋酸等时的 k 和 n 值可供参考。

表 7-2 活性炭在某些物质水溶液中的吸附参数

吸附质	温度/℃	k	n	吸附质	温度/℃	k	n
酚	20	17.18	0.23	醋酸	50	0.08	0.66
酚	70	2.19	0.47	醋酸	70	0.04	0.75
甲酚	20	2.00	0.48	醋酸戊酯	20	4.80	0.49
醋酸	20	0.97	0.4				

【例题 7-1】用活性炭吸附水中色素的实验方程为：$q=3.9\,c^{0.5}$。今有 100L 溶液，色素浓度为 0.05 g/L，欲将色素除去 90%，加多少活性炭？

解：平衡时的 $c=0.05\times$（1–90%）=0.005（g/L）

$$q=3.9\times0.005^{0.5}=0.276\ \text{(g/g)}$$

$$W=\frac{V(c_0-c)}{q}=\frac{100\times(0.05-0.005)}{0.276}=16.3\ \text{(g)}$$

3．影响吸附的因素

影响吸附的因素有吸附剂的性质、吸附质的性质和吸附过程的操作条件。了解这些因素的目的是便于选用合适的吸附剂，控制合适的操作条件。

（1）吸附剂的性质。

①孔的大小。

吸附剂内孔的大小和分布对吸附性能影响很大，孔径太大，表面积小，吸附能力差；孔径太小，不利于吸附质扩散，并对直径较大的吸附质起阻碍作用。活性炭的吸附量主要受微孔支配，炭料表面对吸附微不足道，仅起通道作用。由于活性炭的原料和制造方法不同，微孔的分布情况可以相差很大，而且再生次数也会影响孔的构造。孔的大小及排列结构会显著影响活性炭的吸附特性。

②比表面积。

吸附剂的比表面积越大，吸附能力越强，吸附容量越大。活性炭的比表面积一般在 500～1 000 m^2/g，其吸附能力可近似地以碘值（mg/g）（对碘的吸附量）来表示。活性炭粒径越小，或是微孔越发达，其比表面积越大。活性炭的比表面积越大，其吸附量将越大。

③表面氧化物。

活性炭本身是非极性的，在制造过程中，易与其他元素如氧、氢等结合形成各种表面氧化物，如羟基、羧基、羰基等，氧化物含量、性质及电荷随原料组成、活化条件的不同而异。低温活化（<500℃）的碳可以生成表面酸性氧化物，水解后可以放出 H^+，因此能降低蒸馏水的 pH 值，高温活化（800～1 000℃）的碳可以生成表面碱性氧化物，水解后可放出 OH^-基团，因此能提高蒸馏水的 pH 值。由于活性炭表面具有微弱极性，使其他极性溶质竞争活性炭表面的活性位置，导致对水中某些金属离子将产生离子交换吸附或络合反应，提高处理效果。

此外，活性炭还是一种催化剂，具有催化氧化及催化还原作用，使水中金属如二价铁氧化成三价铁，二价汞离子还原成金属汞而被吸附去除。

④吸附剂种类。

吸附剂种类、颗粒大小，对吸附效果影响很大。吸附剂种类不同，吸附效果不同。一般认为极性分子型吸附剂易吸附极性分子型吸附质，非极性分子型吸附剂易吸附非极性分子型吸附质；吸附剂颗粒小，吸附速度大。

（2）吸附质的性质。

吸附质在水中溶解度越小，越容易吸附，而不易解吸。分子极性、分子量大小对吸附的影响已如前述。能使液体表面张力降低越多的吸附质，越易被吸附。吸附质浓度对吸附量的影响可由吸附等温线看出。

（3）吸附过程的操作条件。

①pH 值。

溶液的 pH 值影响到溶质处于分子或离子或络合状态的程度，也影响到活性炭表面电荷特性（电荷正、负性及电荷密度等）。炭表面电荷为电中性时，达到等电点。此时的 pH 称为电荷零点 pH 值，不同的炭有不同的电荷零点 pH 值。研究表明，在等电点处可发生最大的吸附，说明中性物质的吸附为最大。它本身有更多的孔隙参与吸附，溶质较易扩散进入炭的内部孔隙。

②温度。

升温利于脱附，降温利于吸附。由于吸附是放热反应，因而温度升高，吸附量减少；反之则吸附量增加。温度对气相吸附的影响比对液相吸附的影响大。

③接触时间。

在进行吸附操作时，应保证吸附与吸附剂有一定的接触时间，使吸附接近平衡，以充分利用吸附剂的吸附能力。吸附平衡所需的时间取决于吸附速度。

④流通截面。

如增大流通截面，降低流量以延长接触时间，虽能提高处理效果，但并不太显著，而且要增加设备费用，这需要考虑技术经济效果的统一。有条件时宜通过试验确定最佳接触时间，一般不超过 1 h。

（4）微生物作用。

在水处理，特别是在废水处理中，使用活性炭料交换一段时间之后，在炭表面上会繁殖微生物，参与对有机物的去除，使活性炭的去除负荷及使用周期甚至会成倍地增长。这是因为巨大的炭表面积将水中的有机物富集，给生长在上面的微生物提供了丰富的养料；同时也带来不利的影响，例如在炭柱装置中，会增加水头损失，需要经常反冲洗，容易产生硫化氢臭气等。

7.1.2 吸附剂及再生

广义而言，一切固体物质的表面都有吸附作用。但实际上，只有多孔性物质或磨得极细的物质，由于具有很大的比表面积，才有明显的吸附能力，也才能作为吸附剂。工业应用的吸附剂必须满足下列要求：吸附能力强，吸附选择性好，吸附平衡浓度低，容易再生与再利用，化学稳定性好，机械强度高，来源广及价格低廉等。一般工业吸附剂很难同时满足以上要求，应根据不同场合选用合适的吸附剂。

1．吸附剂

（1）常用吸附剂及特征。

在水处理中用到的吸附剂种类很多，如活性炭、活性炭纤维和炭分子筛、磺化煤、焦炭、木炭、泥煤、高岭土、硅藻土、硅胶、炉渣、木屑、活性氧化铝以及其他合成吸附剂（树脂吸附剂、腐殖酸吸附剂）等。工业用颗粒吸附剂的基本特征如表 7-3 所示。

表 7-3　工业用颗粒吸附剂的基本特征

项目	炭分之筛	活性炭	沸石分子筛	硅胶	铝凝胶
密度/（g/cm^3）	1.9～2.0	2.0～2.2	2.0～2.5	2.2～2.3	3.0～3.3
颗粒密度/（g/cm^3）	0.9～1.1	0.6～1.0	0.9～1.3	0.8～1.3	0.9～1.0
装填密度/（g/cm^3）	0.55～0.65	0.35～0.6	0.6～0.75	0.5～0.75	0.5～1.0
孔隙率/%	0.35～0.41	0.33～0.45	0.32～0.4	0.4～0.45	0.4～0.45
孔隙容积/（cm^3/g）	0.5～0.6	0.5～1.1	0.4～0.6	0.3～0.8	0.3～0.8
比表面积/（m^2/g）	450～550	700～1 500	400～750	200～600	150～350
平均孔径/nm	0.4～0.7	1.2～2		2～12	4～15

（2）活性炭。

污水处理中主要以活性炭作为吸附剂，其结构、性能如下所述。

①活性炭结构。

活性炭是最常用的吸附剂，是用含碳为主的物质作原料，如煤、木材、骨头、硬果壳、石油残渣等，经高温碳化和活化而成。碳化温度为 300～400℃，将原料热解成面料渣。碳化温度为 920～960℃时，通入水蒸气，造成炭内部十分发达的孔隙（见图 7-2）。微孔占的容积一般为 0.15～0.9 ml/g，微孔表面积占总面积 95%以上。其外观为暗黑色，有粒状和粉状两种。目前工业上大量采用粒状活性炭。活性炭主要成分为碳，除此之外还含有少量的氧、氢、硫等元素，以及水分、灰分。它具有良好的吸附性能和稳定的化学性质，可以耐强酸、强碱，能经受水浸、高温、高压作用，不易破碎。国外使用的粒状炭多为煤质或果壳无定形炭，国内多用柱状煤质炭。

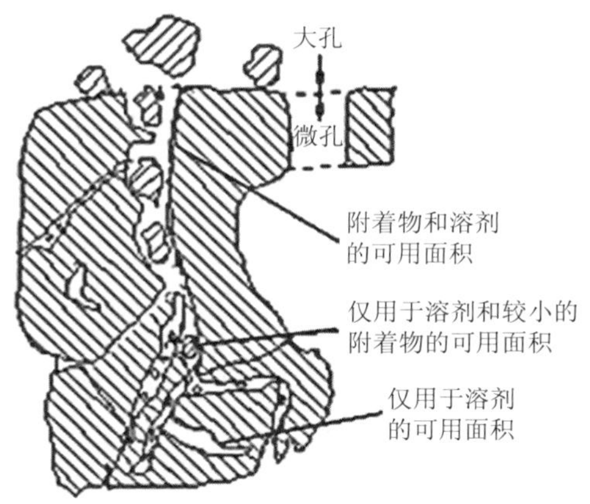

图 7-2 活性炭内部气孔分布

因产活性炭型号的命名按国家标准 GB 12495—90 进行，规定用大写汉语拼音字母和一组或两组阿拉伯数字表示颗粒活性炭的尺寸。如 MWY15 表示煤质原料，经物理活化，直径为 1.5 mm 的圆柱形颗粒活性炭。

纤维活性炭是一种由有机炭经活化处理后形成的新型高效吸附材料，具有发达的微孔结构，巨大的表面积，以及众多的官能团，因此，其吸附性能大大超过目前普遍的活性炭。

②活性炭性能。

活性炭性能主要指比表面积、密度、粒径、均匀系数、空隙容积、碘值、磨损值、灰分、含水率、孔隙率等。污水处理适用的粒状炭性能如表 7-4 所示，活性炭基本性能及用途如表 7-5 所示。

表 7-4 污水处理适用的粒状活性炭性能

序号	项目	数值	序号	项目	数值
1	比表面积/（m^2/g）	950～1 500	6	碘值（最小）/（mg/g）	900
2	密度/（g/cm^3） 堆积密度/（g/cm^3） 颗粒密度/（g/cm^3） 真密度/（g/cm^3）	 0.44 1.3～1.4 2.1	7	磨损值（最小）/%	70
3	粒径/mm 有效粒径/mm 平均粒径/mm	 0.8～0.9 1.5～1.7	8	灰分（最大）/%	8
4	均匀系数	≤1.9	9	包装后含水率（最大）/%	2
5	空隙容积/（cm^3/g）	0.85	10	筛径(美国标准)大于 8 号(最大）/% 小于 30 号（最小）/%	8 5

表 7-5　活性炭基本性能及用途

活性炭形状	原料	活化法	颗粒大小（目）	孔隙率/%	气孔率/%	充填密度/（g·cm³）	比表面积/（m²·g）	溶剂吸附量/%	用途
粉末	木材	药品	—	—	—	—	700～1 500	—	净水，液相脱水、脱臭、精制
	木材	气体	—	—	—	—	800～1 500	—	
	其他	气体	—	—	—	—	750～1 350	—	
破碎状	果壳	气体	4/8，8/32	38～45	50～60	0.38～0.55	900～1 500	33～50	气体精制净化，溶剂回收
	煤	气体	8/32，10/40	38～45	50～70	0.35～0.55	900～1 350	30～45	
球状	煤	气体	8/20，8/32	35～42	50～65	0.40～0.58	850～1 250	30～40	液体脱色、溶剂回收
	石油	气体	20/36	33～40	50～65	0.45～0.62	900～1 350	33～45	
成型	果壳	气体	4/6，6/8	38～45	52～65	0.38～0.48	900～1 500	33～48	溶剂回收，气体精制净化
	其他	气体	4/6，6/8	38～45	52～65	0.38～0.48	900～1 350	30～45	
纤维状	其他	气体	—	—	—	—	1 000～2 000	33～50	溶剂回收净水

2. 吸附剂再生

吸附剂再生的目的，就是在吸附剂本身结构不发生或及少发生变化的情况下，用某种方法将吸附质从吸附剂的细孔中除去，以便能够重复使用。

活性炭的再生主要有以下几种方法。

（1）加热再生法。

这是最常用也是最有效的再生方法。加热再生分低温加热再生和高温加热再生两种方法。前者适用于吸附低分子碳氢化合物和芳香族有机化合物等，后者适用于污水处理过程中酚、木质素、萘酚等与活性炭结合牢固过程的再生。高温加热再生过程主要分五步进行。

①脱水，使活性炭和输送液体进行分离。

②干燥，加热到 100～300℃，使含水率达 40%～50%的饱和炭干燥，同时部分低沸点的有机物进行挥发，另一部分被炭化，留在活性炭的细孔中。干燥所需热量约为再生总能耗的 50%，所需容积占总再生装置的 30%～40%。

③炭化，加热到 300～700℃，高沸点的有机物由于热分解，一部分成为低沸点的有机物而挥发，另一部分被炭化，留在活性炭的细孔中。升温速度和炭化温度依吸附剂类型及特性而定。

④活化，升高温度到 700～1 000℃，通入水蒸气、二氧化碳、氧等活化气体，将残留在微孔中的碳化物分解为一氧化碳、二氧化碳和氢等，达到重新造孔的目的。

⑤冷却，活化后的活性炭用水急剧冷却，防止氧化。

影响再生的因素很多，如活性炭的物理及化学性质、吸附性质、吸附负荷、再生炉型、再生过程中操作条件等。再生后吸附剂性能恢复率可达 95%以上，烧损率在 5%以下。该再生法适合于绝大多数吸附质，不产生有机废液，但能耗及设备造价均较高。

上述干燥、炭化、活化三步是在再生炉中进行的。再生炉的炉型很多，如回转炉、移动床炉、立式多段炉、流化床炉及电加热再生炉等。目前应用最广的是立式多段炉，其结构如图 7-3 所示。

再生炉体为钢壳，内衬耐火材料，内部分成 4～9 段炉床，中心轴转动时带动耙柄使活性炭由上段向下段移动。图 7-3 所示再生炉为 6 段，第 1、第 2 段用于干燥，第 3、第 4

段用于炭化，第 5、第 6 段用于活化。

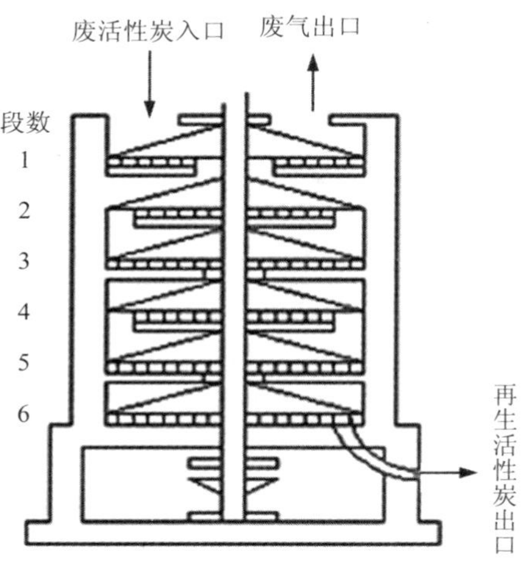

图 7-3 多段再生炉

从再生炉排出的废气含有甲烷、氢、过剩氧等。为了防止废气污染大气，可将排出废气送入燃烧器燃烧后，再进入水洗塔，以除去灰尘和臭味物质。

立式多段炉的特点是：占地面积小，炉内有效面积大，活性炭在炉内停留时间短，再生质量均匀，再生损失一般为 7%左右。但该炉型结构复杂，操作严格。电加热再生包括直流电加热再生、微波再生和高频脉冲放电再生，是近年来开发的新方法。

（2）溶剂再生。

在饱和吸附剂中加入适当的溶剂，可以改变体系的亲水-憎水平衡，改变吸附剂与吸附质之间的分子引力，改变介电常数，从而使原来的吸附崩解，吸附质离开吸附剂进入溶剂中，达到再生和回收的目的。

常用的有机溶剂有苯、丙酮、乙醇、异丙醇、卤代烷等。树脂吸附剂从污水中吸附酚类后，一般采用丙酮或甲醇脱附；吸附了 TNT，采用酮脱附；吸附了 DDT 类物质，采用异丙醇脱附。

无机酸碱也是很好的再生剂，如吸附了苯酚的活性炭可以用热的 NaOH 溶液再生，生成酚钠盐回收利用。

对于能电离的物质最好以分子形式吸附，以离子形式脱附，即酸性物质宜在酸里吸附，在碱里脱附；碱性物质在碱里吸附，在酸里脱附。

溶剂及酸碱用量应尽量节省，控制 2～4 倍吸附剂体积为宜。脱附速度一般比吸附速度慢一倍以上。

溶剂再生时吸附剂损失较小，再生可以在吸附塔中进行，无需另设再生装置，而且有利于回收有用物质。缺点是再生效率低，再生不易完全。

（3）酸碱洗涤法。

用酸或碱进行洗涤，使被吸附的物质变成很难吸附的盐类，从而从吸附剂上解吸下来。

7.1.3 吸附操作过程、设备及应用

1. 吸附操作

在污水处理中，吸附操作分为静态吸附和动态吸附两种。

（1）静态吸附。

静态吸附操作指污水在不流动的条件下进行的吸附操作。显然静态吸附操作是间歇操作。静态吸附操作的工艺过程是把一定量吸附剂投入欲处理的污水中，不断地进行搅拌，达到吸附平衡后，再用沉淀或过滤的方法使污水与吸附剂分开。如一次吸附后出水水质达不到要求，往往采用多次静态吸附操作。多次吸附由于比较麻烦，在污水处理中应用较少。静态吸附常用的设备为一个池子桶或搅拌槽等。

（2）动态吸附。

动态吸附就是污水在流动条件下进行的吸附，它是把欲处理的污水连续地通过吸附剂填料层，使污水中的杂质得到吸附。吸附剂经过一定时间的吸附后，吸附能力逐渐降低，吸附后出水中未被吸附的污染物逐渐增多，当超过规定的浓度后，再流出水的水质就不符合要求，这种现象称为穿透。从吸附开始到穿透点为止，这一段工作时间称为吸附床的有效工作时间。一般在达到有效工作时间之前就应对吸附剂进行再生或更新。从穿透点到接近活性炭的饱和吸附点之间的吸附剂滤层称为吸附带。吸附带与吸附剂的性质、被吸附物质的成分、生产运行条件等因素均有密切关系。以时间为横坐标，出水中污染物的浓度为纵坐标，所做曲线即为穿透曲线，如图 7-4 所示。

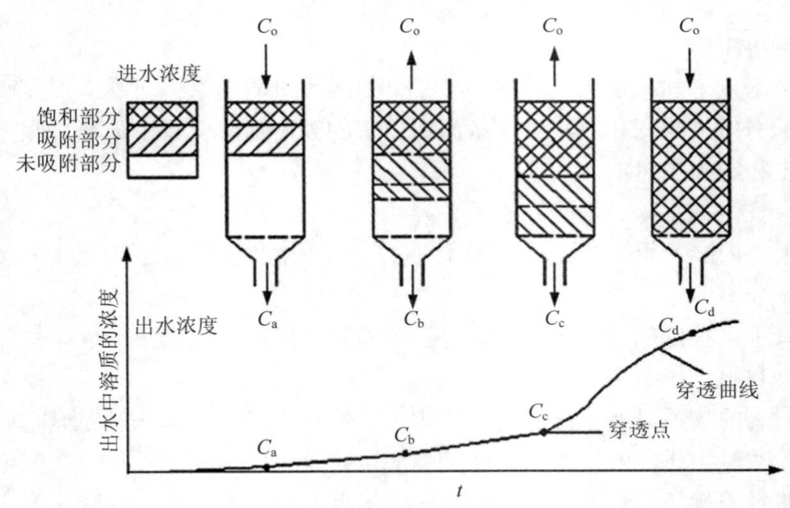

图 7-4 吸附带的移动和穿透曲线

图 7-4 中对应的 C_c 点为穿透点，当出水溶质浓度达到进水浓度的 90%～95%，即 C_d 时，即可认为吸附剂的吸附能力已经耗尽，该点即为吸附终点 C_d。从吸附带的移动和穿透曲线可以了解吸附剂的性质、被吸附物质的成分和实际运行操作的情况。随着吸附带被饱和部分和吸附部分的增长，流出液中杂质浓度也相应增大。当吸附剂全部被溶质所饱和时，则流出液中的杂质浓度就剧增。

在实际进行吸附操作时，吸附带的长度与吸附速度有密切关系。当污水流速很低，即与吸附剂的接触时间很长时，吸附带长度就短，反之则长。所以在实际运行中应该使污水与活性炭具有较充分的接触时间，获得较好的净化效果。

由上述分析可知，在动态吸附中，当吸附剂再生时，吸附柱上下层的吸附剂并未全部达到吸附饱和状态。所以，在动态吸附操作时，单位吸附剂的吸附量即吸附剂动活性永远小于吸附剂静活性。一般活性炭的动活性为静活性的 80%～85%，而硅胶的则为 60%～70%。

2. 吸附设备

吸附设备常用动态吸附设备，主要有固定床、移动床、流化床三种。

（1）固定床。

固定床是污水处理中常用的吸附装置，如图 7-5 所示。当污水连续地通过填充吸附剂的设备时，污水中的吸附质便被吸附剂吸附。若吸附剂数量足够时，从吸附设备流出的污水中吸附质的浓度可以降低到零。吸附剂使用一段时间后，出水中的吸附质的浓度逐渐增加，当增加到一定数值时，应停止通水，将吸附剂进行再生。吸附和再生可在同一设备内交替进行，也可将失效的吸附剂排出，送到再生设备进行再生。因这种动态吸附设备中，吸附剂在操作过程中是固定的，所以叫固定床。

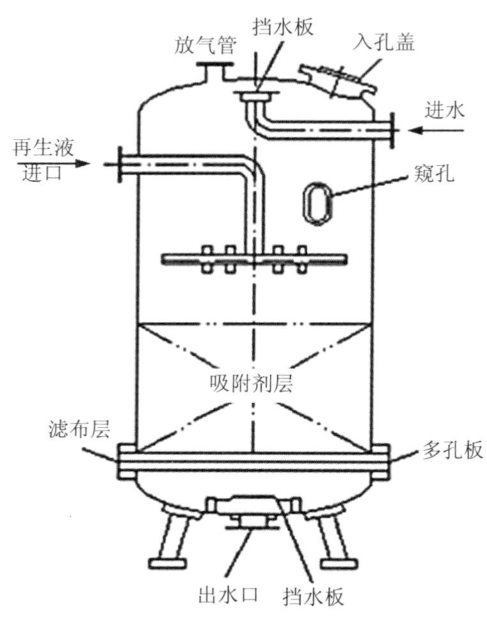

图 7-5 固定床

固定床根据水流方向又分为升流式和降流式两种。降流式固定床中，水流自上而下流动，出水水质较好，但经过吸附后的水头损失较大。而且处理悬浮物较多的污水时，为了防止悬浮物堵塞吸附层，需定期进行反冲洗，有时在吸附层上部设有反冲洗设备。在升流式固定床中，水流自下而上流动，当发现水头损失增大，可适当提高水流流速，使填充层稍膨胀（上下层不要互相混合）就可以达到自清的目的。升流式固定床的优点是由于层内水头损失增加较慢，所以运行时间较长；其缺点是对污水入口处吸附层的冲洗比降流式要难，并且由于流量或操作一时失误就会使吸附剂流失。

固定床根据处理水时原水的水质和处理要求可分为单床式、多床串联式和多床并联式三种（图 7-6）。对于单床式、多床串联式固定床需考虑备用设备。

而对于较大的污水处理，多采用平流式或降流式吸附滤池。平流式吸附滤池把整个池身分为若干小的吸附滤池区间，这样的构造可以使设备保持连续不断地工作，某一段再生时，污水仍可进入其余的区段进行处理，不致于影响全池工作。

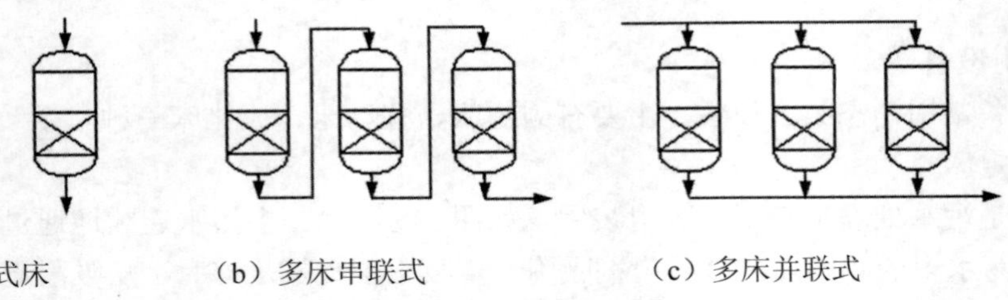

图 7-6　固定床吸附操作示意

（2）移动床。

移动床的运行操作方式如图 7-7 所示。原水从吸附塔底部流入和吸附剂进行逆流接触，处理后的水从塔顶流出。再生后的吸附剂从塔顶加入，接近吸附饱和的吸附剂从塔底间歇地排出。移动床的优点是占地面积小，连接管路少，基本上不需要反冲洗。缺点是难以均匀地控制炭层，操作要求严格，不能使塔内吸附剂上下层互混。

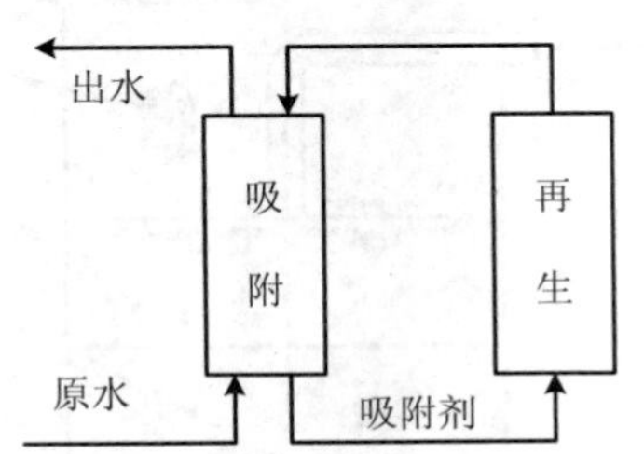

图 7-7　移动床的吸附操作

（3）流化床。

吸附剂在塔中处于膨胀状态，塔中吸附剂与污水逆向连续流动。流化床是一种较为先进的床型。与固定床相比，可使用小颗粒的吸附剂，吸附剂一次投加量较小，无须反洗，设备小，生产能力大，预处理要求低。但运转中操作要求高，不易控制，同时对吸附剂的机械强度要求较高，目前应用较少。

3．吸附法在污水处理中的应用

在污水处理过程中，吸附法处理的主要对象是污水中用生化法难以降解的有机物或一般氧化法难以氧化的溶解性有机物。这些难分解的有机物包括木质素、氯或硝基取代的芳烃化合物、杂环化合物、洗涤剂合成染料、杀虫剂、DDT 等。当采用粒状活性炭对这类污水进行处理时，不但能够吸附这些难分解的有机物，降低 COD，还能使污水脱色、脱臭，把污水处理到可以回用的程度。所以，吸附法在污水的深度处理中得到广泛的应用。

我国建成了第一套大型的炼油污水活性炭吸附处理的工业装置，其工艺流程如图 7-8 所示。

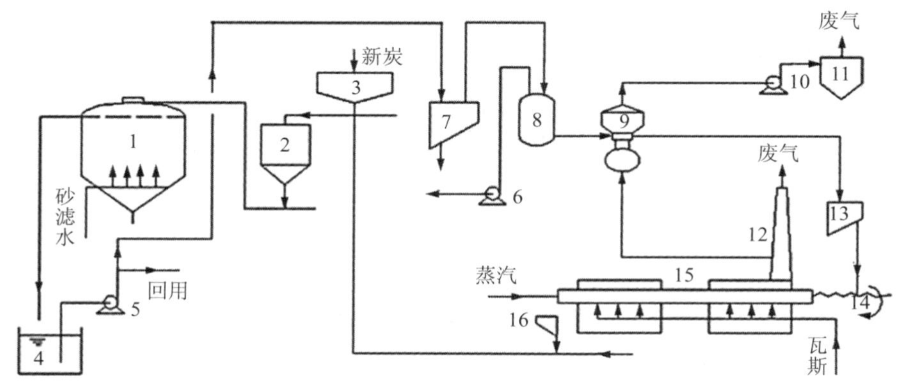

图 7-8 活性炭三级处理炼油污水工艺流程

1. 吸附塔；2. 冲洗罐；3. 新炭投加斗；4. 集水井；5. 水泵；6. 真空泵；7. 脱水罐；8. 储料罐；9. 沸腾干燥床；10. 引风机；11. 旋风分离器；12. 烟筒；13. 干燥罐；14. 进料机；15. 再生炉；16. 冷罐

炼油污水经隔油、浮洗、生化和砂滤后，自下而上流经吸附塔活性炭层，到集水井，由水泵送到循环水场，部分水作为活性炭输送用水。处理后挥发酚＜0.1 mg/L、氰化物＜0.05 mg/L、油含量＜0.3 mg/L，主要指标达到和接近地面水标准。

吸附塔为移动床型ϕ 4 400×8 000 共 4 台，每台处理量 150 t/h，再生炉除外。热式回转再生炉ϕ 700×15 700，处理能力为 100 kg/h。

活性炭吸附法应用较多的是给水处理中去除微量有害物质，在污水处理中应用于深度处理，去除难以降解或难以氧化的少量有害物质，去除色素、杀虫剂、洗涤剂以及一些如汞、锑、铋、铬、镉、银、铅、镍等重金属离子。

【例题 7-2】某纺织厂在合成高聚物后，洗涤水采用活性炭吸附。处理水量 Q =150 m^3/h，原水 COD 平均为 90 mg/L，要求出水 COD 值小于 30 mg/L，试确定吸附塔的基本尺寸。

根据动态吸附试验结果，决定采用降流式固定床如图 7-9 所示，其设计参数如下。

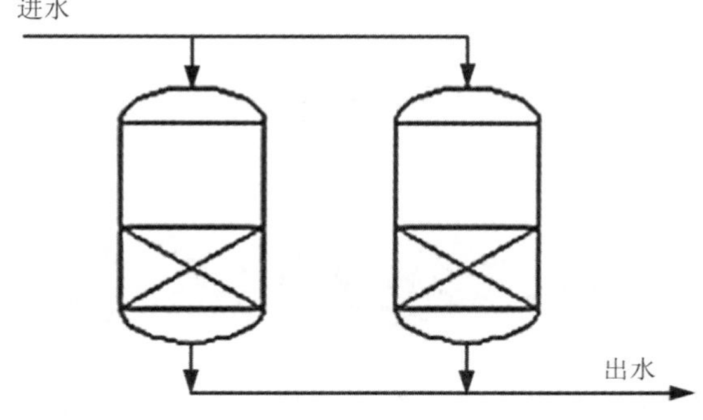

图 7-9 并联降流式固定床

（1）该活性炭的吸附量 q =0.12 gCOD/g 炭；

（2）污水在塔中的下降流速 v_2 =6 m/h；

（3）接触时间 t =40 min；

（4）炭层密度 ρ =0.43 t/m^3。

解：（1）吸附塔的面积 A

$$A=\frac{Q}{v_2}=\frac{150}{6}=25\ (\mathrm{m}^2)$$

采用二塔并联降流式固定床，如图 7-9 所示。

（2）每个塔的面积 A'

$$A'=\frac{A}{n}=\frac{25}{2}=12.5\ (\mathrm{m}^2)$$

（3）吸附塔直径 D

$$D=\sqrt{\frac{4A'}{\pi}}=\sqrt{\frac{4\times 12.5}{\pi}}=3.99\ (\mathrm{m})$$

（4）吸附塔炭层高度 h

$$h=v_2\bullet t=6\times\frac{40}{60}=4\ (\mathrm{m})$$

（5）每个吸附塔炭层的容积 V

$$V=A'h=12.5\times 4=50\ (\mathrm{m}^3)$$

（6）每个塔填充活性炭质量 G

$$G=V\rho=50\times 0.43=21.5\ (\mathrm{t})$$

（7）每个塔每天应处理的水量 Q_1

$$Q_1=\frac{Q}{2}\times 24=\frac{150}{2}\times 24=1\,800\ (\mathrm{t})$$

（8）每个吸附塔每天应吸附的 COD 值 W

$$W=V(C_o-C)=\frac{(90-30)\times 1\,800}{1\,000}=108\ (\mathrm{kg/d})$$

（9）活性炭再生周期 T

$$T=\frac{Gq}{W}=\frac{21.5\times 1\,000\times 0.12}{108}=24\ (\mathrm{d})$$

任务 2　离子交换

离子交换的目的是借助于离子交换剂上的离子与污水中的离子进行交换反应从而除去污水中的有害离子。离子交换过程是一种特殊吸附过程，所以在许多方面都与吸附过程相类似。但与吸附相比较，离子交换过程的主要特点在于：它主要吸附水中的离子，并与水中的离子进行等量交换。

离子交换法在工业上首先被用于给水处理技术，如软化、脱碱、除盐、除氟、制备纯水等，在废水处理中也日益推广应用，主要用来回收金、银、铀等贵重金属离子和铜、铬、锌、镍等重金属离子，分离、净化放射性元素和某些有机盐等。

7.2.1 离子交换剂

具有离子交换作用的物质，称为离子交换剂。离子交换剂按母体不同可分为无机和有机两大类。无机离子交换剂有天然沸石和人工合成沸石，是一类硅质的阳离子交换剂，也能用作吸附剂，成本较低，但不能在酸性条件下使用。有机离子交换剂有磺化煤和离子交换树脂。磺化煤是烟煤或褐煤经发烟硫酸磺化处理后制成的离子交换剂，交换容量低，机械强度和化学稳定性差。目前水处理中广泛采用离子交换树脂，它具有交换容量高、化学稳定性好、成本低等优点。

1．离子交换树脂的结构及分类

离子交换树脂的结构如图 7-10 所示，它是由骨架和活性基团两部分组成。骨架又称为母体，是形成离子交换树脂的结构主体。它是以一种线型结构的高分子有机化合物为主，加上一定数量的交换剂，通过横键架桥作用构成的空间网状结构。活性基团由固定离子和活动离子组成。固定离子固定在树脂骨架上，活动离子则依靠静电引力与固定离子结合在一起，两者电性相反、电荷相等，处于电性中和状态。活动离子遇水离解并能在一定范围内自由移动，可与其周围水中的其他同性离子进行交换反应，又称为可交换离子。能与溶液中阳离子交换的树脂叫作阳离子交换树脂；能与溶液中阴离子交换的树脂叫作阴离子交换树脂。

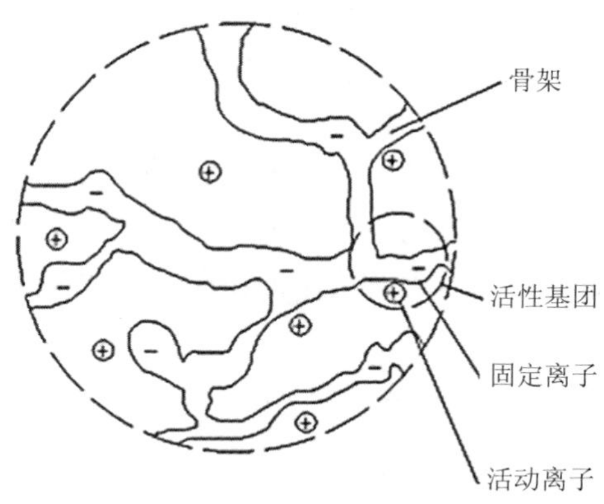

图 7-10 离子交换树脂结构示意

阳离子交换树脂的活性基团是具有酸性的基因，按其活性基团的酸性强弱，阳离子交换树脂可分为强酸性和弱酸性两类。酸性树脂可交换的活动离子均为 H^+，故又称为 H 型阳离子交换树脂，可简写成 RH，其中 R 表示树脂母体。若将酸性阳树脂 HR 上的可交换离子 H^+转换为 Na^+，则得到 Na 型阳离子交换树脂 NaR。

阴离子交换树脂的活性基团呈碱性，按其碱性强弱可分为强碱性和弱碱性两类。其上可交换离子都是 OH^-，故又称为 OH 型阴离子交换树脂，可简写成 ROH，其中 R 表示树脂母体。若将碱性阴树脂 ROH 上的可交换离子 OH^-转换为 Cl^-，则得到 Cl 型阴离子交换树脂 RCl^-。

交换树脂的母体一般为苯乙烯-二乙烯苯共聚物。二乙烯是交联剂，它在离子交换树脂中所占的质量百分数称为树脂的交联度。树脂交联度的大小和分布状况决定树脂的紧密程度。交换树脂按交联度的大小可分为低交联度（2%～4%）、中交联度（7%～8%）和高交联度（12%～20%）三种。考虑到交联度还对离子交换能力有重要影响，故一般采用的交联度以 8%～12%为宜。

根据交联度大小与分布所决定的孔隙状况，树脂的结构有凝胶型、巨孔型和均孔型三种。

凝胶型的交联度高，孔隙小而少，孔隙度为 0.004～0.018 mL 孔/mL 树脂，制造简单，但容易被高分子有机物污染堵塞。巨孔型的孔隙大小不一，孔隙度为 0.27～0.48 mL 孔/mL 树脂，其中一部分较凝胶型的为大，故防止有机物污染的性能较好。均孔型的孔隙度大，约为 0.97 mL 孔/mL 树脂，而且比较均匀，防止有机物污染的性能最优。

2．主要性能指标

（1）形状。

离子交换树脂制成球形，因为球体的通气性能好，即水流阻力小。在一定的容积内，球形树脂的装载量最大。出厂的树脂一般要求圆球率大于 90%。

（2）粒度。

粒度是表示离子交换树脂的粒径范围和不均匀程度。粒度小的树脂交换能力大，但树脂层的水流阻力也大；而粒度大的树脂水流阻力小，交换能力也小。树脂颗粒的大小与形状对其机械性能和操作条件有重要影响。根据其粒径大小分为大粒径（0.6～1.2 mm）、中粒径（0.3～0.6 mm）和小粒径（0.02～0.3 mm）三种，中粒径以上的树脂用途较广。出厂树脂的粒径一般在 0.3～1.2 mm（相当于 50～16 目）。

（3）颜色。

离子交换树脂的颜色有乳白、浅黄、深黄至深褐色等多种。即使是同一型号的树脂，其颜色也不相同，所以从树脂的颜色不可能分辨出树脂的型号。树脂的颜色并不影响树脂的使用，所以在选购树脂时不需考虑颜色。但树脂在使用中如果颜色改变，则可能是树脂受到污染。

凝胶型树脂呈透明或半透明状态；大孔型（包括巨孔型和均孔型）树脂由于毛细孔道对光的折射，呈不透明状态。

（4）含水率。

在离子交换树脂骨架的空间都充满着水，其中的含水量与树脂重量的百分比，称为含水率。

$$含水率=\frac{湿树脂重-干树脂重}{湿树脂重}\times 100\% \quad (7\text{-}6)$$

树脂的含水率与交联度有密切关系，其交联度愈低，含水率就愈大。例如，树脂的交联度为 1%～2%时，含水率可达 80%以上。这样的树脂就会像胶水那样，不能保持一定的形状。锅炉水处理应用的树脂的交联度在 7%左右，含水率为 45%～55%。对于凝胶型树脂，其含水率可反映树脂的孔隙率，即含水率愈大，树脂的孔隙率就愈大。

树脂在使用过程中，如果含水率发生变化，说明树脂的结构可能遭到破坏。

（5）溶胀性。

干树脂浸泡于水中时，体积胀大，成为湿树脂；湿树脂转型，例如由钠型转换为氢型时，体积也有变化。树脂的这种性质称为溶胀性。前一种所发生的体积变化，称为绝对溶胀度。这是由于树脂内部的反离子浓度大，与树脂接触的水中反离子浓度很小，在树脂的内外存在浓度差，而产生了渗透压，使水通过树脂表面向内部渗透，从而使树脂的体积膨胀起来，直至渗透压力与树脂分子间的交联拉力平衡时，这种溶胀现象才停止。后一种所发生的体积变化，称为相对溶胀度。这是由于离子的水合作用所致，因为不同的离子其水合半径也不相同，所以树脂的体积随之改变。

树脂的溶胀性与树脂的交联度、交换基团的电离度、水合离子半径及水溶液中反离子浓度等因素有关。树脂的交联度越小或交换基团电离度越大或水合离子半径越大，则溶胀度就越大；溶液中反离子浓度增大（电解质浓度增大），渗透压就降低，则溶胀度减小。例如，强酸性阳离子交换树脂由 Na 型转变成 H 型时，体积增加 5%以上；强碱性阴离子交换树脂由 Cl 型转变成 OH 型时，体积增大 10%左右；弱酸性丙烯酸系阳离子交换树脂由 H 型转变成 Na 型时，体积增大 150%～190%。

（6）密度。

树脂的密度根据含水情况可分为干态密度和湿态密度（以下简称湿密度）。前项指标实用意义不大，所以不常应用。根据树脂层的体积是否包括树脂颗粒之间的空隙，又可分为真密度和视密度。具有实际意义的指标是树脂的湿真密度和湿视密度。

①湿真密度。它是指树脂溶胀后的质量与其本身所占的真实体积（不包括树脂之间的空隙）之比。

$$\text{湿真密度}=\frac{\text{湿树脂质量}}{\text{湿树脂的真实体积}}(\text{g/mL}) \tag{7-7}$$

②湿视密度。它是指树脂溶胀后的质量与其堆积体积（包括树脂颗粒之间的空隙）之比，也称为堆积密度。

$$\text{湿视密度}=\frac{\text{湿树脂质量}}{\text{湿树脂的堆积体积}}(\text{g/mL}) \tag{7-8}$$

树脂的湿真密度对树脂层的反洗强度、膨胀率及混合床和双层床树脂的分层是一项重要的参考指标。而树脂的湿视密度则用来计算离子交换器所需装填湿树脂的质量。

【例题 7-3】离子交换器的直径为 2 m，树脂装填高度为 1.5 m，计算 1 台交换器需装填 001×7 树脂（湿视密度 D=0.8 g/mL）的质量。

解：由直径 d 和树脂层高度 h 计算体积 V 的公式为：

$$V=\left(\frac{d}{2}\right)^2\pi h=\frac{\pi}{4}d^2h=0.785d^2h$$

计算装填树脂质量 G 的公式为：

$$G = VD = 0.785d^2hD$$

式中的π为圆周率（3.141 6）。

将题中数据代入上式即可计算出1台交换器所需001×7树脂的质量：

$$G = 0.785\times2^2\times1.5\times0.8=3.768\ \text{t}$$

（7）有效pH的范围。

强酸强碱树脂的活性基团电离能力强，其交换容量基本上与pH值无关。弱酸树脂在水中的pH值低时不电离或仅部分电离，因而只在碱性溶液中才会有较高的交换能力，一般pH值的使用范围为7～14。弱碱树脂则相反，只能在酸性溶液中会有较大的交换能力，一般在pH=1～7范围内。

（8）交换容量。

离子交换树脂交换能力的大小以交换容量来衡量。交换容量是以可供利用的活性基团的数量多少来表示的。所谓可供利用的活性基团的数量，就是在规定条件下能够供给最多交换离子的活性基团数量。离子交换树脂的交换容量有三种表示方法：

①总离子交换容量。

又称全离子交换容量，是指离子交换树脂内全部可交换的活性基团的数量。它仅决定于活性基团的数量与性质，与外界溶液条件无关，是一个常数，通常用滴定法测定。

②平衡离子交换容量。

是指在一定的外部条件（温度、操作技术等）下，离子交换树脂同一定浓度的溶质离子达到离子交换平衡时所能交换离子的数量。它与交换剂的内部性能和溶质离子的种类、性质及其浓度都有很大的关系。

③工作离子交换容量。

又称实用离子交换容量，是指离子交换装置在正常运转（出水水质等符合要求）期间，交换树脂总体达到的交换容量。例如，在交换柱进行交换的运行过程中，当出水中开始出现需要脱除的离子时，交换树脂所达到的实际交换容量。

由上可知，树脂的总离子交换容量最大，平衡离子交换容量次之，工作离子交换容量最小。后两项只是总离子交换容量的一部分。

离子交换容量的单位，可用单位质量干树脂所能交换的离子数量来表示，也可用单位体积湿树脂所能交换的离子数量来表示。

离子交换容量是代表交换树脂交换性能的主要指标，其中工作离子交换容量的变动较大，它与装置结构、运行方式和各种操作控制条件有关，是离子交换法设计运行的重要参数之一。

（9）离子交换树脂的选择性。

离子交换树脂对水中各种离子的吸附能力不同，其中某些离子很容易吸附而另一些离子却很难吸附。树脂在再生时，有的离子容易被置换下来，而有的离子却很难被置换。离子交换树脂对某种离子能优先吸附的性能称为选择性，它是决定离子交换法处理效率的一个重要因素。常温和低浓度溶液中，各种树脂对不同离子的选择性大致有如下规律：

强酸性阳离子交换树脂的选择性顺序：

$Fe^{3+} > Co^{3+} > Al^{3+} > Ca^{2+} > Mg^{2+} > Ag^{+} > K^{+} > Na^{+} > H^{+} > Li^{+}$

弱酸性阳离子交换树脂的选择性顺序：

$H^{+} > Fe^{3+} > Al^{3+} > Ca^{2+} > Mg^{2+} > K^{+} > Na^{+} > Li^{+}$

强碱性阴离子交换树脂的选择性顺序：

$Cr_2O_7^{2-} > SO_4^{2-} > CrO_4^{2-} > NO_3^{-} > Cl^{-} > OH^{-} > F^{-} > HCO_3^{-} > HSiO_3^{-}$

弱碱性阴离子交换树脂的选择性顺序：

$OH^{-} > Cr_2O_7^{2-} > SO_4^{2-} > NO_3^{-} > Cl^{-} > HCO_3^{-}$

应当指出，由于实验条件不同，各研究者所得出的选择性顺序不完全相同。

从上述选择次序可以说明，如果阳离子树脂为氢型，则强酸性树脂容易进行交换反应而难以进行再生反应，弱酸性树脂难以进行交换反应而容易进行再生反应，对于 OH 型强碱性阴离子树脂交换容易再生难，OH 型弱碱性阴离子树脂则是再生容易而交换反而难。根据这种特性，在实际应用中针对水质情况可以对强弱型树脂进行选择。

【例题 7-4】实际测得 001×7 阳离子交换树脂的工作交换容量为 1.2 mmol/L，原水硬度为 2.0 mmol/L，计算每立方米的树脂能制取多少软化水？

解：工作交换容量=1.2 mmol/L

原水硬度=2.0 mmol/L，则每立方米的树脂可制得软化水为：

$$\frac{1\times1\,200}{2}=600(\mathrm{m}^3)$$

7.2.2　离子交换工艺

1. 钠离子树脂软化除硬

目前在水处理中，钠离子树脂软化水用得最多，主要用来去除水中能产生水垢的两种主要盐类物质（硬度），即钙、镁盐类物质。在钠离子交换器中装入阳离子交换树脂，原水流过钠离子交换树脂时，交换树脂中的 Na^{+}与水中的 Ca^{2+}、Ma^{2+}离子进行置换反应，使水得到软化，其反应式如下：

$$Ca(HCO_3)_2 + 2NaR = CaR_2 + 2NaHCO_3$$
$$Mg(HCO_3)_2 + 2NaR = MgR_2 + 2NaHCO_3$$
$$CaSO_4 + 2NaR = CaR_2 + Na_2SO_4$$
$$CaCl_2 + 2NaR = CaR_2 + 2NaCl$$
$$MgSO_4 + 2NaR = MgR_2 + Na_2SO_4$$
$$MgCl_2 + 2NaR = MgR_2 + 2NaCl$$

由以上各式可见，钠离子交换可除去水中的钙、镁硬度，但不能除碱，因为构成天然水碱度等物质量的转变为钠盐碱度 $NaHCO_3$；另外，按等物质量的交换规则，1 mol Ca^{2+}（40.08 g）与 2 mol（45.98 g）的 Na^{+}进行交换反应，使得软水中的含盐量有所增加。

随着交换软化过程的进行，交换剂中的 Na^+ 逐渐被水中的 Ca^{2+}、Mg^{2+} 所代替，交换剂由 NaR 型逐渐变为 CaR_2 或 MgR_2 型。当软化水的硬度超过某一数值后，水质已不符合给水水质标准的要求时，则认为交换剂已经“失效”，此时应立即停止软化，对交换剂进行再生（还原），以恢复交换剂的软化能力。常用的再生剂是食盐 NaCl，方法是让质量分数为 5%～8%的工业食盐水溶液流过失效的交换剂层进行再生，再生反应如下：

$$CaR_2 + 2NaCl = 2NaR + CaCl_2$$

$$MgR_2 + 2NaCl = 2NaR + MgCl_2$$

再生成物 $CaCl_2$ 和 $MgCl_2$ 易溶于水，可随再生废水一起排掉。再生后，交换剂重新变成 NaR 型，又恢复其置换水中 Ca^{2+}、Mg^{2+} 的能力。

理论上每交换 1 mol 的钙、镁需要消耗 2 mol NaCl 即 117 g，但实际食盐耗量应为理论耗盐量的 1.2～1.7 倍才能使交换完全。一般采用食盐耗量为 140～200 g/mol。

钠离子交换软化系统工艺主要由原水的硬度和相应的用软水对象决定，在实际工程中主要采用并联、串联、串并联等几种方式。

2．氢-钠离子树脂软化脱碱

钠离子交换软化的主要缺点是不能除碱，对于碱性水，采用此法往往会使水中碱度过高。采用氢-钠离子交换就能达到降低碱度的目的。

阳离子交换剂如果不用食盐水而用酸（HCl 或 H_2SO_4）溶液去还原，则可得到氢离子交换剂（HR），原水流经氢离子交换剂层后，同样可以得到软化，其反应如下：

$$Ca(HCO_3)_2 + 2HR = CaR_2 + 2H_2O + 2CO_2\uparrow$$

$$Mg(HCO_3)_2 + 2HR = MgR_2 + 2H_2O + 2CO_2\uparrow$$

$$CaSO_4 + 2HR = CaR_2 + H_2SO_4$$

$$CaCl_2 + 2HR = CaR_2 + 2HCl$$

$$MgSO_4 + 2HR = MgR_2 + H_2SO_4$$

$$MgCl_2 + 2HR = MgR_2 + 2HCl$$

由此可见，氢离子交换软化法，从碱度消除和含盐量降低来看，具有明显的优越性。然而由于出水呈酸性和用酸作为再生剂，故氢离子交换器及其管道采取防腐措施，因此它不能单独使用。通常它和钠离子交换器联合使用，即氢-钠离子交换，使氢离子交换产生的游离酸与经钠离子交换后水中的碱相中和而达到除碱的目的，即：

$$H_2SO_4 + 2NaHCO_3 = Na_2SO_4 + 2H_2O + 2CO_2\uparrow$$

$$HCl + NaHCO_3 = NaCl + H_2O + CO_2\uparrow$$

中和所产生的 CO_2 可用除 CO_2 设备除去，这样既消除了酸性，降低了碱度，又消除了硬度，并使水的含盐量有所降低。

失效的氢离子交换剂还原时，用质量分数为 2%左右的硫酸，或不超过 5%的盐酸。

氢-钠离子交换系统工艺有并联、串联、综合等几种方式。并联系统如图 7-11 所示。原水按一定比例一部分经过钠离子交换器，其余的水则经过氢离子交换器，然后两部分软化水汇集后，经除 CO_2 设备除去生成的 CO_2，软水存入水箱由水泵送走。为了保证软水混合后不产生酸性水，计算水量分配比例时，应使混合后的软水仍带有一定的碱度，通常为

0.3～0.5 mmol/L。

串联系统如图 7-12 所示。进水可分为两部分，一部分原水进入氢离子交换器，其出水与另一部分原水混合，出水中的酸度和原水中的碱度中和，中和反应产生的 CO_2 由除 CO_2 器去除，再经钠离子交换器，除去未经氢离子交换器的另一部分原水中的硬度，其出水即为除硬脱碱了的软化水。

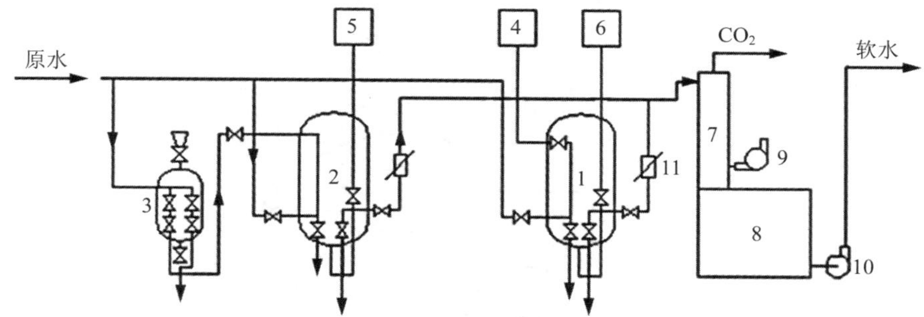

图 7-11　H-Na 并联离子交换软化和脱碱系统

1. 氢型离子交换器；2. 钠型离子交换器；3. 盐溶解器；4. 稀酸溶液箱；5、6. 反洗水箱；7. 除二氧化碳器；8. 中间水箱；9. 离心鼓风机；10. 中间水泵；11. 水流量表

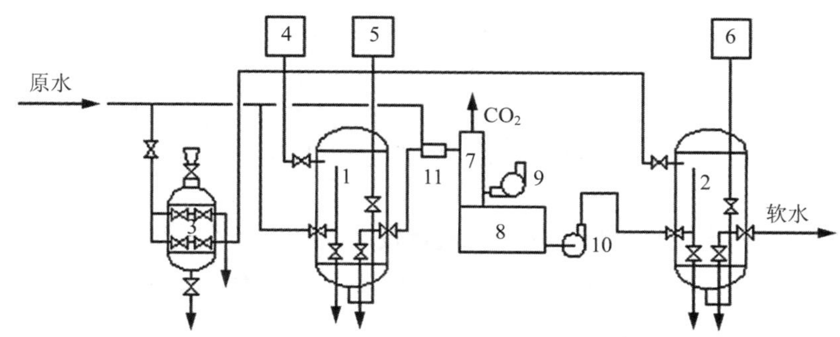

图 7-12　H-Na 串联离子交换软化和脱碱系统

1. 氢型离子交换器；2. 钠型离子交换器；3. 盐溶解器；4. 稀酸溶液箱；5、6. 反洗水箱；7. 除二氧化碳器；8. 中间水箱；9. 离心鼓风机；10. 中间水泵；11. 混合器

H-Na 串联离子交换软化脱碱系统中，一定要先除去 CO_2 后，再经钠离子交换，以免 CO_2 形成碳酸后再流经钠离子交换器使出水中又重新出现碱度。其反应为：

$$NaR + H_2CO_3 = HR + NaHCO_3$$

同样，为保证出水不呈酸性，应使出水具有一定的残留碱度。

3．氢-氢氧型离子树脂除盐

将原水通过 H 型阳离子交换器（也称阳床）和 OH 型阴离子交换器（也称阴床），经过离子交换树脂反应，将水中阴、阳离子除掉，从而制得纯水。

（1）混床离子树脂除盐工艺。

在实际生产中经常用混床制得纯水。它是将阴、阳离子交换树脂装入同一交换器（混床）内，直接进行化学除盐的设备。在混床中，由于阴、阳树脂是均匀混合的，所以在运行时，水中的阴、阳离子几乎同时发生交换反应，从而制得纯水。混床再生时利用阴、阳树脂的湿真密度差异分别进行再生。再生结束后用除盐水进行清洗至合格，用压缩空气将两种树脂混合均匀，即可再投入运行。

混床结构及阀门、管系如图 7-13 所示。

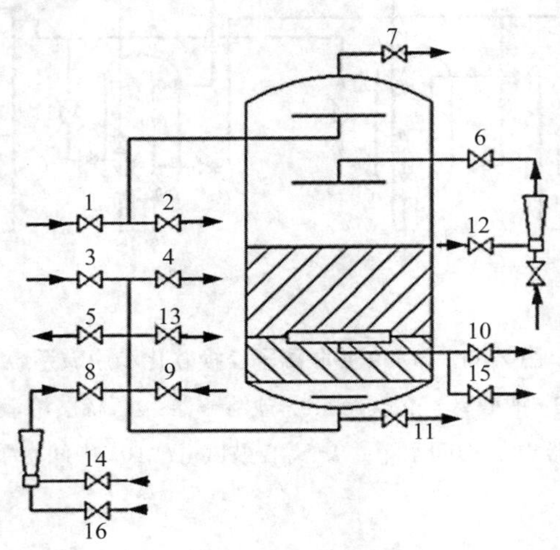

图 7-13　混床阀门、管系

1. 运行进水；2. 反洗排水；3. 反洗进水；4. 运行出水；5. 正洗排水；6. 进盐液；7. 放空气；8. 进酸液；9. 进压缩空气；10. 中间装置排水；11. 取样；12. 氢氧化钠入口；13. 正洗水回收；14. 盐酸、硫酸入口；15. 再生液回收及正洗水回收；16. 喷射器进水

由于混床再生操作比较麻烦，对于含盐量较高的水质，不能直接采用混床进行除盐。在实际除盐系统中，一般是将混床置于阳、阴床之后，用于深度除盐。

（2）氢-氢氧型离子树脂除盐工艺。

①一级复床系统工艺。

原水经阳、阴树脂一次交换，称为一级交换，其交换过程是由阳床和阴床来完成，称为复床。所以，将这种系统称为一级复床系统，如图 7-14 所示。由图可以看出，该系统是由阴、阳两床和除二氧化碳器所组成，因此又称为二床三塔系统。在处理水量较大的情况下，往往需设置若干个阳床和阴床。根据阳床和阴床的管道连接形式的不同，又可以分为两种系统：一种是一台阳床对应一台阴床，以串联方式运行，称为单元制系统；另一种是各台阳床出水都送入一条管道（称母管）内，然后通过母管分别送至各个阴床，称为母管制系统。

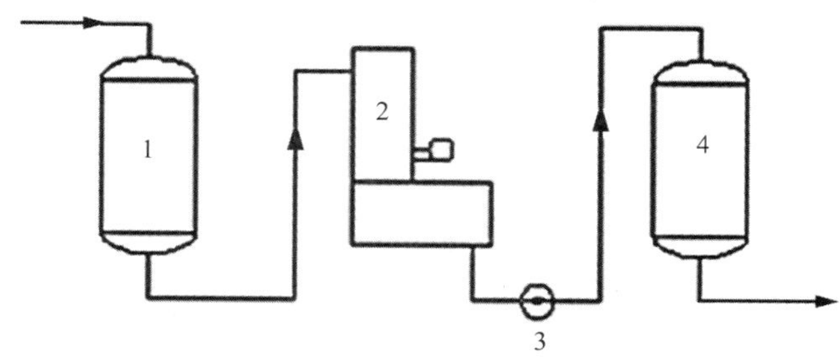

图 7-14　一级复床除盐系统

1. 阳床；2. 除二氧化碳器；3. 中间水箱；4. 阴床

②一级复床加混床系统。

对于水质要求较高的单位，例如，高压以上锅炉的发电厂、电子工业、化验室、医药用水等，通常采用一级复床加混床系统，如图 7-15 所示。该系统也称为三床四塔除盐系统。

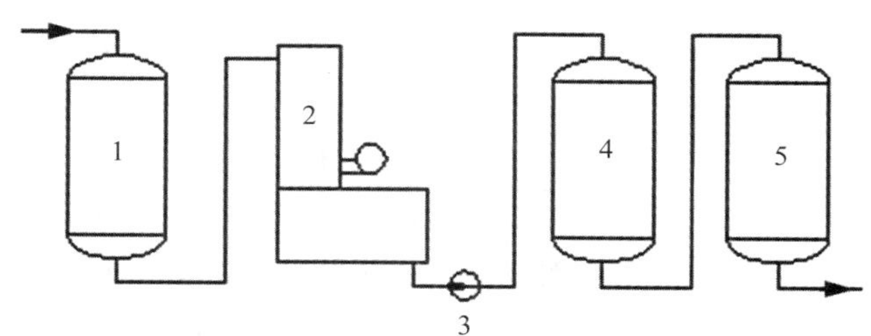

图 7-15　一级复床加混床系统

1. 阳床；2. 除二氧化碳器；3. 中间水箱；4. 阴床；5. 混床

7.2.3　离子交换设备及运行操作

1. 固定床离子交换设备及运行操作

固定床离子交换设备，按再生时再生液的流向可分为顺流再生式离子交换器和逆流再生式离子交换器；按交换器中所填装的交换剂类型又可分为 Na 型离子交换器、H 型离子交换器（又称阳床）和 OH 型离子交换器（又称阴床）等。而按后者分类的交换器在结构上并没有大的区别，只是在 H 型和 OH 型离子交换器的内表面上须衬有良好的防酸、防碱保护层。下面分别介绍顺流再生交换器和逆流再生交换器。

（1）顺流再生离子交换器结构及运行操作。

①顺流再生离子交换器结构。

顺流再生离子交换器是一个密闭的圆柱形壳体，其直径按制水出力大小而有多种规格。柱体内设有进水、进再生液和出（排）水装置，并填装有一定高度的交换剂层，其结构如图 7-16 所示。

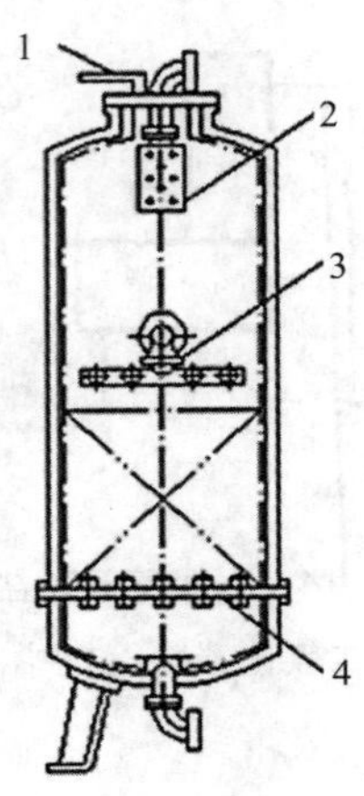

图 7-16 顺流再生离子交换器结构

1. 放空管；2. 进水装置；3. 进再生液装置；4. 出水装置

交换器常用的规格有 D500、D700、D750、D1 000、D1 200、D1 500 及 D2 000 等几种，壳体内壁必须涂内衬，以防树脂“中毒”和罐体腐蚀，交换剂层高有 1.5 m、2 m、2.5 m 等几种。新树脂在投入使用之前，要先用其体积二倍的质量分数为 10%的 NaCl 溶液浸泡 18～20 h，以便使树脂从出厂的型式转换成生产中所需要的 Na 型，同时也可防止树脂因储运过程中脱水，遇水急剧膨胀而碎裂。此外，树脂储存时间不宜过长，最好不超过一年。树脂储存温度为 5～40℃，储存时一定要避免与铁容、氧化剂和油类物质直接接触，以防树脂污染或氧化降解而造成树脂劣化。壳体内壁可做橡胶衬里、涂环氧树脂涂料或聚氨脂粉涂料。

②顺流再生离子交换器运行操作。

离子交换器工作运行时按软化、反洗、再生、正洗四个步骤操作。

● 软化

如图 7-17 所示，开启阀门 2 和 6，其余阀门全关，原水由阀门 2 进入交换器内分配漏斗淋下，自上而下均匀地流过交换剂层，使原水软化，软水由底部集水装置汇集，经过阀门 6 送往软化水箱。软化时，必须对水质进行化验，当出水硬度达到规定的允许值时，应立即停止软化，进入反洗阶段。

● 反洗

反洗的目的是松动软化时被压实了的交换剂层，为还原液与交换剂充分接触创造条件，同时带走交换剂表层的污物和杂质。当交换剂失效后，立即停止软化，进行反洗。此时开启阀门 5 和 4，其余阀门全关，反洗水自下而上经过交换剂层，从顶部排出。反洗水质应不致污染交换剂，反洗强度以不会冲走完好的交换剂颗粒为宜，一般为 15 m/h。反洗应进行到出水澄清为止，反洗时间一般需 10～20 min。

● 还原

其目的是使失效的交换剂恢复软化能力，此时开启阀门 3 和 7，其余阀门全关。盐液由顶部多个辐射型喷嘴喷出，流过失效的交换剂，废盐液经底部集水装置汇集，由阀门 7

排走，再生流速 4～6 m/h。

● 正洗

废盐液放尽后，开始正洗，此时开启阀门 2 和 7，其余阀门全关，其目的是清除交换剂中残余的再生剂和再生产物。正洗水耗通常为 3～6 m^3/m^3（树脂），流速为 15～20 m/h。通常可将正洗后期阶段的含盐分的正洗水送入反洗水箱储存起来，供下次反洗使用，以节省用水量和耗盐量。正洗结束，即可投入软化运行。

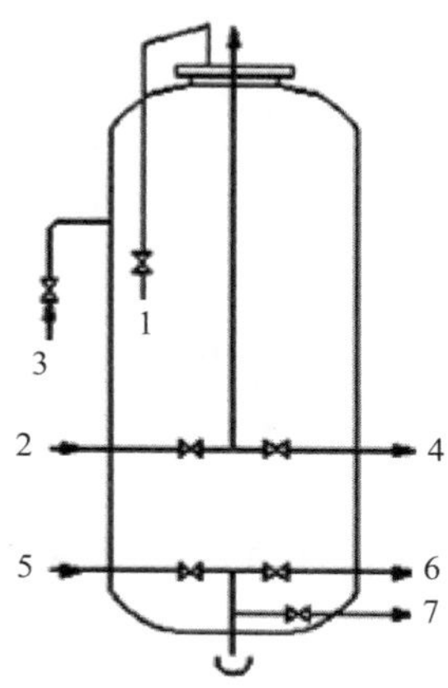

图 7-17 顺流再生离子交换器运行操作示意

1. 排气管；2. 上水管；3. 进再生液；4. 反洗排水；5. 反洗进水；6. 出水；7. 正洗排水

顺流再生固定床离子交换器的优点是结构简单，运行维修方便，对各种水质适应性强。但缺点是再生效果不理想。因为新再生液首先接触到的是上部饱和度较高的交换剂层，这一部分交换剂能得到较好的再生；随着盐液向下流动使盐液中含的 Ca^{2+}、Mg^{2+}离子逐渐增多，当盐液与交换器中部或底部接触时，盐液中会有相当数量的 Ca^{2+}、Mg^{2+}，影响离子交换剂的再生，因此，越在下面的交换剂，再生程度越差，直接影响到软化水出水水质。为了提高下部交换剂的再生程度，需要增加盐液耗量。为了克服顺流再生的交换器底部交换剂再生度较低的缺点，通常采用逆流再生方式。

（2）逆流再生离子交换器结构及运行操作。

①逆流再生离子交换器结构。

逆流再生离子交换器结构和交换器外部管路系统如图 7-18 和图 7-19 所示。与顺流再生离子交换器相比，它们的主体规格、进水装置、底部排水装置等基本相同。其主要区别有：再生液改为由下部进入交换器，不另设进再生液装置，但对于大直径离子交换器，为了防止再生时乱层需在顶部设进气管，以便压缩空气顶压；设置中间排液装置（简称中排装置），其主要作用是排出再生废液，并作为反洗中排以上压实层（即小反洗）的进水管。

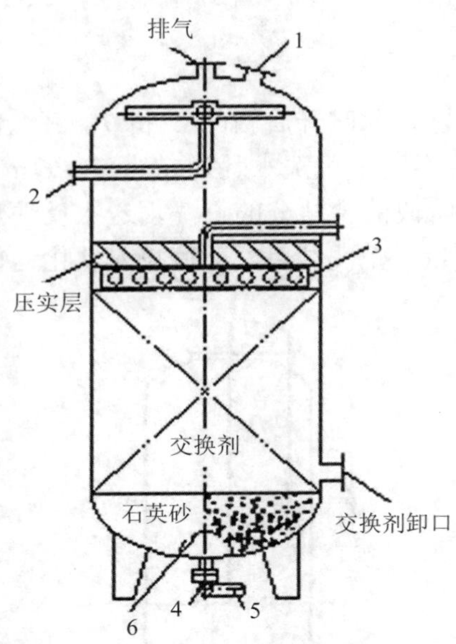

图 7-18 逆流再生离子交换器结构

1. 进气管；2. 进水管；3. 中间排液装置；4. 出水管；5. 进再生液管；6. 弧形多孔板

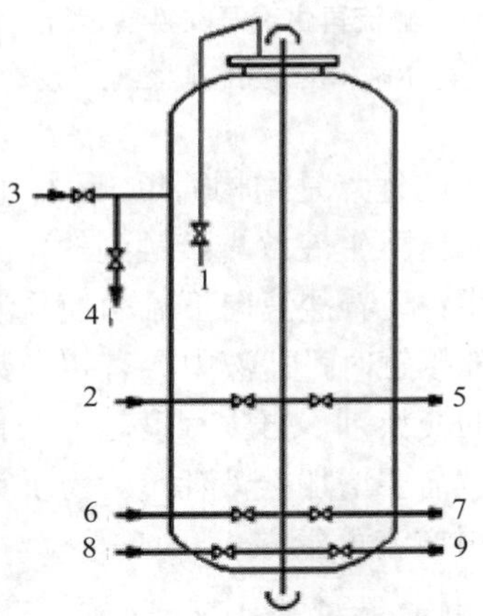

图 7-19 逆流再生交换器的外部管路系统

1. 排气管；2. 上水管；3. 中排进水；4. 中排排水；5. 上排水；
6. 反洗进水；7. 出水；8. 进再生液；9. 正洗排水

②逆流再生离子交换器运行操作。

逆流再生离子交换器运行操作，有气顶压逆流再生操作和无顶压逆流再生操作两种，其逆流再生操作过程及液流流向如图 7-20 所示。

气顶压逆流再生操作：

- 小反洗（a）

交换器运行失效后，停止交换运行，将水从中排装置引入，至上部排出，对压层进行反洗。小反洗的流速应使压层能充分松动，但又不致将正常的颗粒冲走。小反洗一直进行到出水澄清为止，时间需 15～20 min。

● 上部排水（b）

排去中排以上的水，便于压缩空气顶压。小反洗后，待交换剂颗粒下降以后，打开中排进水（注意：不要从底部排水）。

● 顶压（c）

使交换剂呈密实状，防止再生时乱层，从交换器顶部送入压缩空气，使气压稳定维持在 0.03～0.05MPa。用于顶压的压缩空气应经除油净化。

● 进再生液（d）

用再生剂恢复交换剂的交换（软化）能力。在顶压下，将再生液用泵从底部打入，至中排排出；如采用喷射器，应先开启再生用喷射器，并调节进水流量至预定值，待有适量的空气随同交换器出水一起自中排排出时，再开启进再生液的阀门，调节阀门开度使再生液达到所需浓度。

逆流再生时再生液浓度可低些，如钠离子交换器用食盐作再生剂时为 4%～6%，氢离子交换器用盐酸作再生剂时为 2%～4%。配制再生液的水不宜用硬度较大的原水，一般钠离子交换器用软化水，氢离子交换器用其本身的出水或除盐水，阴离子交换器用除盐水。再生液流速一般为 4～6 m/h，时间为 30～60 min。

● 置换反洗（e）

置换反洗又称逆流冲洗，当再生液进完后，关闭进再生液的阀门，仍在顶压下，以再生时的流速，继续使水从底部进入，从中排排出，时间为 30 min 左右，一般阳离子交换器洗至出水氯离子含量为入口水的 1～2 倍。

置换反洗的水采用质量较好的水，以免影响底部交换剂的再生程度。一般钠离子交换器用软水，氢型离子交换器或阴离子交换器用其本身出水或除盐水。我国南方有些地区由于原水硬度较低，不少钠离子交换器采用进水来置换反洗，这时应注意置换反洗的时间不宜过长，否则会造成底部交换剂失效，影响出水质量。

● 小正洗（f）

洗去压实层中的再生废液。置换反洗和顶压停止后，放尽交换器内剩余空气，使水从上部进入、中排排出。时间一般只需 10～15 min。

● 正洗（g）

彻底洗去再生废液，使出水达到合格。水从上部进入，底部排出，流速可与运行时相同，洗到出水合格（例如对于钠离子交换器，洗至硬度≤0.03 mmol/L、氯离子接近入口水中的含量），就可投入运行。如果交换器再生后并不立即投入运行，而是备用的，则正洗至出水接近合格值便可停止；当需要投运时，再作进一步正洗。

● 交换运行

除去离子杂质（如钠离子交换器除去硬度），制取所需的合格水。正洗合格后，关闭下部排水阀，打开出水阀即可制水。一般离子交换器说明书中所标明的出力，大都允许流速最高时的最大出力，在原水水质较好的情况下高流速运行并不影响出水质量，但当原水较差时，就会影响出水质量和交换器的周期制水量，这时需相应地降低运行流速。

● 大反洗（h）

松动整个交换剂层并洗去其中的污物、杂质及破碎的交换剂颗粒。从再生到运行失效，称为一个周期，一般经过 10～20 周期需大反洗一次（在小反洗后进行）。大反洗时水从底部进入、上部排出，流速应由小逐渐增大，使交换剂层充分膨胀，但须注意勿使正常的交换剂颗粒冲出。大反洗应洗至排出水澄清为止。大反洗应进行彻底，否则如交换剂层不能充分松动，积聚的悬浮质不洗净，就易使交换剂结块，影响再生效果，降低交换剂的交换容量。经过大反洗后，交换剂层被完全打乱，为了使底部交换剂层再生彻底，大反洗后的再生剂用量需比平时多 50%左右。

无顶压逆流再生操作：

- 有中排装置操作

有中排无顶压逆流再生的操作步骤及各步的目的与气顶压逆流再生操作基本相同，只是不需顶压。另外，在无顶压逆流再生时为了不使交换剂乱层，除采用低流速外，还可在压实层上部充满水以产生静压。实践证明，有静压水时的再生效果比无静压水时的再生效果好。因此，无顶压逆流再生的操作也可参照图 7-20 进行，只是可省去气顶压中的第二（b）和第三（c）两步。即小反洗结束后，先关闭放空阀，再关闭小反洗进、出水阀，在静压水存在下直接由底部进再生液，从中排排废液。为了避免交换剂乱层，确保再生效果良好，无顶压逆流再生时应控制再生流速（包括置换反洗的流速），一般为 1.5～2 m/h，进再生液时间需 45～80 min。

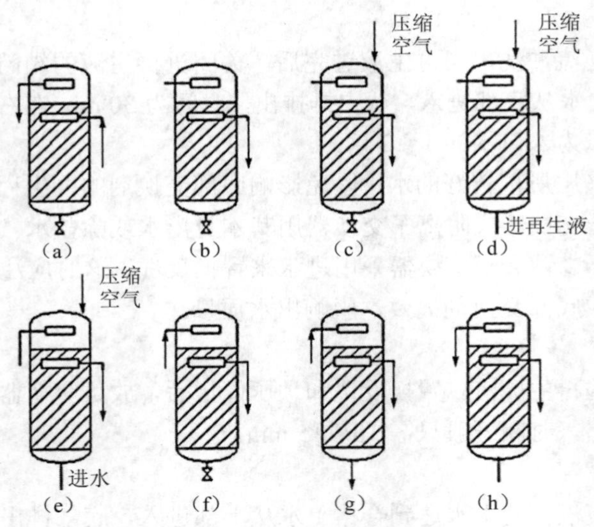

图 7-20 逆流再生操作过程及液流流向

（a）反洗；（b）上部排水；（c）顶压；（d）进再生液；
（e）置换反洗；（f）小正洗；（g）正洗；（h）大反洗

- 无中排装置时的操作

目前小直径的逆再生离子交换器大多不设中排装置，再生时也采用低流速来防止乱层。其操作步骤除了不进行气顶压中的第一（a）、第二（b）、第三（c）、第六（f）几步外，其余都与上述相似，即交换剂失效后，进再生液→置换反洗→正洗合格→运行，经过 5～10 周期，在进再生液之前反洗一次。由于无中排装置，所以反洗、进再生液和置换反洗时的废液都是从上部排出，各步的流速控制与有中排无顶压再生相同。

逆流再生的操作方法是否正确，对再生效果的影响很大。例如，有些操作人员在交换器再生时，将再生液或置换反洗的控制阀开得较大，以致流速过快，不但易产生乱层，而且再生液与交换剂的接触时间过短，再生不充分。有的操作人员将再生液从交换器底部送入后，静态浸泡几小时，然后又将再生废液从底部排出，这种不正确的再生操作会使逆流再生的优点丧失。因为由于交换反应的可逆性，静态浸泡将使可逆反应达到平衡，而不利反应朝再生方向进行；而逆流动态再生时，由于不断地将再生液送入（增加反应物浓度），同时将置换出来的 Ca^{2+}、Mg^{2+}排出（减少生成物浓度），使平衡朝再生反应的方向进行，有利于提高再生效果，但浸泡后又将含较多反离子（如 Ca^{2+}、Mg^{2+}）的废液从底部排出，就会严重污染底部交换剂，使再生效果变差，并影响出水质量。因此，再生时必须严格按控制条件正确进行操作。

2．浮动床离子交换设备结构及运行操作

（1）浮动床离子交换设备结构。

浮动床的本体结构如图 7-21 所示，其壳体一般是钢制的，出力不大时也可用环氧玻璃钢或有机玻璃。在壳体上设有视镜，以观察床层的运行情况。在内部有上、下分配装置，床层、惰性树脂（白球）层等。

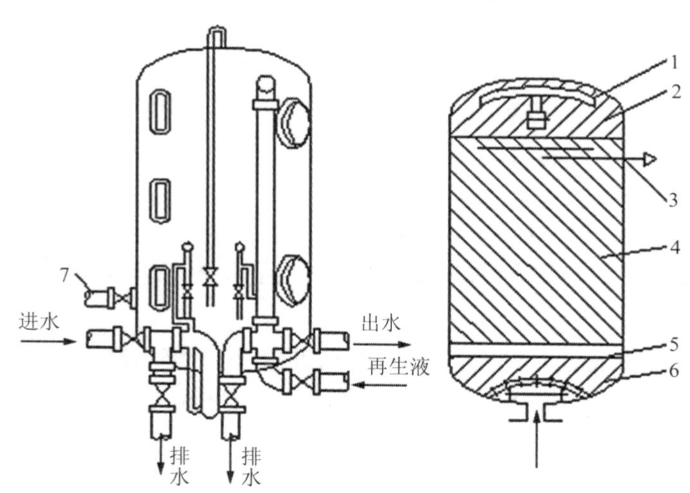

图 7-21 浮动床本体结构

1. 上部分配装置；2. 惰性树脂；3. 体内取样装置；4. 树脂层；5. 水垫层；6. 下部分配装置；7. 树脂装卸管

（2）浮动床离子交换设备运行操作。

浮动床的操作方法分再生运行和体外清洗两大部分。

①再生运行操作。自床层失效算起，依次分为落床、再生、置换和正洗（即向下流清洗）、成床、顺洗（即向上流清洗）及制水等步骤，其液流流向如图 7-22 所示。

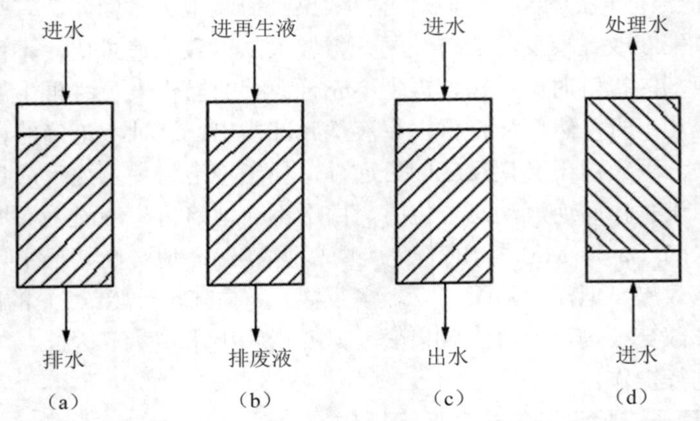

图 7-22 浮动床再生运行操作液流流向

（a）落床；（b）再生；（c）置换和正洗；（d）成床、顺洗、制水

● 落床

当浮动床运行至出水水质达到失效标准时，应立即停止运行，转入落床。落床的方式有两种。

排水落床：关闭浮动床的下部进水阀，开启下部排水阀，利用上部出水管中存的压力，强迫料层整体下落。时间一般为 1 min。落床后关闭下部排水阀和上部出口阀。

重力落床：关闭浮动床的出、入口阀，利用床层本身的重力自然落床，时间一般为 2～3 min。

两种落床方式相比，第一种落床方式速度快，床层的扰动小，适用于水垫层稍高和阀门有程序控制的设备。第二种落床方式速度较慢，适用于水垫层较低的设备。

● 再生

落床后，开启再生液进口阀和倒 U 形管（为防止空气进入树脂层而设，顶部通大气）上的排水阀，使再生液自上而下流经床层，由倒 U 形管排出。

浮动床的再生参数，可控制如下：

Na 型离子交换浮动床。再生用盐量：每立方米 001×7 树脂，用 60～70 kg（按 100%NaCl 计）；盐液浓度 3%～4%；盐液流速 5～7 m/h。

H 型离子交换浮动床。如用盐酸再生，酸液用量：每立方米 001×7 树脂，用 40～50 kg（按 100%HCl 计）；酸液浓度 2%～3%；酸液流速 3～6 m/h。

● 置换和正洗

进完再生液后，关闭再生液进口阀，开启置换水进口阀（如用喷射器输送再生液，则只需关闭浓再生液入口阀即可）立即进行置换，此时流速应控制与再生时相同，置换时间一般为 15～30 min，然后调节水的流速至 10～15 m/h，进行正洗，洗至排水基本合格，时间一般需 15～20 min。正洗结束后，关闭清洗水进口阀和倒 U 形管上的排水阀，然后进行下述操作或转入短期备用。

● 成床及制水运行

开启下部进水阀和上部排水阀，以 20～30 m/h 的流速成床，使树脂以密实状整体向上浮起。然后继续用向上流动的水进行清洗，直至出水水质达到合格标准（一般仅需 3～5 min）。出水合格后，即可开启浮动床出口阀，关闭上部排水阀，投入运行。运行流速一般为 20～60 m/h。

为了提高浮动床的出水水质和及时指示运行周期的终点，应设置交换器体内取样装置。同时，在实际操作中不宜等到整个床层失效后才进行再生，而应在保护层失效前就进行再生，使保护层中的树脂始终保持很高的交换容量。

②体外清洗操作。随着运行时间的增长，进水中的悬浮物等杂质将在树脂层中越积越多，由于浮动床内几乎充满了树脂，无法将这些杂质洗去，因此通常需在 10～30 个运行周期后，将树脂送到交换器体外全部进行清洗。常用的体外清洗方法有两种。

- 气-水清洗法

如图 7-23 所示，这种方法是将需要清洗的树脂全部输送到空气擦洗罐中，并使擦洗罐中的水位高于树脂层表面 300～500 mm，然后从底部送入压缩空气进行空气擦洗，使树脂颗粒上的污物转移到水中。压缩空气的压力一般为 0.4～0.6 MPa，强度为 10 L/（m^2•s）；擦洗时间依床层的污染程度而定，一般为 5～10 min。接着从擦洗罐底部进水，以 7～10 m/h 的流速进行反洗，反洗至排水澄清无悬浮物，一般需 10～20 min。最后再将树脂由擦洗罐返回到浮动床中。

- 水力清洗法

如图 7-24 所示，水力清洗法是将浮动床和体外清洗罐串联起来进行。清洗时，由浮动床的底部进水，先将床层中约一半的树脂输送到体外清洗罐中，然后在两罐串联的情况下进行反洗。反洗流速一般为 7～15 m/h，以不跑树脂为限。一直清洗至排水澄清无悬浮物为止，时间需 40～60 min。清洗结束后，再用水力将树脂输送回浮动床。

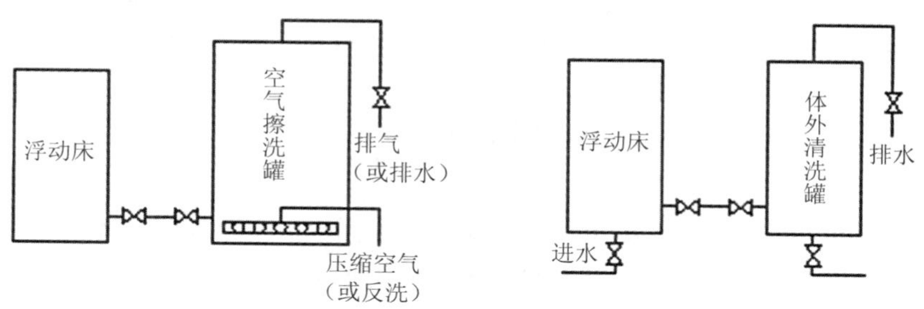

图 7-23　气-水清洗法示意　　图 7-24　水力清洗法示意

两种方法相比，清洗效果以气-水清洗法为好。但用此法时，体外清洗罐的容积要比浮动床的容积大一倍，而且所用压缩空气需经除油净化。水力清洗罐的容积只需与浮动床的容积相同即可满足要求。系统中如果有几台交换器，可共用一个清洗罐。

3. 全自动离子树脂交换器

近年来，随着微电脑和自控技术的发展，市场上全自动钠离子树脂交换器日益增多，由于其为全自动操作，减轻了水质化验人员的劳动强度，运行稳定可靠，占地面积小，提高了软化水设备的经济性，因而受到用户的好评。

全自动离子树脂软化器一般由控制器、控制阀（多路阀或多阀）、树脂罐、盐液箱组成。图 7-25 为全自动软水器装配布置图。

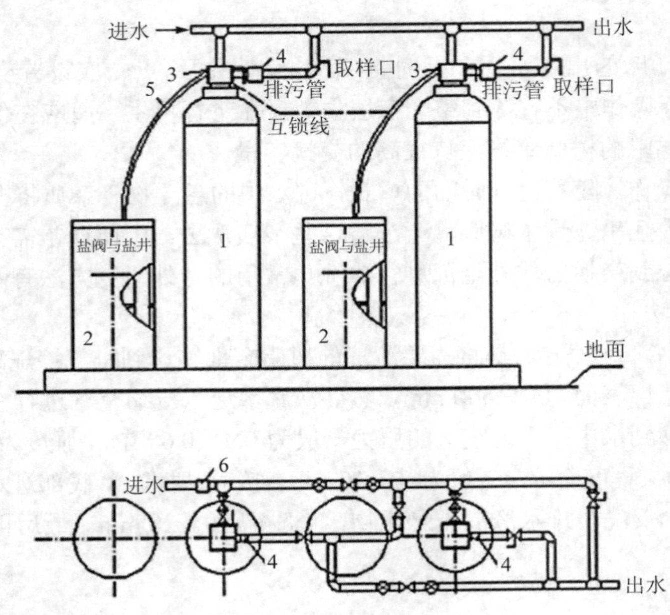

图 7-25 全自动软水器装配布置

1. 树脂罐；2. 盐液箱；3. 控制阀；4. 流量计；5. 吸盐管；6. 过滤器

①控制器。控制器是指挥软水器自动完成全部运行、再生过程的控制机构，分时间型和流量型两种。时间型控制器配时钟定时器，到达指定的时间时，自动启动再生过程；流量型控制器配流量监测系统完成控制过程，当软水器处理到指定的周期产水量时，启动再生并完成再生过程。

②控制阀。控制阀主要分多路阀和多阀系统。

● 多路阀

多路阀是在同一阀体内设计多个通路的阀门。根据控制器的指令自动开、断不同的通路，完成整个软化过程。以下简要介绍四种多路阀的特点。

机械旋转式多路阀：有平板旋转式和锥套旋转式两种，即利用两块对接平板或内外锥套旋转来沟通不同的通路，从而完成整个工艺过程。它结构简单，制造容易，但因为它的密封面同时又是旋转面，不可避免地要出现磨损、划沟、卡位现象。

柱塞式多路阀：由多通路阀体和一根柱塞组成。当电动机带动柱塞移动到不同的位置时，就沟通或切断不同通路，从而完成全部运行过程。这种结构与旋转多路阀有相似之处，即密封面有移动磨损，但因其结构上的区别，磨损、划沟、卡位现象已有了相当程度的改善。

板式多路阀：它的主要结构是一块包橡胶阀板，靠弹簧和水力的作用，直接开、断不同的通路。它对杂质的适应性很强，性能稳定可靠，故障率低。

水力驱动多路阀：利用原水压力驱动 2 组涡轮，分别带动 2 组齿轮，推动水表盘和控制盘的旋转。在计量流量的同时，分别驱动不同阀门，沟通不同的通路，自动完成软水器的循环过程。由于阀门靠水压动作，并且水软化后才接触控制阀的传动机构，确保水力多路阀几乎没有磨损；又由于该阀不用电源，杜绝了一切电气系统可能带来的故障，因此，这种多路阀具有很高的稳定性和耐用性。

● 多阀系统

由多个自动阀（液动、气动或电动）根据控制器的指令，完成各个通路的开、断，自动完成运行与再生的全过程。这类软水器由于不受管径的限制，控制条件比较灵活。但该系统对控制自动阀的质量性能要求较高，设备价格相应较高，一般适用于 40 t/h 以上的软化处理场合。

③树脂罐，即钠离子交换器。其材质主要有玻璃钢、碳钢（内表面防腐）和不锈钢三种。玻璃钢材质防腐性能好，质轻，价廉；碳钢必须严格做好内衬防腐处理；不锈钢外观好看，但价格较贵，不是理想的材质。

多路阀系统可以是 1 个控制阀配 1 个树脂罐和 1 个盐液箱系统，也可以用 1 个控制阀配 2 个树脂罐和 1 个盐液箱，一备一用，实现连续供水。或以用 2 个控制阀配 2 个树脂罐和 2 个盐液箱，实现连续大流量供水。应注意：入口水压不能满足要求（一般＞0.2MPa）时需加设管道泵加压。

④盐液箱。盐液箱内设有盐液阀控制盐液量。盐液是靠控制阀内设置的文丘里喷射器负压吸入，因而不必另设盐液泵，减少了占地面积。

全自动软水器要由专人管理，管理人员应会设置调节全自动软水器并对水质定期化验，及时发现问题并加以解决。自动软水器每运行 1～2 年，要将树脂彻底清洗一次，即用盐酸、氢氧化钠交替浸泡并用水洗至中性（体外清洗），以免因反洗不彻底导致树脂结块和偏流。

7.2.4 离子交换器常见故障及其处理方法

离子交换器在运行过程中，常见的故障及处理方法如表 7-6 所示。

表 7-6　离子交换器常见的故障及消除方法

故障情况	可能产生的原因	处理方法
交换剂工作交换能力降低，周期制水量减少	原水中 Fe^{3+}、Al 含量高，使交换剂“中毒”（这时树脂颜色变深，呈暗红色）	用酸清洗复苏交换剂
	反洗不够彻底，交换剂被悬浮物污染，有结块现象，产生偏流	彻底反洗或清洗交换剂层，尽量降低进水的悬浮物含量
	再生剂用量太少或浓度太低；食盐中（如加碘低钠盐）钠离子含量过低	适当增加再生剂用量或提高再生液浓度。使用含钠量高的工业盐
	交换剂层高度太低或交换剂逐渐减少	适当增加交换剂层高度
	再生流速太快或再生方法不对	严格按正确的再生方法操作
	原水水质突然恶化，或运行流速太快	掌握水质变化规律，适当降低运行流速
运行或再生反洗过程中有交换剂流失	排水装置如排水帽破裂	检修排水装置，更换排水帽
	反洗强度太大	反洗时注意观察树脂膨胀高度，当树脂膨胀接近顶部时，适当降低反洗强度

故障情况	可能产生的原因	处理方法
整个软化过程中，交换器出水总是有硬度	反洗阀门或盐水阀门泄漏，关不严	及时检修阀门
	交换剂层高度不够或运行流速太快	添加交换剂，调整运行流速
	交换剂“中毒”变质，已失去交换能力	处理或更换交换剂
	原水中硬度太高，或钠盐浓度太大	采用二级软化
	化验试剂中有硬度或指示剂失效	检查或更换试剂，正确进行化验操作
软化水氯离子含量增加	再生时错开出水阀或运行时误开盐阀	谨慎操作，防止差错
	盐水阀或正在再生的交换器出水阀渗漏	及时检修阀门
	再生后正洗不彻底；或水源水质变化	正洗至进、出水氯根含量基本一致，检测原水氯根含量是否增加
软化水或再生排废水，有时呈黄色，即交换剂产生溶胶现象	水温过高或 pH 值太高，超出交换剂稳定范围，使交换剂焦化	控制进水或再生液的温度和 pH 值在交换剂稳定范围
	交换剂失水后，遇水突然膨胀，造成破碎	避免交换剂失水，一旦失水后，须先用浓盐水浸泡，使其逐渐膨胀
	交换剂未以盐型停备用	交换剂停备用时应转化成“出厂型”

7.2.5 离子交换法在工业废水处理中的应用

1. 处理含铬废水

含铬废水是一种常见的废水，主要含有以 CrO_4^{2-} 和 $Cr_2O_7^{2-}$ 形态存在的六价铬以及少量的以 Cr^{3+} 形态存在的三价铬。离子交换法处理含铬废水，目前国内多采用复床式工艺流程，如图 7-26 所示。

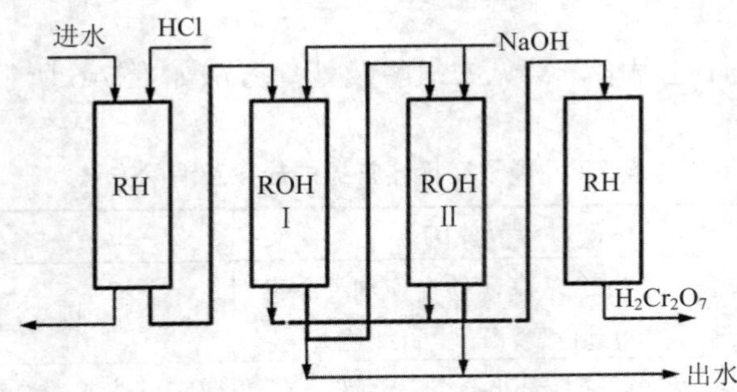

图 7-26 含铬废水离子交换处理流程

含铬废水经预处理后，先用阳离子交换树脂去除三价铬和其他阳离子，出水呈酸性。当 pH 值下降到 4 以下时，废水中六价铬大部分以 $Cr_2O_7^{2-}$ 形式存在。此时，阳柱出水开始时只进入阴柱 I，水中的六价铬用阴树脂去除。其交换反应，以强酸性阳离子交换树脂 RH 和强碱性阴离子交换树脂 ROH 为例。

三价铬的交换：

$$3RH+Cr^{3+} \rightleftharpoons R_3Cr+3H^+$$

六价铬的交换：

$$2ROH+Cr_2O_7^{2-} \rightleftharpoons R_2Cr_2O_7+2OH^-$$

$$2ROH+ CrO_4^{2-} \rightleftharpoons R_2CrO_4+2OH^-$$

当出水中六价铬达到规定浓度时，树脂中的 OH^-基本上为废水中的 $Cr_2O_7^{2-}$、CrO_4^{2-}、SO_4^{2-}、Cl^-所取代。树脂层中的阴离子按其选择性大小，从上到下分层，显然下层没有完全被 $Cr_2O_7^{2-}$ 饱和，为了提高重铬酸的浓度和纯度，将阴柱Ⅱ串联在阴柱Ⅰ后，并继续向阴柱Ⅰ内进水，则阴柱Ⅰ内 $Cr_2O_7^{2-}$ 和 R_2CrO_4 含量逐渐增加，SO_4^{2-}、Cl^-含量逐渐减少，最后当阴柱Ⅰ出水中六价铬浓度与进水中相同，其中的树脂几乎全部被 $Cr_2O_7^{2-}$ 所饱和时，才使阴柱Ⅰ停止工作，进行再生。这种流程称为双阴柱全酸全饱和流程。

经阳柱和阴柱处理后，原水中金属阳离子和六价铬转到树脂上，树脂上的 H^+和 OH^-被替换下来结合成水，所以可得纯度较高的水。

树脂失效后，阳树脂可用一定浓度的 HCl 溶液再生，阴树脂可用一定浓度的 NaOH 溶液再生。反应为：

$$R_3Cr+3HCl \rightleftharpoons 3RH+CrCl_3$$

$$R_2CrO_4+2NaOH \rightleftharpoons 2ROH+Na_2CrO_4$$

$$R_2Cr_2O_7+4\ NaOH \rightleftharpoons 2ROH+2Na_2CrO_4+H_2O$$

为了回收铬酸，阴树脂的洗脱液再经一级 H 型阳离子交换进行脱钠，即得到铬酸。

$$4RH+2Na_2CrO_4 \rightleftharpoons 4RNa+ H_2Cr_2O_7+ H_2O$$

当阴柱Ⅰ再生时，废水由阳柱直通阴柱Ⅱ，当 Cr^{6+}≥0.5 mg/L 时，再由阳柱向阴柱Ⅰ通水，并再生阴柱Ⅱ。

2．处理含锌废水

用离子交换法处理含锌废水也是比较成熟的方法。某厂的酸性废水主要含有 $ZnSO_4$、H_2SO_4 和 Na_2SO_4 等，用 Na 型阳树脂交换其中的 Zn^{2+}，用芒硝再生失效的树脂，即可得到 $ZnSO_4$ 的浓缩液。其交换及再生反应为：

交换反应：$2RNa+ ZnSO_4 \rightleftharpoons R_2Zn+ Na_2SO_4$

再生反应：$R_2Zn+ Na_2SO_4 \rightleftharpoons 2RNa+ ZnSO_4$

图 7-27 是某化纤厂采用的处理含锌酸性废水的流程。利用此系统处理含锌废水，回收的 $ZnSO_4$ 浓缩液可直接回用于酸浴，交换器出水含有较浓的 H_2SO_4 和 Na_2SO_4 可以作为软化设备的再生剂。

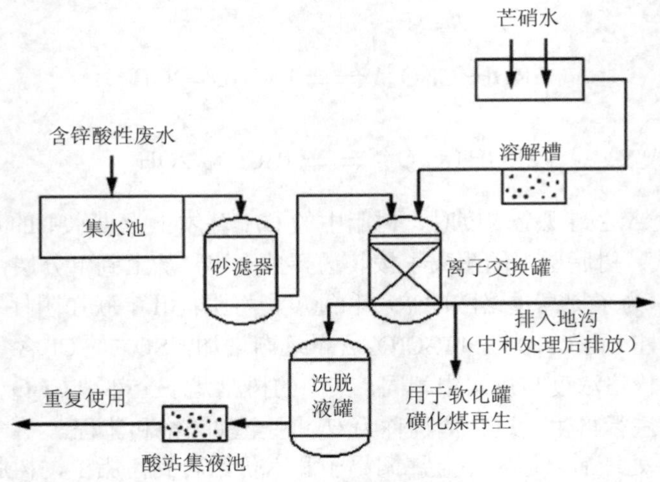

图 7-27 含锌废水离子交换处理流程

3．处理电镀含氰废水

氰化电镀废水中的氰化物有“游离氰”（即钠、钾的氰化物）和“配合氰”（即氰与铜、镉、铁、锌等金属离子的配合物）两种存在形态，其中大部分为“配合氰”。由于阴离子交换树脂对配阴离子的结合力很大，所以利用阴离子交换树脂交换即能消除氰化物及重金属离子的污染，还能将废水中的氰化物和重金属回收利用。如某厂的氰化镀镉废水经大孔型（包括巨孔型和均孔型）弱碱性阴树脂处理后，水质可达国家排放标准，树脂的再生洗脱液用化学法回收氧化镉，纯度达 98.5%以上；只是其工艺较复杂和再生剂用量较大等缺点，有待进一步研究改进。

4．处理有机废水

离子交换法也可用于处理有机废水。如洗涤烟草过程中产生含有烟碱 $C_{10}H_{14}N_2$ 的废水可以用阳树脂回收后做杀虫剂，树脂失效后用醇胺再生。

此外，离子交换法还可以用于净化放射性废水（尤其是浓度较低的放射性废水）等。离子交换法的优点是去除离子的效率高，设备比较简单，操作易于掌握等。存在的问题是目前受到树脂品种、产量、成本的限制，有时树脂的再生和再生洗脱液的处置也是一个难题。这些问题随着我国工业和科学技术的进一步发展将逐步得到解决，离子交换法将更加广泛地应用于工业废水处理中。

任务 3 膜分离

膜分离是利用特殊的薄膜对液体中某些成分进行选择性透过的统称。溶剂透过膜的过程称为渗透，溶质透过膜的过程称为渗析。在溶液中凡是一种或几种成分不能透过，而其他成分能透过的膜，叫作半透膜。膜分离法是将溶液用半透膜隔开，使溶液中某种溶质或者溶剂（水）渗透出来，从而达到分离溶质的目的。

常用的膜分离方法有电渗析、反渗透、超滤、微滤等。近年来，膜分离技术发展速度极快，在污水处理、化工、生化、医药、造纸等领域广泛应用。根据膜种类不同及推动力不同，膜分离法的区别如表 7-7 所示。

表 7-7 膜分离法的各种类型及区别

项目方法	推动力	透过物	截留物	膜类型	用途
电渗析	电位差	电解质离子	非电解质大分子物质	离子交换膜	分离离子，用于回收酸、碱，苦咸水淡化
反渗透	压力差 1～10MPa	水溶剂	溶质，盐，悬浮物，大分子离子	反渗透膜	分离水溶剂，用于海水淡化，去除无机离子或有机物
超滤	压力差 0.1～1.0MPa	水，溶剂，离子及小分子（分子量＜1 000）	生物制品，胶体，大分子	超滤膜	用于分离相对分子量大于 500 的大分子，去除细菌、蛋白质等
微滤	压力差约 100MPa	水，溶剂，溶解物	悬浮物，颗粒纤维	微孔膜	用于分离微粒、亚微粒、细微粒（组分直径 0.03～15 μm）
液膜	化学反应和浓度差	溶质（电解质离子）	溶剂（非电解质离子）	液膜	用于医药、生物、环境保护

膜分离法的共同优点是膜分离过程不发生相变；操作在常温下进行；膜分离技术不仅适用于有机物，还适用于无机物；装置简单，操作容易且易控制，便于维修且分离效率高。缺点是处理能力较小，消耗能量。

膜分离法分类：

①按分离机理分类：分为反应膜、离子变换膜、渗透膜等。

②按膜性质分类：分为天然膜（生物膜）、合成膜（有机膜、无机膜）。

③按膜结构分类：分为平板型、管型、螺旋型、空心纤维型。

7.3.1 电渗析

电渗析是在直流电场的作用下，利用阴、阳离子交换膜对溶液中阴、阳离子的选择透过性（即阳膜只允许阳离子通过、阴膜只允许阴离子通过），而使溶液中的溶质与水分离的一种物理化学过程。如图 7-28 所示，为最基本的电渗析器，它是由电解槽与一对阴、阳膜所组成，槽内装有氯化钠溶液。阴、阳膜将槽分成三个室，将阳极置于阴膜侧的一室，阴极置于阳膜侧的一室。当电极通过电流后，在阴阳膜之间溶液中的 Na^+透过阳膜向阴极迁移，Cl^-透过阴膜向阳极迁移，阳极室溶液中的 Na^+由于阴膜的阻碍而不能透过，阴极室溶液中的 Cl^-由于阳膜的阻碍，也不能透过阳膜，因此中间隔室中的离子逐渐被迁移出而成为淡化水，阴、阳极室的溶液则不断浓缩。同时由于水的电离，H^+向阴极移动，得电子变成 H_2；OH^-向阳极移动，失去电子变成 O_2；Cl^-向阳极移动，失去电子变成 Cl_2。由上述反应可知，在电渗析过程中，阴极不断排出氢气，阳极不断排出氧气和氯气，此时阴极室呈碱性，阳极室呈酸性。

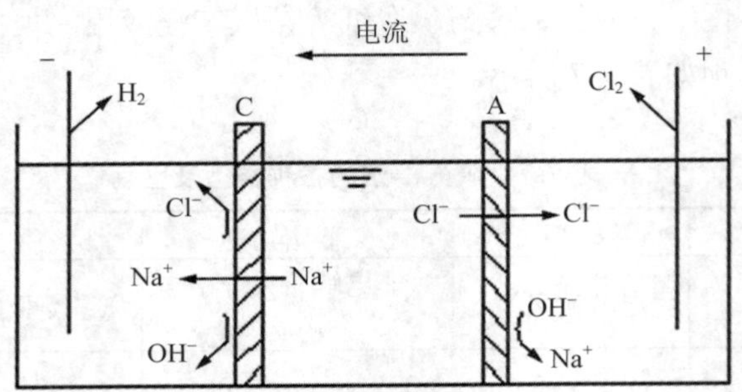

图 7-28　电渗析原理图

A. 阴膜；C. 阳膜

在工业生产中，就是根据上述原理组成多膜电渗析器，如图 7-29 所示。根据各隔室中溶液杂质变化情况，多膜电渗析分为淡水室、浓水室、极水室。原水不断通过这些水室，就可在淡水室制取含盐量很低的淡水。浓水室的出水排放掉两极水室的水引出后相互混合，使其酸碱中和。

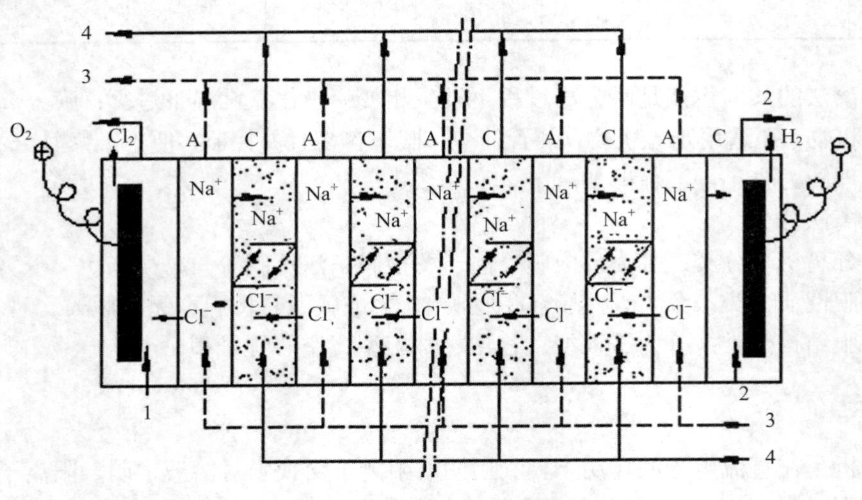

图 7-29　多膜电渗析器

1. 阳极进水；2. 阴极进出水；3. 淡化进出水；4. 浓缩进出水

电渗析所用的离子交换膜种类繁多，按膜体结构分类可以分为异相膜、半均相膜及均相膜等；按活性基团分类可分为阳离子交换膜（简称阳膜）、阴离子交换膜（以下简称阴膜）及两极膜、两性膜、表面涂层膜等具有特种性能的离子交换膜。除此之外尚有其他分类方法。

离子交换膜是电渗析器的关键部件，一个好的电渗析膜应该具有较好的离子选择透过性、较高的交换容量、较小的电阻、较好的化学稳定性及良好的机械强度。

电渗析法最早应用于海水淡化制取饮用水及工业用水。在污水处理中，根据污水组成和处理目的的不同，浓室和淡室可以进不同组成的溶液。例如，用电渗析法从酸洗废液中回收硫酸和铁时，在正极与负极之间放置阴膜，阴极室通入含硫酸及硫酸亚铁的酸洗废液，阳极室通入稀硫酸。通以直流电后，利用电极反应生成的氢离子与透过阴膜的硫酸根离子结合成纯净的硫酸；阴极板上则可以回收纯铁。如阴膜两侧都进酸洗废液则得不到纯净的硫酸。如图 7-30 所示。

电渗析法在废水处理实践中应用最普遍的还有：

①处理碱法造纸废液，从浓液中回收碱，从淡液中回收木质素；

②从芒硝废液中制取硫酸和氢氧化钠；

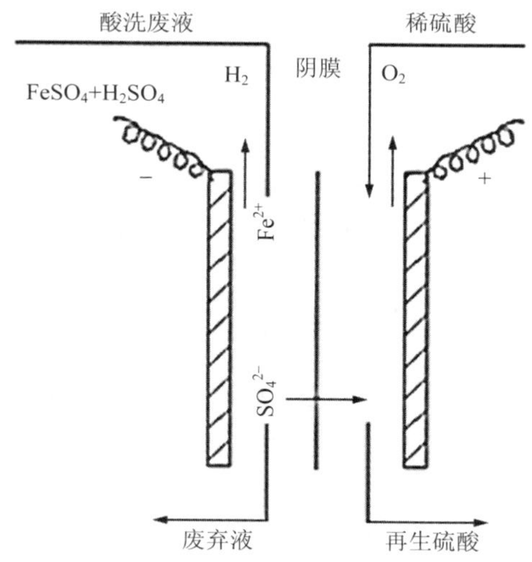

图 7-30　利用电极反应回收酸和铁的单膜装置

③从含金属离子的废水中分离和浓缩重金属离子，然后对浓缩液进一步处理或回收利用，如含 Cu^{2+}、Zn^{2+}、Ni^{2+}、Cr^{6+}等金属离子的废水都适宜用电渗析法处理；

④处理电镀废水和废液等；

⑤从放射性污水中分离放射性元素，然后将其浓缩液掩埋。

用电渗析法处理含镍废水，可将镍浓缩 100～300 倍，这样的浓水可直接回镀镍槽使用。处理流程如图 7-31 所示。废液进入电渗析设备前须经过过滤处理，以去除其中的悬浮杂质和部分有机物，然后进入电渗析器。经过电渗析处理后，浓水中镍的浓度增高，可以返回镀槽重复使用。采用该法可在 2 年内收回设备投资。

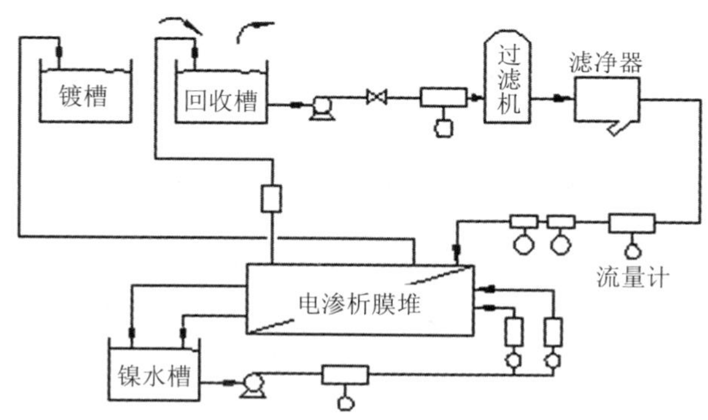

图 7-31　电渗析法处理含镍废水流程

7.3.2 反渗透

用一张半透膜将淡水和某种溶液隔开，如图 7-32 所示，该膜只让水分子通过，而不让溶质分子通过，淡水会自然地透过半透膜进入溶液中，这种现象叫作渗透。相应浓溶液的液面上升，淡水液面下降，直至两侧液面不再变化时达渗透平衡。此时两液面之间的高度差为这种溶液的渗透压。如果在溶剂一侧施加大于渗透的压力 P，则溶液中的水分子就会通过半透膜流向淡水，使盐水浓度增加，这种现象称为反渗透，其中的半透膜称为反渗透膜。

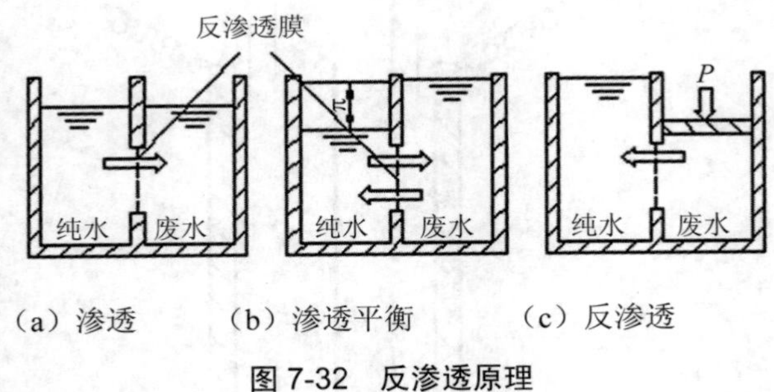

（a）渗透　（b）渗透平衡　（c）反渗透

图 7-32　反渗透原理

可见，反渗透过程的实现必须具备两个条件：其一必须有一种高选择性和高透水性的半透膜；其二操作压力必须大于溶液的渗透压。

渗透压是区别溶液与纯水性质的一种标志，它以压力来表示，与溶液的性质无关。其值可用下式表示：

$$\pi = \frac{n}{V}RT = cRT \tag{7-9}$$

式中，π ——溶液的渗透压，Pa；

R——理想气体常数，8.314 J/（mol•K）；

n——溶液中溶质的物质的量，mol；

V——溶质的体积，m^3；

c——溶液中溶质的物质的量浓度，mol/m^3；

T——绝对温度，K。

若为电解质溶液，当电解质完全离解时，上式需乘以校正系数 Φ=2。例如，温度 25 ℃，0.5 mol/L 的 NaCl 溶液的渗透压为：

$$\pi=\Phi cRT=2\times500\times8.314\times298=24.8\times10^5\ (\text{Pa})\ (\text{实验值为 } 22.8\times10^5\text{Pa})$$

目前应用最为广泛的是醋酸纤维素膜（简称 CA 膜），外观为乳白色，半透明，有一定的韧性，其厚度为 100～250 μm，表皮层的孔隙大小在（10～20）$\times10^{-10}$ m 之间。如果膜的孔径太大，则溶质会从膜孔中通过，使分离效率下降。如果膜的孔径太小，虽然可以增加溶质脱除率，但透水性则显著下降。

膜的透水量取决于膜的物理性质（如孔隙率、厚度等）及膜的化学组成，以及系统的操作条件，如水的温度、膜两侧的压力差、与膜接触的溶液浓度和流速等。实际操作过程中，膜的物理特性、水温、进出水浓度、流速等在特定的过程中是固定不变的，因此透水量仅为膜两侧压力差的函数。透水量可以用下式表示：

$$F_{水}=K_w(\Delta p-\Delta\pi) \tag{7-10}$$

式中，$F_{水}$——膜的平均透水量，g（cm^2•s）；

K_w——膜的透水系数，g/（cm^3•s•MPa）；

Δp——膜两边的压力差，即供水压力与淡水压力之差，MPa；

$\Delta\pi$——膜两边的渗透压力差，即供水渗透压力与淡水渗透压之差，MPa。

为使反渗透过程能够进行，必须满足$\Delta p>\Delta\pi$，但为了使透水量增加以及使溶质被浓缩时溶液的渗透压升高等，实际使用的工作压力一般比溶液初始渗透压力大3～10倍。如海水的渗透压力约为2.7 MPa，而工作压力为10.5 MPa。

单位面积的透盐量可以用下式表示：

$$F_{盐}=P_y\frac{c_f-c_p}{\delta}=\beta\cdot\Delta c \tag{7-11}$$

式中，$F_{盐}$——透盐量，g/（cm^2•s）；

P_y——溶质在膜内的扩散系数，cm^2/s；

δ——膜的有效厚度，cm；

c_f、c_p——供水、淡水的盐浓度，g/cm^3；

$\beta=\dfrac{P_y}{\delta}$——膜的透盐系数，表示特定膜的透盐能力，$cm^2$/s；

Δc——供水、淡水的盐浓度差，g/cm^3。

与透水量不同，正常的透盐量与工作压力无关。工作压力升高，可使透水量增加，但透盐量不变，结果得到了更多的净化水。

目前在水处理领域广泛应用的有醋酸纤维膜和聚酰胺膜两种，其他的膜尚在研制中。为了使反渗透装置正常运行，必须对原水进行预处理。预处理的方法有物理法（如沉淀、过滤、吸附、热处理等）、化学法（如氧化、还原、pH值调节等）和光化学法。选择哪种方法进行预处理，不仅取决于原水物理、化学和生物学特性，而且还要根据膜和装置的构造来作出判断。预处理包括去除悬浮固体、油、调节pH值、消毒、防止微溶性物质在膜的表面沉积。

反渗透的应用领域随反渗透材料的发展、高效膜组件的出现，除海水淡水化、苦咸水的脱盐之外，在锅炉给水、纯水制备、电镀污水、印染废水、造纸废水、照相洗印废水、酸性尾矿水、石油化工废水、医院污水、放射性废水、城市污水深度处理等场所得到广泛应用。

美国已把反渗透法作为处理低水平放射性废水的一种典型方法加以推荐。低水平放射性废水的一般处理工艺方法如图7-33所示。低水平裂变产物废液中的Sr^{90}、Cs^{137}、Ce^{144}和Pm^{147}等核素可以回收利用，浓缩后的废液埋入地下比较容易处置。

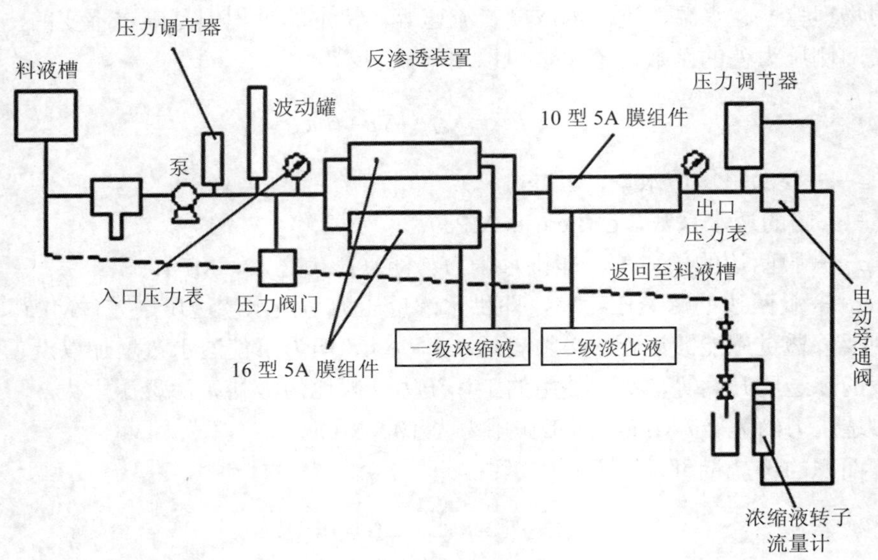

图 7-33 低水平放射性废水处理工艺

7.3.3 超滤

超滤与反渗透相类似，也是依靠压力和膜进行工作。超滤膜的制膜原料也是醋酸纤维素或聚酰胺等。但删去热处理工序，使制成的超滤膜的孔比较大，能够在小的压力下（0.1～0.5MPa）工作，而且有较大的通水量。超滤的机理除了有小孔的筛分作用，超滤不受渗透压力的阻碍（见图 7-34）之外，对于高分子溶质，还与溶质—水—膜之间的相互作用有关。膜对物质的拒斥性，取决于它们的分子大小、形状与性质。超滤一般用来分离分子量大于 500 的物质，如细菌、蛋白质、颜料、油类等。

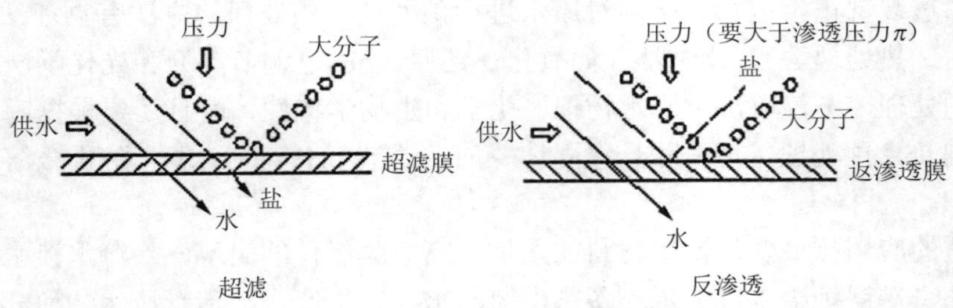

图 7-34 超滤与反渗透的区别示意

超滤设备与反渗透相似，是由多孔性支撑体和膜构成，装在坚固的壳内，有管式及板式两种。

为防止在膜面上产生沉积，应使沿膜表面平行流动的水的流速大于 3～4 m/s，使溶质不断地从膜界面送回到主流层中，以减少界面层的厚度，保持一定的通水速度和截留率。

某厂用超滤技术分离电泳涂漆废液的流程如图 7-35 所示。

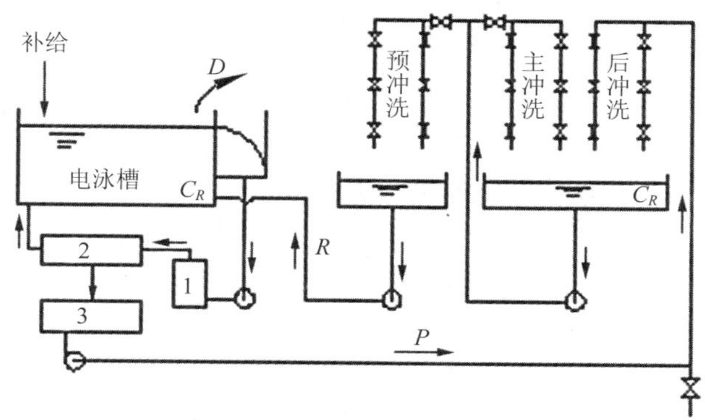

图 7-35　电泳涂漆废液用超滤水洗流程

1. 预滤；2. 超滤；3. 过滤水存储槽

从电泳槽抽出一定流量的电泳槽液，先通过 150 目的预滤器除去较粗粒子，然后送入超滤器。从超滤器出来的过滤水则送到冲洗区，用来冲洗工件表面的浮漆，同时稀释循环冲洗水，使循环冲洗水浓度 C_R 保持在 1%以下。其中一小部分回流到预冲洗槽，余下的冲洗水送回电泳槽以调整浓度，这样就消除了废水的产生。超滤器的进口压力为 0.3 MPa，出口压力为 0.14 MPa，膜面水流流速 4.5 m/s，透水率 25～35 L/（m^2•h），固体物的去除率达到 98%。

在超滤运行中应注意防止霉菌繁殖，它会使溶液发臭，并堵塞滤膜，使膜变质。因此在料液中宜定期投加适量的防霉剂。另外，超滤器中流速一般为 3～4 m/s，会引起摩擦发热，需要在电泳槽中采取降温措施。

7.3.4　微滤

微滤又称微孔过滤，所分离的组分直径为 0.03～15 μm，主要除去微粒、亚微粒和细粒物质。微孔过滤是以静压力为推动力，利用筛网状过滤介质膜的“筛分”作用进行分离的膜过程，又称精密过滤。微孔滤膜的截留机理大体可分为以下几种：机械截留作用；物理作用、吸附截留作用、架桥作用；网络型膜的网络内部截留作用。图 7-36 为微孔膜多种截留作用示意。

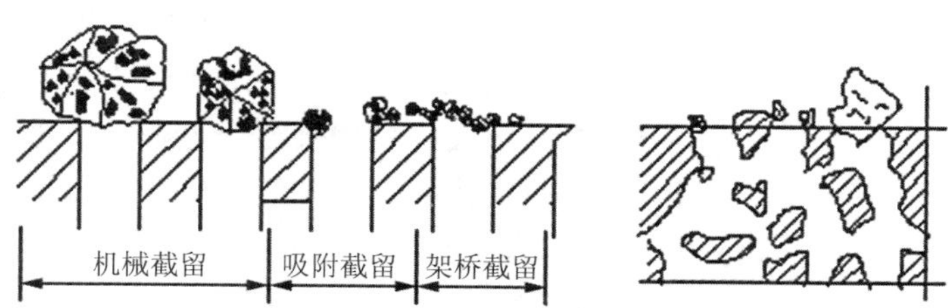

（a）在膜的表面层截留　　（b）在膜的内部网络中截留

图 7-36　微孔膜各种截留作用示意

微孔滤膜材质不同，品种较多，膜体孔径各异，主要包括硝酸纤维素滤膜、醋酸纤维素膜、混合纤维素膜、聚酰胺滤膜、聚氯乙烯疏水性滤膜、再生纤维滤膜、聚四氟乙烯强憎水性滤膜。常见的微孔滤膜又称滤芯，长 245 mm，外径 70 mm，内径 25 mm。其体积小，孔隙率大，过滤面积大，滤速快，强度高，滤孔分布均匀，使用时间长。过滤时介质不会脱落，没有杂质溶出，无毒，使用和更换方便。适用于过滤悬浮的微粒和微生物。

微孔过滤多用于半导体工业超纯水的终端处理；反渗透的首端预处理；在啤酒与其他酒类的酿造中，用以除去微生物与异味等。其过滤对象还有细菌、酵母、血球等微粒。

在城市污水的深度处理中，微孔过滤发挥了重要的作用。由于水源紧缺，许多国家都积极将城市污水处理后回用，即中水处理技术。日本中水处理工艺如图 7-37 所示。在城市污水处理工艺中，微孔过滤作为深度处理系数，使处理水达到中水标准回用。

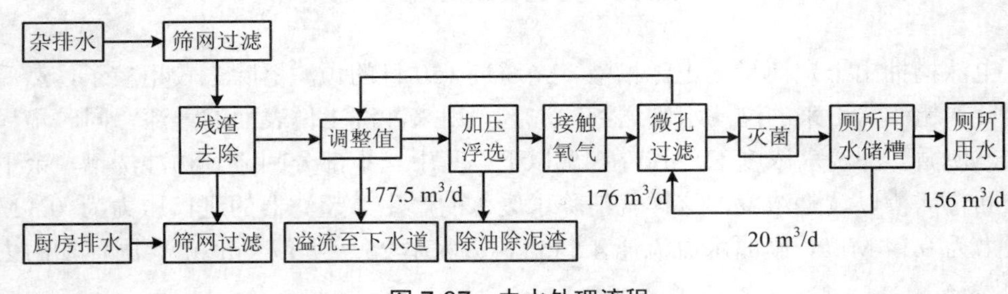

图 7-37 中水处理流程

任务 4 吹脱

水和污水中会含有溶解气体，例如用石灰石中和含硫酸污水时会产生大量 CO_2；水在软化除盐过程中，经过氢离子交换器后，产生大量 CO_2；某些工业废水中含有 H_2S、HCN、CS_2 及挥发性有机物等。这些物质可能会对系统产生侵蚀，或者本身有害，或者对后续处理有不利影响，因此必须除去。这些气体可以用吹脱法除去。

7.4.1 吹脱基本原理

吹脱法的基本原理是气液相平衡及传质速度理论。在气液两相体系中，溶质气体在气相中的分压与该气体在液相中的浓度成正比。传质速度正比于组分平衡分压与气相分压之差。气液相平衡关系及传质速度与物系、温度、两相接触状况有关。对给定的物系，可以通过提高水温，使用新鲜空气或者采用负压操作，增大气液接触面积和时间，减少传质阻力，均可起到降低水中溶质浓度，增大传质速度的作用。

吹脱过程是将空气通入水中，空气与溶解性气体可产生两种作用：

（1）化学作用：化学氧化只对还原剂起作用。例如：

$$2H_2S+O_2 \longrightarrow 2H_2O+2S$$

面对 CO_2，则不能起氧化作用。氧化反应程度与溶解气体的性质、浓度、温度、pH 值等因素有关，要由实验决定。

（2）吹脱作用：使水中溶解状挥发性物质由液相转为气相，扩散到大气中去，属于传质过程。其推动力为废水中挥发性物质的浓度与大气中该物质的浓度差。水经过自然放置也有上述作用，但天然吹脱费时长，占地大，工程上一般用人工吹脱。进行人工吹脱的构筑物有吹脱池、吹脱塔（内装填料或筛板）等。

7.4.2　吹脱常用设备

在工程上一般采用的吹脱设备有吹脱池和吹脱塔等。

1. 吹脱池

吹脱池为一矩形水池，如图 7-38 所示，水深 1.5 m，曝气强度 25～30 m^3/（m^3•h），吹脱时间 30～40 min，压缩空气量 5 m^3/m^3 水，空气用塑料穿孔管由池底送入，孔径 10 mm，孔间距 5 cm。吹脱后，游离 CO_2 由 700 mg/L 降至 120～140 mg/L，出水 pH 值为 6～6.5。存在的问题是布气孔易被 $CaSO_4$ 堵塞，造成曝气不均匀。当废水中含有大量表面活性物质时，易产生泡沫，影响操作和环境卫生。可以采用高压水喷射或加消泡剂进行除泡。

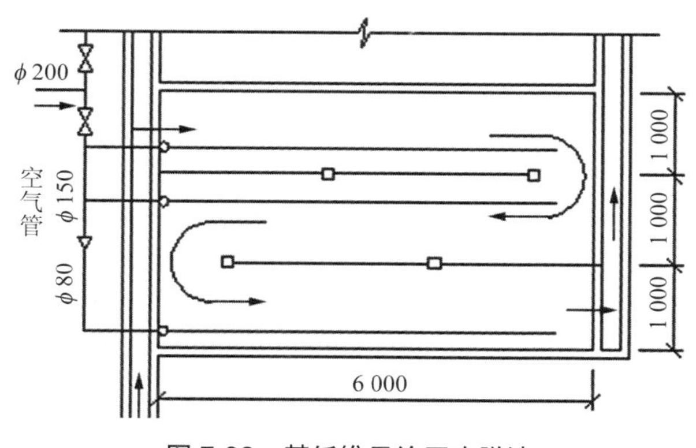

图 7-38　某纤维尼纶厂吹脱池

2. 吹脱塔

采用塔式装置吹脱效率较高，有利于回收有用气体，防止二次污染。在塔内设置栅板或瓷环填料或筛板，以促进气液两相的混合，增加传质面积。

填料塔的主要特征是在塔内装置一定高度的填料层，污水由塔顶往下喷淋，空气由鼓风机从塔底送入，在塔内逆流接触，进行吹脱与氧化。污水吹脱后从塔底经水封管排出。自塔顶排出的气体可进行回收或进一步处理。工艺流程如图 7-39 所示。

填料塔的缺点是塔体大，传质效率不如筛板塔高。当污水中悬浮物浓度高时，易发生堵塞现象。

板式塔的主要特征是在塔内装有一定数量的塔板，污水水平流过塔板，经降液管流入下一层塔板。空气以鼓泡或喷射的形式穿过板上水层，相互接触传质。塔内气相和水相组成沿塔高呈阶梯变化。

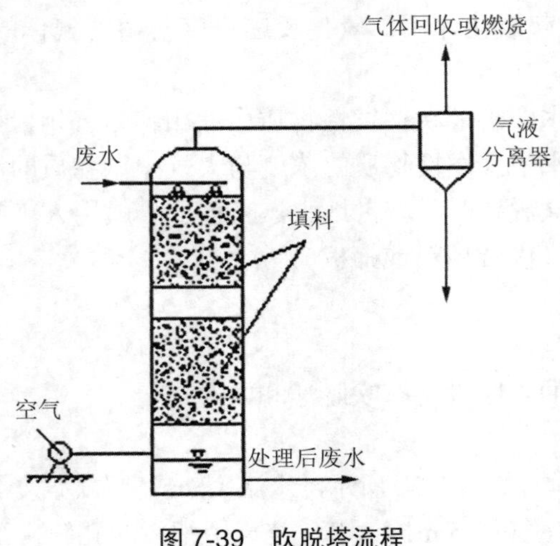

图 7-39 吹脱塔流程

7.4.3 吹脱物回收方法

从废水中吹脱出来的挥发性物质，可用下述方法回收。

（1）碱性溶液回收方法。

用碱性溶液吸收含挥发性物质的气体。例如，用 NaOH 溶液吸收 HCN，产生 NaCN；吸收 H_2S 产生 Na_2S，然后再将饱和溶液蒸发结晶。或者用废碱渣作 H_2S 的吸收剂，生成 Na_2S，达到以废治废，变废为宝。用此法回收气体时，要注意气体中杂质或水分的含量，以免影响回收产品的纯度或浓度。例如，当吹脱塔出来的气体中含有大量的 CO_2 时，则在碱液回收过程中会产生碳酸钠，影响纯度。气体中水分夹带较多时，回收的产品需要较长的蒸发、结晶过程，增加了回收的困难及成本。

（2）活性炭回收方法。

用活性炭吸附含挥发性物质的气体，饱和后用溶剂解吸。例如，活性炭吸附 H_2S 饱和后用亚氨基硫化物的溶液浸洗 1 h，进行解吸，反复浸洗几次后，往活性炭中通进水蒸气清洗，饱和的溶剂经过蒸发后可回收硫。根据运行资料的经济核算说明，当废水中 H_2S 含量大于 500 mg/L 时，用此法从 H_2S 中回收硫，可达收支平衡。

7.4.4 影响吹脱的因素

在吹脱过程中，影响吹脱的因素很多，主要有：

（1）温度。

增加水的温度，水的蒸发就加快。在挥发性物质由液相转为气相的过程中，提高温度对吹脱是有利的。例如，剧毒物质氰化钠在水中水解成氰化氢：

$$CN^{-}+H_2O = HCN+OH^{-}$$

当水解温度在 40℃以上时，水解速度迅速增加。HCN 的吹脱效率也就相应提高。

（2）气液比。

空气量过小，气相与液相接触不够；空气量过大，将造成液泛，即废水被气流带走，破坏了操作。最好使气液比接近液泛极限（超过此极限的气流量将产生液泛），这时气相与液相在充分湍流条件下，传质效率最高，工程上常按液泛极限的气液比的80%设计。

（3）pH值。

在不同的pH值条件下，挥发性物质的存在状态是不同的。例如，游离H_2S在硫化物中的含量与pH值的关系见表7-8，只有游离H_2S才能被吹脱，电离后则难以吹脱。因此，吹脱时，必须在偏酸条件下进行。如某化工厂电石炉气体的洗涤废水含氰化物 20～30 mg/L，pH值为10～13。用吹脱法将化合氰吹出，用石灰窑废气（含CO_2 35%～40%）吹进废水中，在降低废水pH值的同时，又使化合氰酸化成氰化氢并同时又起了吹脱作用。

表7-8　H_2S与HCN含量与pH的关系

pH	5	6	7	8	9	10
游离H_2S/（%）	100	95	64	15	2	0
游离HCN/（%）	—	99.7	99.3	93.3	58.1	12.2

（4）油类物质。

废水中油类物质会阻碍挥发性物质向大气中扩散，而且会阻塞填料，影响吹脱，应在预处理中除去。

7.4.5　吹脱塔设计

（1）填料的特性数据。

吹脱塔内填料有瓷环或栅板。其数据特征如表7-9所示。

表7-9　填料特性

填料种类	每个填料单元的尺寸/mm^3	比表面积/（m^2/m^3）	装填量单元/m^3
瓷环（不规则排列）	15×15×2	330	205 000
	25×25×3	200	48 700
	35×35×4	140	18 000
	50×50×5	90	5 830
木制栅板	10×100，板间距10	100	
	10×100，板间距20	65	
	10×100，板间距30	48	

（2）吹脱塔内所需填料表面积F为：

$$F=\frac{G}{K\cdot\Delta C} \tag{7-12}$$

式中，F——填料表面积，m^2；

G——由水中吹脱的溶解性气体的数量，kg/h；

$$G=Q（C_0-C） \tag{7-13}$$

Q——进水量，m^3/h；

C_0，C——进、出水中的溶解性气体的浓度，kg/m^3；

ΔC——吹脱过程中的平均推动力，kg/m^3，可近似地写成：

$$\Delta C = \frac{C_0 - C}{2.3\lg\dfrac{C_0}{C}} \tag{7-14}$$

K——吹脱系数，m/h。

（3）吹脱系数。

吹脱系数 K 与气体性质、温度等有关。吹脱水中 CO_2 气体时，其吹脱系数 K_{CO_2} 由表 7-10 查得。

表 7-10 吹脱系数 K_{CO_2}

温度/℃	5	10	15	20	25	30	35	40	45	50
K_{CO_2}/（m/h）	0.26	0.31	0.36	0.41	0.46	0.51	0.56	0.6.3	0.69	0.76

吹脱水中 H_2S 气体时，其吹脱系数为：

$$K_{H_2S} = \frac{760}{m(50.7 + \dfrac{110}{f^{0.234}})} \tag{7-15}$$

式中，m——常压下 H_2S 在水中的溶解度，见表 7-11；

f——塔截面积，m^2。

表 7-11 H_2S 在水中的溶解度

温度/℃	0	10	20	30	40	50	60	80	100
溶解度/（m^3/m^3）	7.1	5.1	3.9	3	2.4	1.9	1.5	0.8	0

（4）塔内喷淋密度（喷淋速度）。

吹脱塔水喷淋密度为 40～60 m^3/（m^2•h）。

（5）鼓风机风量、风压值。

鼓风机风量为 30～40 m^3/m^3 水。

鼓风机风压 h 为：

$$h \geqslant 1.2\times(AH + \Delta h) \tag{7-16}$$

式中，A——填料阻力，对瓷环填料，每米高度约 294 Pa；

H——填料高度，m；

Δh——塔内局部阻力总和，一般按 294～392 Pa 计算。

7.4.6 吹脱应用实例

1. 脱除硫化氢

某炼油厂从冷凝器排出的污水中，含有大量石油及腐蚀性强的硫化氢，为了脱除污水中的硫化氢，使污水除油、加热后，先酸化至 pH<5，以 100%游离的 H_2S 存在，再用吹脱塔使其脱除。加热污水可强化吹脱效率。从吹脱塔排出的解吸气体，送该厂硫酸车间回收硫化氢，处理后循环使用。

2. 脱除氰化氢

在选矿污水中，氰化氢主要以氰化钠形式存在，它是一种强碱弱酸盐，在水溶液中易水解为氰化氢，加酸可促进水解反应的进行。生成的氰化氢用吹脱法脱除后，再用 NaOH 碱液吸收，可回收氰化钠，重新用于生产。如采用真空闭路循环系统，可使输送氰化氢气体的管路处于负压下，可防止漏气中毒，还可避免新鲜空气中所含 CO_2 对碱液的消耗。

思考与练习

1. 为什么说活性炭在水中的吸附过程往往是物理吸附、化学吸附、离子交换吸附等的综合作用过程？和哪些因素有联系？在什么情况下哪种吸附类型起主要作用？
2. 什么叫吸附等温线？它的物理意义及实用意义为何？
3. 分析活性炭吸附法用于水处理的优点和适用条件及目前存在的问题。
4. 什么叫作静态吸附和动态吸附？有何不同之处？
5. 吸附柱有几种运行方式？通常采用哪种方式？为什么？
6. 比较固定床和流动床的优缺点。
7. 活性炭再生方法有哪几种？选用时应考虑哪些因素？
8. 某企业工业废水拟采用活性炭吸附有机物（以 COD 计），原水 COD 为 120 mg/L。在 2 L 废水中投加 2 g 活性炭，经充分吸附后达到吸附平衡，平衡浓度为 24 mg/L。计算此条件下活性炭的平衡吸附量。
9. 某化工厂每小时排出含 COD 30 mg/L 的污水 50 m^3，拟采用活性炭吸附处理，将 COD 降至 3 mg/L 作为循环水使用。由吸附实验，得吸附等温式为 $q=0.058c^{0.5}$，计算需加多少活性炭？
10. 某工业废水用两种活性炭 A、B 吸附有机物（以 TOC 表示）的平衡数据列于表 7-12，求两种活性炭的吸附等温式，并选择活性炭的种类。

表 7-12　1L 烧杯中加入活性炭的吸附平衡数据（水温 15℃）

原水中 TOC/（mg/L）	活性炭 A 的平衡浓度/（mg/L）	活性炭 B 的平衡浓度/（mg/L）	原水中 TOC/（mg/L）	活性炭 A 的平衡浓度/（mg/L）	活性炭 B 的平衡浓度/（mg/L）
10	0.52	0.5	80	11.1	5.9
20	1.2	1.05	160	30.1	22.2
30	2.9	2.3	320	80.1	60.2

11. 弱酸性阳离子交换树脂的交换容量为什么比强酸性阳离子交换树脂高？
12. 离子交换树脂有哪些性能？它们各有什么实用意义？
13. 什么叫树脂的再生？树脂的再生方法有几种？

14．影响离子交换树脂交换能力的因素有哪些？

15．失效的离子交换树脂怎样再生？影响再生效果的因素有哪些？

16．离子交换除盐和离子交换软化的系统有什么区别？在生产实际中如何选择离子交换除盐系统？

17．什么是水的软化？简述石灰软化法的原理及使用条件。

18．电镀车间的含铬废水，可以用氧化还原法、化学沉淀法和离子交换法等加以处理，那么，在什么条件下，用离子交换法处理是比较合适的？

19．电渗析膜与离子交换树脂在离子交换过程中的作用有何异同？

20．什么是电渗析器的极化现象？它对电渗析器的正常运行有何影响？如何防止？

21．从水中去除某些离子（如脱盐），可以用离子交换法和膜分离法。当含盐量较高时，你认为应该用离子交换法还是膜分离法？为什么？

22．采用超滤装置回收洗毛废水中的羊毛脂，已知废水水量为 600 m^3/d，超滤装置的设计膜通量为 40 L/ m^2 · h，浓缩倍数为 5，该超滤装置每天过滤运行时间为 17 h。计算需要多少面积的超滤膜。

23．什么情况下需要回收吹脱出来的挥发性物质？回收方法有哪些？一般会遇到什么困难？要注意什么问题？

24．污水中哪些物质适宜用吹脱法去除？对某些盐类物质，如 NaHS、KCN 等，能否用吹脱法去除？需采取什么措施？

25．影响吹脱的因素有哪些？如何控制不利用因素来提高吹脱效率？

项目八
污水处理厂设计与运行管理

知识点：项目建议书、可行性研究、扩初设计、施工图设计、工艺流程选择、天然给水处理、城市生活污水处理、工业废水处理、构筑物、平面布置、高程、自动控制、控制指标、进水提升控制、格栅控制、污泥回流量控制、曝气池溶解氧控制、集散控制系统、流量控制、液位控制

能力点：选择废水处理工艺流程、确定建（构）筑物面积、布置建（构）筑物、确定构筑物水头损失、选择厂址、设计构筑物进（出）水设施、设计放空管、选择构筑物运行方式

任务1　设计程序分析

在进行污水处理厂的工程设计时，应遵循一定的设计程序，由浅入深逐步进行。污水处理厂的设计一般可分为三个阶段：①设计前期工作；②扩初设计；③施工图设计。对于大中型污水处理厂，在扩初设计之前，需先进行环境影响评价和工程可行性研究，由主管部门审批后再开始设计。如工程规模大，技术复杂，应在扩初设计之后增加技术设计。

8.1.1　设计前期工作

设计前期工作非常重要，它要求设计人员必须明确任务，收集设计所需的所有原始资料、数据，并通过对这些数据、资料的分析、归纳，得出切合实际的结论。其工作内容主要包括预可行性研究和可行性研究两项。

预可行性研究是投资在3 000万元以上的项目应进行的项目建设研究，要提交项目建设可行性研究报告，经过专家评审后，作为建设单位要向上级单位送审《项目建议书》的技术附件。经审批同意后，才能进行下一步的可行性研究。

可行性研究是对本建设项目进行全面的技术经济论证，为项目建设提供科学依据，保证建设项目在技术上先进、可行，在经济上合理、有利，并具有良好的社会和环境效益。可行性研究报告是国家控制投资决策、批准设计任务书的重要依据，它主要包括以下内容：

①编制依据和范围；

②项目概况，包括废水的水量、水质、生产工艺、构筑物种类、处理要求；

③工程方案，包括处理工艺选择与多方案比较，污泥处理工艺选择，选址与用地，人员编制等；

④投资、资金来源及工程经济效益分析；

⑤工程量估算及工程进度安排；

⑥存在的问题及建议；

⑦附图及附件。

8.1.2 扩初设计

扩初设计是在可行性研究报告或初步设计得到审批后，进行的具体工程方案设计过程。包括以下几个部分。

1．设计说明书

编制扩初设计说明书是设计工作的重要环节，其内容视设计对象而定。一般包括如下内容。

①设计委托书批准的文件；与本项目有关的协议与批件。

②该地区（企业）的总体规划、分期建设规划、地形、地貌、地址、水文、气象、道路等自然条件资料。

③废水资料，水量、水质资料，包括平均值、现状值、预测值。

④说明选定方案的工艺流程、处理效果、投资费用、占地面积、动力及原材料消耗、操作管理等情况，论证方案的合理性、先进性、优越性和安全性。

⑤对系统作物料衡算、热量衡算、动力及原材料消耗计算，主要设备及构筑物工艺尺寸计算，主要工艺管渠的水力计算，高层布置计算等，阐述主要设备及构筑物的设计技术数据、技术要求和设计说明。

⑥污水处理厂位置的选择及工艺布置的说明，主要包括规划、工艺、布置、施工、操作、安全等方面。

⑦设计中采用的新技术及技术措施说明。

⑧说明对建筑、电气、照明、自动化仪表、安全施工等方面的要求和配合。

⑨提出运转和使用方面的注意事项、操作要求及规程。

⑩劳动定员及辅助建筑物。

2．工程量

经计算列出工程所需要的混凝土量、挖土方量、回填土方量等。

3．材料与设备量

列出工程所需要的设备及钢材、水泥、木材的规格和数量。

4．工程概算书

根据当地建材、设备供应情况及价格，工程概算编制定额及有关租地、征地、拆迁补偿、青苗补偿等的规定和办法，编制本项目的工程概算书。

5．扩初图纸

扩初图纸主要包括污水处理厂总平面布置图、工艺流程图、高层布置图、管道沟渠布置图、主要设备及构筑物平、立、剖面图等。

设计说明书是工程技术人员对工程设计任务和要求进行必要的说明，其作用首先是上级有关部门（环保部门、主管部门）对该工程在技术经济上的审查依据，其次是工程技术人员在下一步工程技术设计中的一份有效依据，也是给施工、安装单位在施工中的一份指导书。

8.1.3　施工图设计

施工图设计是在扩初设计被批准后，以扩初图纸和说明书为依据，绘制建筑施工图和设备加工的正式详图，包括如下内容：

1．施工图设计说明

①工程概况及工程范围。说明设计规模、采用的工艺、设计范围。

②设计依据。包括初步设计批准的机关、文号、日期及主要审批内容；采用的标准和规范；详细勘测资料；其他施工图设计资料依据等。

③设计内容。包括工艺设计、结构设计、建筑设计、电气设计、自控仪表设计、园林工程设计等。

2．主要材料及设备表

每个单体建（构）筑物均应按不同的专业单独列出设备、材料表，注明该单体建（构）筑物所涉及的全部设备的名称、详细的规格、型号、数量、主要的技术参数，所有材料的名称、规格、材质、数量等。

3．施工图设计图纸

①总图。包括污水处理厂总平面图、坐标定位图、工艺流程图、竖向布置图、管线综合图、管线设计图、绿化布置图等。

②单体建（构）筑物设计图。包括工艺图、建筑图、结构图等。

③室内外给排水安装图。

④电气设计图。

⑤仪表及自动控制设计图。

⑥机械设计图。

任务2　流程选择

水在生活与工业生产过程中的用途大致可分成下列七个类型：饮用水；食品、饮料及其他工业产品的原料；洗涤用水；生产蒸汽；传热介质；消防；原料或废物的输送介质。每类用途随着用水对象的不同，对水质的要求也截然不同，处理水的流程工艺也就不同。

按现代水处理发展的特点，水处理的任务就是将水质不合格的原料水（天然水源中的水或用过的水）加工成符合需要的水质标准的产品水的过程。当产品水是用于饮用或工业的生产过程时，这样的水处理过程就属于给水处理；当产品水只是为了符合排入水体或其他处置方法的水质要求时，这样的水处理过程就属于污水（废水）处理。

8.2.1　工艺流程选择影响因素

处理工艺流程选择，一般需考虑以下因素。

1．水处理程度

水处理程度是水处理工艺流程选择的主要依据，而水处理程度又主要取决于原料水的水质特征、处理后水的去向和流入水体的自净能力。

（1）水质特征。表现为水中所含污染物的种类、形态及浓度，它直接影响水处理程度及工艺流程。

（2）处理后水的去向。决定于水处理工程的处理深度，若处理的产品水是为了农田灌溉，则应使原料水经二级生化处理后才能排放；如原料水经处理后必须回用于工业生产，则处理深度和要求以及流程选择要根据回用的目的不同而异。

（3）水体自净能力。应作为确定水处理工艺流程的根据之一，这样既能较充分地利用水体自净能力，使污水处理工程承受的处理负荷相对减轻，又能防止水体遭受新的污染，破坏水体正常的使用价值。

2．建设及运行费用

考虑建设与运行费用时，应以处理水达到水质标准为前提条件。在此前提下，工程建设及运行费用低的工艺流程应得到重视。此外，减少占地面积也是降低建设费用的重要措施。

3．工程施工难易程度

工程施工的难易程度也是选择工艺流程的影响因素之一，如地下水位高、地质条件差的地方，就不适宜选用深度大、施工难度高的处理构筑物。

4．当地的自然和社会条件

当地的地形、气候等自然条件也对废水处理流程的选择具有一定影响。如当地气候寒冷，则应采用，在低温季节也能够正常运行，并保证取得达标水质的工艺。当地的社会条件，如原材料、水资源与电力等也是处理工艺流程选择应当考虑的因素。

5．水量波动

除水质外，污水的水量也是影响因素之一。对于水量、水质变化大的污水，应选用耐冲击负荷能力强的工艺，或考虑设立调节池等缓冲设施以尽量减少不利影响。

6．二次污染问题

应考虑处理过程是否会造成二次污染。例如，化肥厂产生的废气、废水在采用沉淀、冷却处理后循环利用，在冷却塔尾气中会含有氰化物，对大气造成污染。农药厂乐果废水处理中，以碱化法降解乐果，如采用石灰作碱化剂，产生的污泥会造成二次污染等。

8.2.2 天然水给水处理

天然水给水处理应主要考虑以下几个问题。

1．原水水质

（1）如取用地下水，由于水质较好，常不需任何处理，仅经消毒即可。如含铁、锰、氟量超过生活饮用水标准，则应采取除铁、除锰、除氟的措施。

（2）如取用地面水，一般经过混凝—沉淀—过滤—消毒工艺，水质即可达到生活饮用水标准。如原水浊度较低（如 150 mg/L 以下），可考虑省去沉淀构筑物，原水加药后直接经双层滤料过滤即可。

（3）如用湖水，水中含藻类较多，可考虑采用气浮代替沉淀，或采用微滤机作预处理，以延长滤池的工作周期。

（4）如取用高浊度水，为了达到预期的混凝沉淀效果，减少混凝剂用量，应增设预沉池，使水质达到用水标准需要。

2．给水对象

各种给水对象（生活饮用水、生活杂用水、工业生产过程用水）对水质的要求往往不同，因此，不必将全部水都处理到生活饮用水的标准，只需达到用水水质要求即可，这样可以大大节省处理费用。

3．药剂的选择

混凝剂的选择应结合原水水质及用水对象的特点来考虑，一般通过混凝沉降实验即可确定适宜的混凝剂种类及投量。如水温过低，往往还需投加助凝剂以帮助混凝，提高混凝沉淀效果。

如给水对象是对含铁量敏感的工作（例如造纸、纺织、印染等），则不宜采用铁盐作混凝剂。如水中含单宁或腐殖质，当水的 pH＞6 时，铁离子能与之生成复杂的暗黑色的化合物，使水的色度增加，可用铝系混凝剂替代。

8.2.3　城市生活污水处理

城市生活污水特征较有规律，处理要求也较同一，主要是降低污水的生化需氧量和悬浮物质。一般的城市生活污水可采用传统活性污泥法为主的二级生化处理。工艺流程如图 8-1 所示。

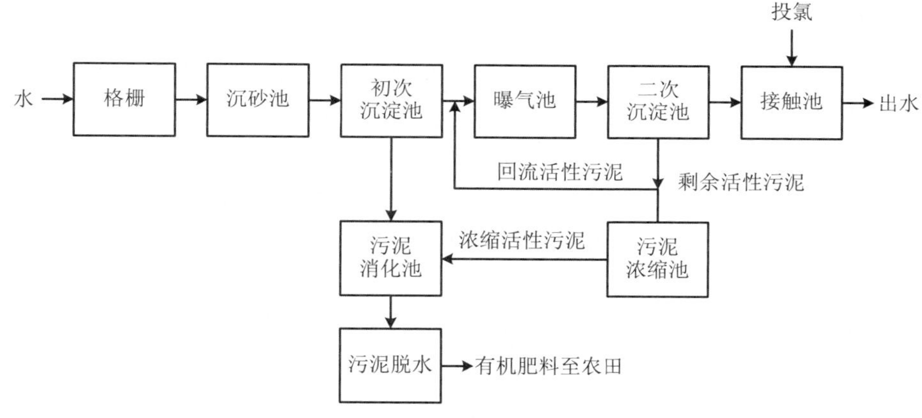

图 8-1　二级污水处理厂典型流程

8.2.4　工业废水处理

工业废水水质千差万别，种类繁多，不同行业产生的废水水质不同，甚至同一行业中往往也会排出多种类型的废水。因此，工业废水处理不可能提出单一的处理流程，只能针对具体的水质进行具体分析，最好通过实验或经验确定工艺流程。

在具体确定工业废水处理流程前，首先要调查下列问题：

①污染物的种类及来源；

②循环给水及降低废水量的可能性；

③回收利用废水中有毒物质的方式方法；

④废水排入城市下水道的可能性。

8.2.5 工业废水与城市污水共同处理

应充分认识到工业废水与城市污水共同处理能节省建设费用和运行费用的好处，同时工业废水的水量、水质的波动得到城市污水缓冲，有害物质的影响也由于城市污水的稀释得到减弱，因此，只要管理得当，共同处理大多都能得到较好的处理效果。

但也要注意到共同处理可能引起的问题，并采取适当的措施予以解决，才能更好地解决工业与城市污水的污染问题。正确的方针应当是：首先由各工厂分别预处理各自的特殊污染物水质，再排入下水道，然后送往城市污水处理厂与城市污水共同处理。排入城镇下水道前，应处理达到《污水排入城镇下水道水质标准》（CJ 343—2010），使废水水质能够达到城市污水处理厂的接纳要求，既不致损坏下水道，也不会影响微生物活动。

上述几点并不能包括选择处理工艺流程时应考虑的全面问题，设计者应当在调查研究、科学试验的基础上进行详细的技术经济比较，才能确定最佳的处理工艺流程。

任务 3　污水处理厂构筑物设计原则分析

8.3.1 平面布置

污水处理厂的建（构）筑物组成包括生产性处理构筑物、辅助建筑物和连接各构筑物的渠道。在对其进行平面规划布置时，应考虑的原则有以下几条。

①布置应尽量紧凑，以减少污水处理厂的占地面积和连接管线的长度。

②生产性处理构筑物作为处理厂的主体构筑物，在作平面布置时，必须考虑各构筑物的功能要求和水力要求，结合地形和地质条件，合理布局，以减少投资并降低运行费用，方便管理。

③对于辅助建筑物，应根据安全、方便等原则布置。如泵房、鼓风机房应尽量靠近处理构筑物，变电所应尽量靠近最大用电户，以节省动力与管道。办公室、分析化验室等均应与处理构筑物保持一定距离，并处于构筑物的上风向，以保证良好的工作条件。储气罐、储油罐等易燃易爆建筑的布置应符合防爆、防火规程。污水处理厂内的道路应方便运输等。

④污水管渠的布置应尽量短，避免曲折和交叉。此外，还必须设置事故排水渠和超越管，以便发生事故或进行检修时，污水能越过该处理构筑物。

⑤厂区内给水管、空气管、蒸汽管以及输电线路的布置，应避免相互干扰，既要便于施工和维护管理，又要占地紧凑，当很难敷设在地上时，也可敷设在地下或架空敷设。

⑥要考虑扩建的可能，留有适当的扩建余地，并考虑施工方便。

生产性构筑物，包括泵房、风机房、加药间、消毒间、变电所等；辅助性建筑物，包括化验室、修理间、库房、办公室、车库、浴室、食堂、厕所等，其面积可参考表8-1。

表 8-1　辅助性建筑物使用面积　　单位：m^2

序号	建（构）筑物名称	污水处理水厂规模（$10^4 m^3/d$）		
		0.5～2	2～4	5～10
1	化验室（理化，细菌）	45～55	55～65	65～80
2	修理部门（机修、电修、仪表）	65～100	100～135	135～170
3	库房（不含药剂库）	60～100	100～150	150～200
4	值班宿舍	按值班人员确定		
5	车库	按车辆型号、数量确定		

总之，在工艺设计计算时，除应满足工艺设计上的要求，必须符合施工、运行上的要求，对于大中型污水处理厂，还应作出多种方案比较，以便找出最佳方案。

8.3.2 高程布置

高程布置的目的是为了合理处理各构筑物在高程上的关系。具体地说，就是通过水头损失的计算，确定各构筑物的标高，以及连接构筑物的管渠尺寸和标高，从而使废水能够按处理流程在处理构筑物间顺畅流动。

1. 高程布置原则

尽量利用地形特点使构筑物接近地面高程布置，以减少施工量，节约基建费用；尽量使废水和污泥利用重力自流，以节约运行动力费用。

2. 构筑物的水头损失

为达到重力自流目的，必须精确计算污水流经处理构筑物的水头损失。水头损失包括下列内容：

①流经处理构筑物的水头损失，包括进出水管渠的水头损失，在作初步设计时可参照表 8-2 所列数据估算。

②流经管渠的水头损失，包括沿程水头损失和局部水头损失。

③流经量水设备的水头损失，按所选类型计算得出。

表 8-2　污水流经处理构筑物的水头损失

构筑物名称	水头损失/cm	构筑物名称	水头损失/cm
格栅	10～25	普通快滤池	200～250
沉砂池	10～25	压力滤池	500～600
平流沉淀池	20～40	通气滤池	650～675
竖流沉淀池	40～50	生物滤池 （1）装有旋转布水器 （2）装有固定喷洒布水器	 270～280 450～475
辐流沉淀池	50～60	曝气池 （1）污水潜流入池 （2）污水跌水入池	 25～50 50～150
反应池	40～50		

3. 高程布置应考虑的因素

①初步确定各构筑物的相对高差，只要选定某一构筑物的绝对高程，其他构筑物的绝对高程亦确定。

②要选择一条距离最长、水头损失最大的流程，按远期最大流量进行水力计算。同时还留有余地，以确保系统出现故障或处于不良工况下，仍能进行工作。

③当废水和污泥不能同时保证重力自流时，因污泥少，可用泵提升污泥。

④高程布置应考虑出水能自流排入接纳水体。

⑤地下水位高时，应适当提升构筑物设置高度，减少水下施工的工程量。

为更好地理解污水处理厂高程布置，图 8-2 列出了某市污水处理厂污水处理流程高程布置图。

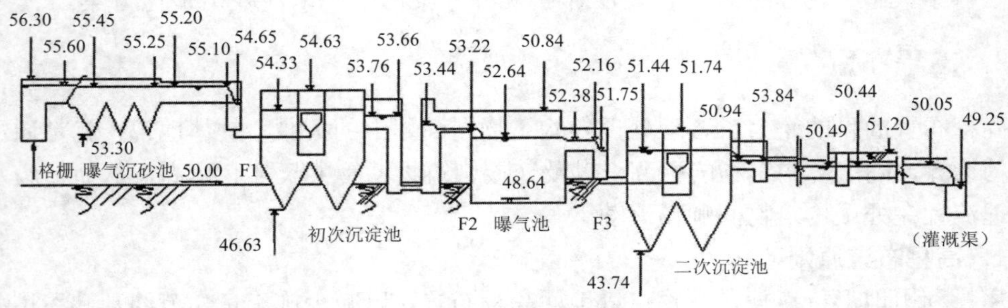

图 8-2 某市污水处理厂流程高程布置

8.3.3 厂址选择

污水处理厂厂址的选择应结合城市或工厂的总体规划、地形、管网布置、环保要求等因素综合考虑，设计人员必须进行现场勘察，进行多方案的技术经济比较，一般应考虑以下几个问题。

①在地形及地质条件方面有利于处理构筑物的平面与高程的布置及施工，不受洪水威胁，考虑防洪措施，地质条件地基好，地下水位低，岩石较少。

②少占农田，尽可能不占良田。

③考虑周围环境卫生条件，自来水厂应布置在城镇上游，并满足“生活饮用水质标准”规定。污水处理厂应布置在城镇集中给水水源的下游，距城镇或生活区 300 m 以上，并便于处理后的废水用于农田灌溉。污水处理厂应尽可能设在夏季主风向的下方。

④减少管网的基建费用，当取水地点距用水区较近时，给水厂一般设置在取水构筑物附近，当取水地点距用水区较远时，给水厂选址应通过技术经济比较后确定。对于高浊度水源，有时也可将预沉池与取水构筑物建在一起，而水厂其余部分设置在主要用水区附近。废水处理厂如果是为几个流域或几个区服务，则厂址应结合管网布置进行优化设计，使总体投资最省。

⑤要考虑发展的可能，留有扩建余地。处理厂占地面积的大小与处理水量、处理方法等有关。表 8-3 的有关资料可供选址时参考。

表 8-3　给水及废水处理厂占地面积

给水厂		废水处理厂			
规模/（10^4 m^3/d）	占地/（亩/10^4 m^3）	规模/（10^4 m^3/d）	一级处理占地/（亩/$10^4$$m^3$）	二级处理占地/（亩/$10^4$$m^3$）	
				生物滤池	曝气池或高负荷滤池
大于 100	5	10	15～20	60～90	30～37
大于 50	4.5	7.5	12～18	60～90	22～30
大于 30	3.5	5	9～13	60～90	17～23
大于 20	2.5	2	8～12	60～90	15～22
大于 10	1.5	1	7.5～10	60～90	15～20
大于 5	1.2	0.5	7.5～10	60～90	15～19

注：1 亩=1/15 hm^2。

任务 4　构筑物的结构要求及运行

8.4.1　构筑物设计原则

①构筑物为工艺需要服务，要进行必要的试验研究，提供相应试验数据，并能保证稳定运行，符合水力运行规律。

②构筑物上安装的装置要便于人员操作、检修，巡检要有安全通道及防护措施。

③与构筑物相连接的管线设施要有比较容易清通的可能。

8.4.2　构筑物的结构要求

根据工艺原理设计构筑物时注意以下三个方面的要求。

1．进水

构筑物进水位置一般处于构筑物中心或进水侧高程中部。进水要尽可能地采取缓冲手段，防止进水速度过大，因惯性直线前进，影响构筑物正常功能的发挥。一般采用放大口径进水和多孔进水以降低水流速度。同时，中心管进水还需设置外套稳流筒，起到缓冲作用。

2．出水

出水有两种类型：一种是澄清型出水，另一种是非澄清型出水。澄清型出水是指沉淀池、浓缩池等构筑物，需要控制出水含带悬浮物等杂质的出水方式，主要有集水孔出水和锯齿堰出水等方式。由于集水孔出水小孔易堵，通常应用锯齿堰较多，但要有较好的施工质量和密封手段，以保证锯齿堰处出水均匀流出，但堰口承受负荷较低，尤其活性污泥法的二次沉淀中，污泥密度低，持水性强，沉淀效果不好，单层堰口出水局部上升，流速相对偏大。现在人们采用增加集水槽及集水槽双侧集水的方式来降低堰口负荷，已取得较好的效果。一般大型初沉池采用双侧集水，二沉池采用两道集水槽集水，沉淀效果比较理想。

非澄清型出水有水平堰口出水和直接管式出水等方式。由于出水不需要控制其含带杂质量，对堰口要求比较低，但如果需要充分利用构筑物容积，要保证一定运行液位波动，浪费池容，是一种资源的浪费。

3．放空

污水处理构筑物必须设有放空的结构部分，并能保证在需要的情况下将构筑物内的污水或污泥全部排放干净，以便进行设备检修和构筑自身的清理。一般放空管应设在构筑物最低位置并低于构筑物内最低处底面。同时，构筑物连通的公用工程排水管线还要保证低于放空管，排水管线运行液位不致造成污水回灌，否则达不到构筑物的放空效果。而且放空管线在构筑物外要在尽可能短的距离内设检修井，以便于对放空管线进行清通和检查。

8.4.3 构筑物的运行方式

构筑物运行方式主要有连续和间断两种。一般小规模污水处理可采用间断运行，但间断运行存在操作麻烦、不易管理等缺点。因此，构筑物最好选用连续运行方式，采取较稳定的控制手段，运行中注意以下两个问题。

（1）澄清型构筑物要保证稳定运行。对于澄清型构筑物，需要稳定的运行环境，才能达到预期的工艺效果，减少出水含带杂质量。因此，要防止负荷的大幅度波动，并保证相应设备的稳定运行，使悬浮物的沉降尽可能与静置沉淀环境接近，并能将沉淀物及时排出，达到最大的去除效果。

（2）非澄清型构筑物要有防沉手段。对于调节池、曝气池、吸水池等非澄清型构筑物，不允许有杂质沉积，必须采取相应的防沉手段，可采取通风曝气、机械搅拌等形式，并对构筑物进行防沉积维护，保证构筑物功能的正常发挥。

任务5 污水处理厂运行管理

现代工艺污水处理厂用计算机控制日益普遍，采用计算机控制的经济效益很明显，欧美国家一些城市污水处理厂已经用计算机进行数据记录和运行过程控制，国内城市污水处理厂中，局部污水处理厂虽还比较落后，仍是手工操作，但有些企业和城镇污水处理厂引进先进污水处理设备，全部或局部采用计算机控制，取得了成功的经验。

8.5.1 污水处理工程自控技术及质量监测管理

污水处理厂在运行中要对进水、出水的水质和水量进行监测，通过监测，可以及时了解生产的状况，根据各部位监测数据，污水处理厂能及时调整运行方式及工艺控制参数等，保证生产处于受控状态，最大限度地提高污水处理效果。

1．污水处理工程自控质量监测技术

污水处理工程自控质量监测分两类，一类是仪表自动化连续在线监测，另一类是分析监测。仪表自动化连续在线分析系统可对许多指标进行监测，如 DO、pH、SS、NH_3-N、COD 等。

自动化监测仪表安装于污水处理装置的进口、出口或处理单元进、出口处，由于污水水质不稳定，成分复杂，通过自动化仪表的监测显示可及时掌握进水水质情况和装置运行情况。根据仪表的显示，可及时进行生产调整，保证装置运行稳定受控。如中和装备 pH 表的应用，可以立即反映 pH 值的变化，能及时调整控制加酸或加碱量，使系统中和效果良好，水质稳定。而曝气池上应用 DO 仪表可以准确反映即时的溶解氧含量，及时调整供风量，保证生化效果处于最佳状态。仪表在线监测能够直接反映污染指标，信息显示及时、直观，且省掉了人工分析的许多麻烦。但仪表监测项目有限，且需要经常维护、校核，有时也存在误差。国内城市污水处理厂在线监测仪表现仍以进口为主。

当然，质量分析监测控制与在线监测不同，质量分析监测控制仍以手工操作分析监测为主，分析监测要全面反映污水处理厂的进、出水的水质、水量情况和整个污水处理装置工艺过程中的运行状态。

2. 质量监测管理

污水处理厂的质量监测管理，首先要选择几项对装置运行具有直观指导和控制意义的项目作为控制分析项目，项目选择要依据污水排放的特点，一般以 pH、COD 和特征污染物为主，对这些主要项目的分析可及时准确地反映污水处理厂进水水质情况、污水装置运行情况、污水处理厂对主要污染物的去除效果等。根据分析结果，准确地反映出不同阶段的运行状况，这就要求控制分析要有足够的分析频率来满足运行控制的要求。通过监测分析项目的开展，可以使污水处理厂质量受控，运行受控，工艺平稳运行。

3. 操作管理

污水处理厂的每个单元工艺都要有具体的控制管理内容，操作人员按照单元操作管理要求来完成操作任务，管理者则对操作内容完成情况及时进行检查，保证各单元处于良好的运行状态。

对于系统工艺要编制工艺规程，介绍主要工艺管理情况，供管理人员参考。对于单元工艺要编制岗位操作规程，规定单元工艺的操作内容、操作方式、控制指标、安全注意事项、故障处理等，供操作者按操作规程执行岗位操作。

操作管理中要注意操作质量的检查管理和系统工艺的稳定平衡，如沉砂池的刮砂，上一班刮砂不彻底就可能为下一班操作增加负荷，从而损坏刮板，甚至损坏电机等。而沉淀池的排泥要保证彻底，排泥和浓缩、脱水要及时，否则就会造成积泥或悬浮物截留效果下降等。曝气池的供风则要及时调整，保证风量均匀，满足生化反应需要等。

操作管理是一项系统工程，必须严格认真，不断积累经验，保证管理到位，才能保证污水处理厂的长期稳定运行。

4. 设备管理

设备运行的好坏是污水处理厂运行稳定与否的关键因素之一，设备管理从设备选择时即已开始，设计时要首先开展设备调研，对所需设备的生产、应用情况进行较为全面的了解，多方面评价和论证，使所选择设备满足污水处理生产的需要，能够保证长期稳定运行。要有足够的设备数量来满足工艺负荷变化的要求，同时还要避免浪费。一般除按正常满足工艺要求而设置的设备数量外，风机、泵类都要增设一至二台备用。工艺设计时要考虑单台设备检修时，其他构筑物仍可以维持运行。

在运行管理中，要保证设备完好，泵、风机类单台设备出故障要能保证在短时间内修复，尤其进、出口阀门要加强维护，保证严密，以便设备检修时能够保证与工艺管线隔绝。

操作者要定时进行巡检，对设备参数及运行状态进行记录，发现问题及时处理。同时，按设备的设计要求定期更换润滑油，使设备得到良好的维护，保证设备长期稳定运行。

5. 工艺技术管理

工艺技术管理是操作管理的指导管理。在污水处理厂的运行中，专业技术人员要及时分析工艺运行情况，并指导工艺运行，对工艺操作的改变或改进提出指导意见。可以根据需要及时更换控制指标，分析运行中存在的问题，评价运行状态，及时提出处理意见和方法，使工艺运行始终处在稳定受控状态。如污水处理出水个别指标突然恶化，要全面分析恶化原因，从技术上找出问题所在点，研究恢复调整方案，尽快将工艺运行调整到正常水平。对于较长的工艺流程，要设置重点工序管理点，明确控制指标，每月进行一次数据统计与分析。同时，对每段工序进行分段调优，最后达到全流程优化运行。另外，要及时总结和分析装置运行的原料与动力消耗情况，使污水处理装置的运行在保证质量的前提下，尽可能降低消耗，降低运行成本，在经济合理的条件下，创造更多的环境效益。

8.5.2 污水处理装置自动化控制技术

先进的污水处理工艺将大大改善污水处理质量，自动检测、自动控制水平的提高，在提高污水处理装置的稳定性和改善出水水质上将起到重要作用。自动检测水平不高，污水处理过程各环节的控制数据采集就不及时，工序调整不迅速，则出水水质波动较大在所难免，自动化控制水平不高，就不能实现连续可靠的工艺操作。因此，污水处理水平不会有较大的提高。可见，提高污水处理装置的自动化水平对改善出水质量有重要作用，污水处理厂就其工厂的任务来讲有别于其他工厂但又有一定的联系。

1. 污水处理厂的自动控制过程

污水处理厂的自动控制非常复杂，在工艺过程中是十分重要的，主要包括以下控制过程：

（1）进水提升控制。污水进厂首先要进行液位提升，因为进水量时大时小，若要稳定进水池（稳流池）的液位就要对提升泵实行逻辑控制。

（2）格栅控制。污水中的粗细固体物必须除去，避免阻塞水泵和其他机器。通常格栅上的杂物会引起前后水位差，采用超声波液位计进行测量，当液位差超过控制点时，由DCS 系统自动启动格栅去除杂物；也可设定定时启动，即在一定时间间隔内 DCS 系统进行顺时控制格栅工作。

（3）污泥回流量控制。污泥回流量控制可以用电磁流量计测量回流污泥量，根据工艺要求由 DCS 完成参数整定、PID 运算，以控制正向和反向流之间的流动和沉降的正确比例。

（4）生化反应池进氧量控制。对于好氧活性污泥处理装置来说，了解曝气池内污水中的溶解氧量也非常重要。配置连续测量装置对溶解氧量进行最佳控制，对提高处理质量有很大作用，同时对控制管网空气压力、节省能源消耗也是一种有效的方法。

2. 污水处理厂中自动控制应具有的特点

（1）低温低压大流量测量自动控制。

低温、低压、大流量测量是污水处理厂自动控制的特点之一。在污水处理过程中，由于工艺运行的要求，其测量与自动控制是在常温、低压力下进行，如污水的预处理和生化处理都是在常温下进行。压力测量主要是在配套装置上进行。如对鼓风机出口风压进行调节，控制生化池加入的空气量，一方面可有效地使生化池溶解氧保持在一定浓度范围内，另一方面通过压力控制可减少电能消耗。

（2）在线分析仪表的广泛使用。

在线分析仪表的广泛使用，体现了污水处理工艺的一大特点。COD、NH_3-N、pH、DO、SS 等测量是连续进行的，为工艺生产控制提供重要数据，离开这些指标的监测，污水处理不可能进行，或者说是无目标进行。

（3）液位测量装置广泛使用。

液位测量在污水处理厂的各种池、井工艺装置上广泛使用，对液位进行有效控制是工艺过程所必需的，否则污水外溢、再次污染的危害就会发生。

（4）集散控制系统（DCS）。

通过集散控制系统（DCS）将现场测量分散的数据进行集中显示，使系统运行情况被生产控制人员所掌握，能够迅速快捷地进行必要的生产调整。同时，DCS 自动完成分散控制，迅速调节操作信息和相关数据，为后续生产提供重要资料、操作信息和相关数据，使操作者和管理者对进入的污水总量能有一个综合的认识。各种测量数据中，其中最主要的数据为 pH、流量、COD_{Cr}、NH_3-N 和要求监控的液位等。下面对流量和液位仪表进行论述。

①流量测量。输送污水的方式有明渠和管道两种，并有两种相应的测量方法。明渠流量随水的深度变化而改变。封闭管道，液体在管道中流动并且充满管道，流量取决于流速。

污水进入污水处理厂入口时的流量测量采用巴氏计量槽较为理想，虽然电磁流量计精度较高，但由于工业油脂和其他绝缘物使其读数不精确，而巴氏计量槽可以满足一定的精度要求，不会形成沉积，因而对大流量污水测量非常适用。超声波液位计可以非常精确地测量液位，与巴氏计量槽构成流量测量装置，是一种免维护的流量测量设备。

污水处理厂工艺过程中的流量测定，所用的电磁流量计是运用法拉第的电磁感应原理进行工作的，介质必须是导电液体，测量范围比较宽，不受被测液体的温度、压力或黏度的影响，适用于测定污泥及夹带固体的液体，精度较高，稳定性好。

②液位测量。为保证污水处理系统安全稳定地运行，要求进行液位测量，如池、井、槽等，使用较多的是静压测量和超声波测量。前者是接触测量，需要使用压缩空气，污水处理厂早期工艺使用较多。目前较多采用超声波测量，超声波测量属于无接触测量。

超声波测量是利用液体接受超声波来测量液位，这种测量方法的缺点是如果有泡沫覆盖在液体表面，信号就有可能被吸收，而没有能量被反射回来，造成测量误差，因此要注意正确使用。超声波液位计对明渠、各种池、井液位可进行精确测量，同时超声波系统也可以用于污水处理厂封闭的化学储槽，适用于控制泵、格栅等。如用于控制格栅，超声波传感器就置于格栅前后，通过两个传感器指示的液位差来启动清理装置。

思考与练习

1．污水处理厂选址应遵循哪些原则？

2．选择污水处理的工艺流程应考虑哪些因素？

3．处理厂平面布置和高程布置的任务是什么？应考虑的因素有哪些？

4．给水或污水处理厂规划设计需要哪些基础资料？对确定设计方案有什么影响？

5．举例说明水处理流程与进、出水的水质的联系。

6．影响污水处理厂厂址选择的因素有哪些？

7．工业废水与城市污水是分散处理还是联合处理较好？各有何利弊？正确的方针是什么？当前我国在这方面存在什么问题？如何解决？

8．污水处理厂平面布置与高程布置有什么相互关系？

9．某城市污水处理厂，设计处理规模为 6 万 m^3/d，总变化系数 K_z=1.42，采用传统活性污泥法工艺，工艺流程为提升泵房—沉砂池—曝气池—二沉池—水体，其中生物处理系统为两组并联运行，假定各构筑物之间的连接管道均为 DN 700 mm，长度为 50 m，二沉池到水体的距离为 600 m，管道 DN 800 mm，其中 50 年一遇洪水位海拔高程为 50.000 m，管道水力坡度 i=0.005，管道局部损失系数按 1.0 考虑，构筑物及其局部跌水水头损失均按 0.5 m 计算，计算沉砂池分配井的设计最高水位高程。

10．配水设备有哪些形式？各有何优缺点？采用条件是什么？

11．污水处理厂的设计分几个阶段？每个阶段的内容都包括什么？

12．污水处理工程自控技术质量监测管理有哪些主要内容？

参考文献

[1] 张素青，赵志宽. 水污染控制技术. 大连：大连理工大学出版社，2006.
[2] 黄铭荣，胡纪萃. 水污染治理工程. 北京：高等教育出版社，1995.
[3] 周群英，高廷耀. 环境工程微生物学. 第 2 版. 北京：高等教育出版社，2000.
[4] 胡侃. 水污染控制. 武汉：武汉工业大学出版社，1998.
[5] 唐受印，等. 废水处理工程. 北京：化学工业出版社，1998.
[6] 王燕飞. 水污染控制技术. 北京：化学工业出版社，2001.
[7] 邵刚. 膜法水处理技术. 北京：冶金工业出版社，2000.
[8] 许保玖，安鼎年. 给水处理理论与设计. 北京：中国建筑工业出版社，1992.
[9] 郑铭. 环保设备. 北京：化学工业出版社，2001.
[10] 薛叙明. 环境工程技术. 北京：化学工业出版社，2002.
[11] 郝景泰，于萍，周英，等. 工业锅炉水处理技术. 北京：化学工业出版社，2000.
[12] 姚继贤. 工业锅炉水处理及水质分析. 北京：劳动人事出版社，1987.
[13] 三废处理工程技术手册（废水卷）. 北京：化学工业出版社，2000.
[14] 纪轩. 污水处理工必读. 北京：中国石化出版社，2004.
[15] 沈耀良，王宝贞. 废水生物处理新技术理论与应用. 北京：中国环境科学出版社，2000.
[16] 李军，王淑莹. 水科学与工程实验技术. 北京：化学工业出版社，2002.
[17] 曾科，卜秋平，陆少鸣. 污水处理厂设计与运行. 北京：化学工业出版社，2001.
[18] 陈泽堂. 水污染控制工程实验. 北京：化学工业出版社，2003.